量子コンピュータが変える未来

寺部雅能・大関真之 共著

Ohmsha

本書に掲載されている会社名・製品名は、一般に各社の登録商標または商標です。

本書を発行するにあたって、内容に誤りのないようできる限りの注意を払いましたが、本書の内容を適用した結果生じたこと、また、適用できなかった結果について、著者、出版社とも一切の責任を負いませんのでご了承ください。

　本書は、「著作権法」によって、著作権等の権利が保護されている著作物です。本書の複製権・翻訳権・上映権・譲渡権・公衆送信権（送信可能化権を含む）は著作権者が保有しています。本書の全部または一部につき、無断で転載、複写複製、電子的装置への入力等をされると、著作権等の権利侵害となる場合があります。また、代行業者等の第三者によるスキャンやデジタル化は、たとえ個人や家庭内での利用であっても著作権法上認められておりませんので、ご注意ください。
　本書の無断複写は、著作権法上の制限事項を除き、禁じられています。本書の複写複製を希望される場合は、そのつど事前に下記へ連絡して許諾を得てください。
出版者著作権管理機構
（電話 03-5244-5088、FAX 03-5244-5089、e-mail : info@jcopy.or.jp）

JCOPY ＜出版者著作権管理機構　委託出版物＞

まえがき

　近年、量子コンピュータという言葉を新聞やビジネス誌、インターネットなどで聞くことが多くなってきたと思います。解説書も増えてきました。しかし、それらの記事や本は専門的すぎるか、逆にふわっとした内容のどちらかに偏ったものが多く、「量子コンピュータが結局いったいどんなもので、何の役に立つのか」いまいちピンとこない方も多いのではないでしょうか。

　それもそのはずで、実は、量子コンピュータが「何に使えて、どんなことに役立つのか」まだ世界中の誰もわかっていないのです。こんなことに使えるだろう、役に立つだろうと信じて、世界中の研究者たちが研究を進めている段階です。どんな技術も、はじめは世の中との溝があるものです。ＡＩ（人工知能）ともてはやされる機械学習も、画像認識というわかりやすい成果が出てきてはじめて世間からの注目が集まりました。そういったわかりやすく実用的な応用と量子コンピュータがめぐり合うのはこれからです。

　本書は、今のうちから皆さんに量子コンピュータをもっと身近に感じてもらおうという想いのもと、「量子コンピュータが変える未来」をテーマに、専門家である大関真之先生と、企業の立場から量子コンピュータを社会で活用しようという挑戦を行っている寺部雅能のコンビで執筆しました。

　なぜ研究段階である今の時点からかと言えば、機械学習が世の中を大きく変えていこうとしているように、量子コンピュータが世の中に与える影響もきっと大きなものになると考えられるからです。今のうちから量子コンピュータに注目しておけば、きっといろいろな業界の未来を先取りすることができるのではないかと思っています。

たとえば呼ばなくても最適なタイミングでタクシーが来て、最適な経路で渋滞のない街をすいすい進んでいく。そのうえ、通る道はあなたの好きな景色にたくさん出会える最善のルート。あっという間に目的地についている……、なんてことが量子コンピュータによって起こるかもしれません。

本書では、1章で量子コンピュータを取り巻く世の中の動向を、2章で量子コンピュータが何かを示します。3章で自動車業界および製造業の未来がどう変わるか、実証実験の事例を踏まえながら示します。そして4章では、社会でさまざまな分野をリードする13の企業の方々に、量子コンピュータで変わる未来の展望を聞いてみました。インタビューした皆さんは、すでに先を見越して量子コンピュータに取り組んでいる、取り組もうとしている方々です。最後の5章に、こういった新しい分野でどうイノベーションを起こしていくのか、産学共創の視点で展望を描きました。

きっとこの本を読めば量子コンピュータをこれまでより身近に感じられるようになると思います。「人工知能に人間の仕事が奪われるかも?」なんてささやかれるこの時代、次の変革は量子コンピュータで起こるのかもしれません。きっと読者の皆さんの身のまわりの何かが変わることになると思います。その変わっていく世界を一緒に覗いてみませんか?

2019年6月　寺部 雅能

著者紹介

寺部 雅能（てらべ まさよし）

量子コンピュータ歴4年、寺部です。ど素人がいろいろ語れるようになるまで、それはそれは大変な苦労がありました。量子コンピュータの専門家だけでは、素人にこの分野をわかりやすく説明するのはムリ！ と常々感じていたことから、企業視点でこの本を執筆するに至りました。

私は株式会社デンソーの先端技術研究所に所属しています。自動車や工場がインターネットにつながり大きな変化に直面するなか、面白いハードウェアの技術を使って新しいことができないかなーと探していたときに量子コンピュータに出会い、4年前に大関研究室の門を叩きました。現在、デンソー社内で量子コンピュータの事業化に向けたアプリケーション研究のリーダーとして数々の実証実験に取り組んでおります。学生時代からバックパッカーとして世界63か国、主に発展途上国で貧乏旅をしてきた冒険家です。世界に影響を与えることをモットーにしており、事業化や社会課題解決に強い関心があります。本書では、量子コンピュータがどんな社会を創り、新しい事業を生み出していくかという観点で1、3～5章を担当しています。よろしくお願いします！

大関 真之（おおぜき まさゆき）

どうもー。大関です。東北大学大学院情報科学研究科で准教授をやっています。最近ではこの本の主題でもある「量子アニーリング研究開発センター」を立ち上げて、量子コンピュータの一方式である量子アニーリングと呼ばれる新しい技術を「使える」技術に仕上げる活動をしています。寺部さんとは企業と大学の間での共同研究に端を発して出会い、共に刺激しあってそれぞれの立ち位置から世界を変える活動をしています。夢は武道館での講演です。新しい技術を原理や雰囲気、できること、できないことを知ったうえで、誰もが知ることができたらどうなるだろう。そうしたら「わからないから関係のないことだ」という気持ちになる人も関心をもつようになるのではないか。そんなことを考えて、研究成果の普及に資する活動を日々続けています。本書では、研究者から見た量子コンピュータの技術、応用、今後の展望という視点で2、4、5章を担当します。どうぞよろしく。

CONTENTS

- 京セラ株式会社・京セラコミュニケーションシステム株式会社 … 192
- 株式会社メルカリ … 204
- 野村ホールディングス株式会社・野村アセットマネジメント株式会社 … 214
- LINE株式会社 … 226
- 株式会社ディー・エヌ・エー … 236
- 株式会社みちのりホールディングス … 244
- 株式会社ナビタイムジャパン … 256
- 株式会社シナプスイノベーション … 266
- 株式会社Jij … 275

Chapter 5 量子コンピュータと社会のこれから

CONTENTS

あとがき 328

索引 335

COLUMN

量子アニーリング誕生秘話〔門脇正史・デンソー〕 33

量子コンピュータは始まりの終わりの時代を迎えた！〔Bo Ewald・D-Wave Systems〕 123

Part1
量子コンピュータとは

Chapter 1
量子コンピュータはもう目の前に!?

皆さん、量子コンピュータという長らく夢の世界のものと思われてきたコンピュータをついに人類が手にするときがやってきたようです！

近年、企業人たちがこぞって量子コンピュータを使って未来を切り開こうという挑戦を始めています。

そんな世の中の動向を一緒に覗いてみましょう。

●1・1　量子コンピュータが社会課題を解決する

近ごろ、新聞やウェブメディアなどで、量子コンピュータの新しいトピックが毎月のように報道されています。

「量子コンピュータは産業での活用が目前」

「量子コンピュータが活用され始めると、今までの世界が大きく変わる」

「どこどこの企業でこんな実証実験が始まった」

また、2018年ごろから量子コンピュータに関するシンポジウムが毎月のように開かれては、これまで量子コンピュータに全く触れたことがなかったような企業の事業創出担当や研究担当の方々が訪れては、熱心に議論を始めています。

「量子コンピュータでどんなことができるようになるのか？」

「量子コンピュータはいつ実用化されるのか？」

これら、世の中から量子コンピュータに向けられるたくさんの情熱の正体は何なのでしょうか？それは、これまで対応が困難であった多くの**社会課題の解決**に対する強い期待ではないかと考えています。

たとえば、世の中には服や家電を始め、たくさんのモノが日々廃棄され続けているという大きな社会課題があります。一方で、廃棄されているモノと同じモノが廃棄している人たちとは別の人たちにとっては需要があるために、生産、販売され続けているという現実もあります。実は廃棄の問題は、需給の不均衡が大きな原因の一つなのです。

こういった需給の不均衡は、個人や小集団というような「局所的な」範囲で最適な行動を選択するために起こります。実は最適な行動を選択する範囲をもっと大きな範囲に広げれば解決できる可能性があります。メルカリが行っている中古品の個人間の売り買いのサービスは、「誰かにとって要らないものを欲しい人にうまくつなぐことで廃棄を減らす」ことを目標にしていますが、まさに多くの人々を含めた大きな範囲での需要の最適化を行っているといえます。局所的な範囲での最適化によって起こる問題は、身近なものとして理解しやすいのではないでしょうか。

同様に、車の移動において皆が「自分が早く着きたい」という「個人にとって最適な」行動を取ることで最短ルートが混んでしまい、渋滞が生まれ続けている問題もあります。これは時間を損失するだけではなく、CO_2排出や騒音問題をも引き起こします。

電力の面では「個々人の需要」に合わせて自由に電力を使うために、ピーク時に用意される多くの発電設備は、ピーク時以外にはその余剰電力が大きなムダとなっています。個々のやりたいことを優先する世の中は、社会全体から考えた最適な姿からほど遠いだけでなく、結果として、個人にとってもよい結果になるとは限らないのです。

2015年、貧困に終止符を打ち、地球を保護し、全ての人が平和と豊かさを享受できるようにすることを目指すSDGs（Sustainable Development Goals）と呼ばれる開発目標が国連で採択されて話題を呼びました。これは、世界中の企業が2030年までに達成すべき大きなミッションとなっており、今や国内でも多くの企業の経営方針に反映されています。そのため、先ほどの例を始めとした社会問題は多くの企業が取り組むべき課題になっていくことでしょう（＊1）。

先ほど述べたようないくつかの社会問題は、局所的な目的のみに着目して全体バランスの考慮が不足することによって起こることを示しました。もし局所的でなく全体で最適化することができたらどうでしょうか。たとえば、服や家電が要らなくなった人と欲しい人が結びつくことで廃棄が減る可能性があります。街中の車の経路を分散させることができれば、街から渋滞がなくなり、皆が目的地に早く到着する可能性があります。電力利用のピークを街全体で分散させた結果、発電設備投資を減らすことができる可能性があります。

図1.1　国連で採択された持続性可能な成長目標 SDGs

実は、このような社会全体で何かを最適化することによって、ＳＤＧｓで示されるような数々の社会課題の解決をすることに、量子コンピュータが大きく寄与できる可能性があると私は考えています。量子コンピュータは単に何か個別の製品の性能を劇的に向上させるというような、局所的な話だけではありません。本書３章、４章で示す、量子コンピュータがあることで描けるさまざまな業界の未来の世界は、大きな視点で捉えればＳＤＧｓの社会課題につながるものが多いと思います。これこそが現在、量子コンピュータが大きな注目を集めている理由なのではないでしょうか。

量子コンピュータは身近な問題だけでなく、社会レベルの大きな課題までをも解決できるかもしれません。

● 1・2　量子コンピュータは夢じゃない

自動車システムサプライヤーであるデンソーの研究部門にある私たちのパソコンは、Ｄ－Ｗａｖｅ Ｓｙｓｔｅｍｓ社の量子コンピュータ２０００Ｑをクラウド上で日夜動かしています。量子コンピュータで変革する未来の社会を創り上げるために、さまざまな実証実験を繰り返し続けているのです。

私たちが、「量子コンピュータなんて夢の話でしょ？」なんて思っていたのも4年前までのことです。今は本気で世界を変える挑戦をしています。それも、10年も先のことをいっているのではありません。5年か、もしくはもっとすぐに起こる未来の話かもしれないのです。

現在、私たちは自動車および工場におけるIoTの分野での量子コンピュータ活用に取り組んでいます。どちらも量子コンピュータが自在に使える世の中になれば、現在とは大きく変わったシステムになると考えています。始まりは量子コンピュータを使ってみようと考えた4年前、共著者である東北大学の大関先生（当時は京都大学に在籍）と、早稲田大学の田中宗先生との3者共同研究でした。両先生の力も借りながら、今では多くの基礎技術から応用技術の部分を構築しつつあります。私たちの活用事例は3章に譲り、ここではまず世の中の動向から示していきます。

2018年に発行されたEUでの政策提言書〝THE IMPACT OF QUANTUM TECHNOLOGIES ON THE EU'S FUTURE POLICIES〟によれば、さまざまな分野の有識者139人へのヒアリングから、データベース検索、最適化、クラウドシステムのセキュリティ向上、暗号解読、機械学習、パターン認識といったいくつかの分野での量子コンピュータの実応用が15年以内に始まる期待があるそうです。なかでも最も期待の高い最適化のアプリケーションでは「8年以内」と、もう目の前まで迫っています。

量子コンピュータ関連の学会参加者はいまだに半分以上が物理学者や計算機科学に関する研究者

です。しかしここ数年、急速に企業のアプリケーション研究者が増えてきています。彼らは口をそろえていいます。「量子コンピュータは夢の世界ではなく、もうすぐやってくる現実です。そのために、具体的な行動を取り始めています」しかも、量子コンピュータにあらかじめ知見があったような人たちだけではなく、私のような全く縁のなかった人々も多く参加しています。そのため、「そんな難しそうなことは私には関係ない」と思われている方々にこそ、量子コンピュータが起こすであろう世の中の変化を、本書を通して感じ取っていただきたいと感じています。それでは、量子コンピュータがなぜこんなにも現実味を帯びてきたのかを次に述べていきます。

	回答者数	何年以内に実用化されるか（中央値）
データベース検索	93	15
最適化	93	8
クラウドシステムのセキュリティ向上	88	11.5
暗号解読	91	15
機械学習	90	10
パターン認識	89	10
その他	18	10

表1.1　量子コンピュータはいつ実用化されるか
出典：ヨーロッパの政策提言書で量子コンピュータの可能性に関する意見資料
https://ec.europa.eu/jrc/en/publication/eur-scientific-and-technical-research-reports/impact-quantum-technologies-eus-future-policies-part-3-perspectives-quantum-computing

量子コンピュータは夢から現実のものになりつつあります。

● 1・3 突如販売開始された量子コンピュータ

量子コンピュータ、実はもう読者の皆さんでも買えます！……ただしウン十億円ですが。

さかのぼること8年ほど前、2011年のことです。「カナダのベンチャー企業D-Wave Systems社から世界初の量子コンピュータの商用販売が開始された」とのニュースが突如流れて大きな話題を呼びました。これまでSFの話と思われてきた量子コンピュータが、とうとう現実の世界にやってきたのです。

私が量子コンピュータを現実のものとしてみるようになったきっかけは、カナダのバーナビーにあるD-Wave Systems本社で、当時リリース直前であったD-Wave 2000Qと対面したことでした。図1・2がそのときの写真です。D-Waveのマシンは日本からでもクラウドアクセスで利用可能ですが、実物を見ることはものすごいインパクトです。聞きなれない冷凍機の音や、超伝導を動かすための治具（チップを設置する台座）などは普段見慣れない世界であり、それが目の前で高速に計算を終える姿は鮮烈な印象を与えました。

D-Wave Systems社の商用販売開始のニュースが流れて以来、同社のマシンを活用した応用研究がにわかに加速し始めました。2013年、Google社とアメリカ航空宇宙局（NASA）が「人工知能の先は量子人工知能だ」といって量子AI研究所を開設しました。2017年には、Volkswagen社が北京のデータセットを使った渋滞解消のデモを行いました。こういったニュースを皮切りに世界中でD-Waveのマシンを使ったアプリ実証合戦が始まっています。

　毎月のように開催される量子コンピュータ関連のフォーラムには、これまで量子の世界に全く関わりのなかったような企業の方々まで聴講に来るようになり、熱心に将来の可能性の議論が行われています。

図1.2　世界初の商用量子コンピュータD-Waveマシン
左から著者寺部、加藤氏、D-Wave Systems社 Mark Johnson氏、Bo Ewald氏 カナダのD-Wave Systems本社にて

講演に来られる方々は、バス会社、建設業、製薬会社、自治体、IT会社、コンサルティング会社、投資会社、銀行……など枚挙にいとまがありません。今後こういった企業が次々と量子コンピュータを活用した実証実験を始めることでしょう。皆さんの身のまわりの業界でも、量子コンピュータを活用した取組みは始まっているかもしれません。

さて、それでは、量子コンピュータはもうすぐやってくる現実であると捉える世界のトップランナーの企業たちの取組みを始めとした動向を見ていきたいと思います。

●量子コンピュータのトッププレイヤー

現在、量子コンピュータの応用分野でトップを走るのは、一体どのような企業なのでしょうか。私は2017年にアメリカのワシントンD.C.郊外で開かれた国際会議QUBITS2017の会場で、D-Wave Systems社のマシンを購入したばかりであったアメリカの某セキュリティ会社の担当者と会話して大きな衝撃を受けました。「なぜマシンを買ったのですか?」と問いかけると彼らは「どうやって動かすのかすらわからないけど、大きな可能性がありそうだから買った」と答えました。

彼らは**確実性よりも可能性の大きさに投資していた**のです。それもウン十億円という大きな金額をかけてまで。これが世界初を狙い、市場を創り出す側にいる企業のスタンスなのです。可能性としては未知数のブラックボックスであっても、世界に先駆けて大きな投資をすることによって、話題が集まり、プロジェクトに参加しようと世界のトップクラスの専門家が集まり、結果として時代を切り開いていくことができます。

何に使えるのか、投資回収できるのか、といったレビューが先行し、他社が市場を開拓したあとで「この市場はおいしい」と気づいてからようやく参入するようなやり方では、おそらく10番手にもなれないということを彼らはわかっているのでしょう。

量子コンピュータから話はそれますが、可能性に大きく投資し、時代を切り開いた事例で象徴的なのは、やはりApple社のiPhoneでしょう。スティーブ・ジョブズが初代iPhoneを生み出したとき、あんなのは売れないと多くの否定的意見が出されたそうです。そんな逆風のなかであっても未来を信じて大きな開発投資を進めるのには、大きな苦労があったに違いありません。

ジョブズは「イノベーションとは1000のことにノーというものだ」（＊2）といったそうです。iPhoneは既存の携帯電話にはない機能を入れること以上に、今まで使われてきた当たり前の機能を、捨てるという決断をしました。つまり、新しい時代を切り開くためには、これまで当たり前だった価値観を覆してでも可能性に投資する勇気がいるのだと思います。

しかし、優良企業ほど、こういった新規事業の可能性への投資ができずに滅びていくことを、ハーバードビジネススクールのクレイトン・クリステンセン教授は著書『イノベーションのジレンマ』で論じています。優良企業は現在の売上げを支えている主力ビジネスを浸食（カニバリズム、共食い）するような、かつ不確実性の高い事業に投資はできないというのです。なぜならば、**新規事業の利益というものは優良企業にとって、当面の間、魅力のない微々たるものだから**です。

たとえば、いわゆるガラケーの売上げが最高潮のタイミングで、ガラケーで成功してきた事業部長の前で、「ガラケー市場はこれから滅びます。これからはスマホを作るべきです」といって企画が通るでしょうか？　スマホがまだ完成もしていない、売上げの実績もない状態で、です。これは社内の話だけではなく、投資家からも同じように理解を得られづらいでしょう。しかし、小規模で始まった事業が、従来の市場を食いつぶすほどの大成長を遂げることは、スマホとガラケーの例からみても明らかです。

商用販売が始まった量子コンピュータ。企業たちは確実性よりも大きな可能性に着目しています。

それでは、量子コンピュータが生み出す市場は何でしょうか？　それこそ既存の何かの市場を食いつぶすものになるのでしょうか？　そもそも、そんなに多くの人々が熱中する量子コンピュータとはどんなもので、一体何ができるのでしょうか？　次の節から、それを一緒に考えていきましょう。

●1・4　量子コンピュータは何がすごい？

「何度説明を聞いても量子コンピュータが何かよくわからない」という声をよく耳にします。本書でも、いきなり量子コンピュータの説明をしだすとうんざりして本を閉じてしまう方がたくさんいらっしゃるかと思いますので、ここでは量子コンピュータがどうすごいのかにフォーカスして説明してみます。

「量子コンピュータで渋滞が解消される可能性がある」と、2017年にVolkswagen社が発表しています。ここでは、この渋滞解消を例にして説明します。

たとえば、2台の車がいるとして、それぞれの目的地に対し、カーナビが2通りの経路候補をドライバーに提示してくれるシチュエーションを考えます

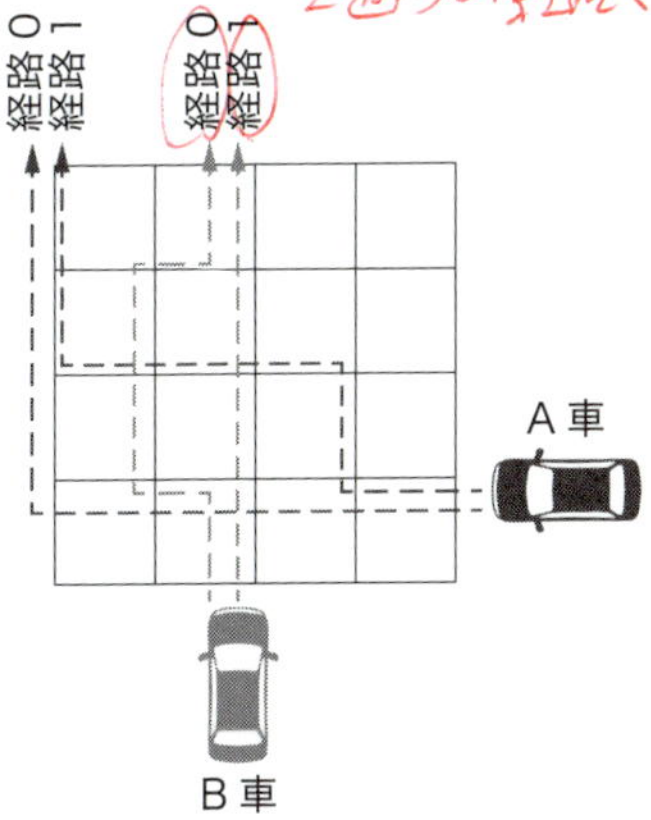

図1.3　2台の車の経路候補

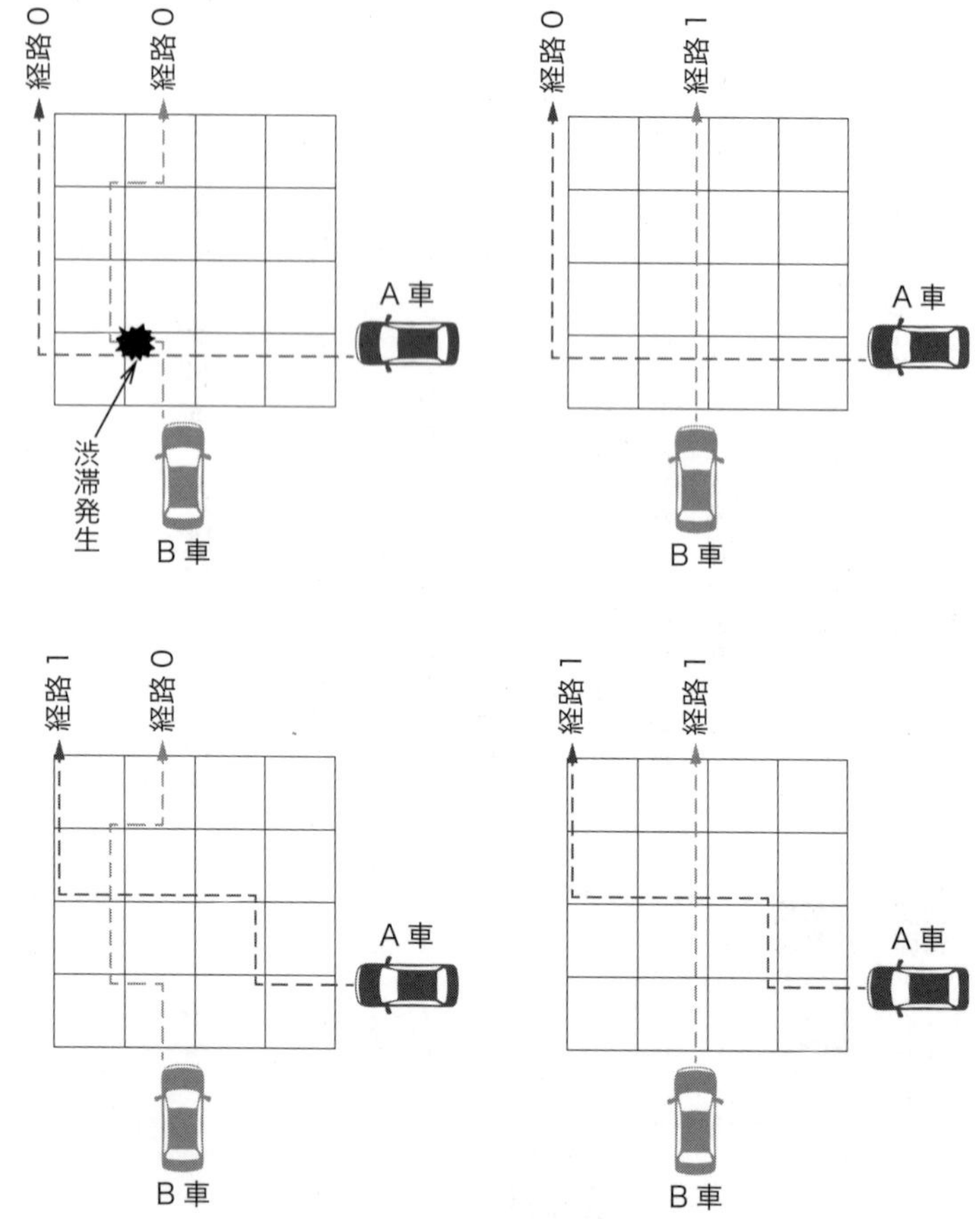

図1.4　2台の車の経路の組合せ

（図1・3）。この場合、2台の車が取りえる経路の組合せは2台×2経路で4通りあります。

このなかから、一番渋滞が起きない組合せを求めてみましょう。図1・4の例では左上のケースは経路が重なるため渋滞する、ほかのケースは重ならないために渋滞しない、となります。従来のコンピュータでは、愚直にやると4通り全てを計算したうえで、最適な経路の組合せを決定します。このような数ある組合せのなかから、一番良い組合せを求める問題が、組合せ最適化問題と呼ばれています。

この組合せ最適化問題が、なんと量子コンピュータでは1回で計算できるようになるのです。この例では単純計算で4回が1回になりますので、単位処理時間を同じとした場合に量子コンピュータは従来のコンピュータより4倍速いことになります。

ここで、「たった4倍」と思うことなかれ。車が10台の場合は2の10乗で1024通りの組合せがありますので、これを1回で解ければ1024倍速いことになります。車が30台であれば2の30乗で組合せは10億通りにもなりますので、なんと量子コン

図1.5　量子ビットと従来のコンピュータのビット

ピュータは従来のコンピュータより10億倍速いことになります。

なぜ、こんなことが可能になるのでしょうか。ここでは入り口までを説明します。私は一般の方々への説明として、量子コンピュータは「0と1の状態を同時にもてる量子ビットという不思議なものを持っていて、これを使って全ての組合せから1番いい結果を瞬時に見つけ出してくれるマシン」という言い方をしています。これでも頑張って説明しているつもりなのですが、大概の人にぽかーんとされます。

ここで少し踏み込んで説明すると、従来のコンピュータは0または1を表す「ビット」を一つの単位として計算しています。一方で量子コンピュータは0と1を同時に表すことができる「量子ビット」を単位として計算します（図1・5）。

「0と1を同時に表すことができる」という時点でわけがわからなくなりますが、ここではそういうものがあるという前提で読み進めてください。

「0と1を同時に表すことができる」と何が嬉しいかというと、ビットが複数並んだ場合に全ての組合せを同時に計算できます。図1・6に2ビットの例を示します。2ビットの場合、00から01、10、11の4通りがあります。従来のコンピュータは0か1しかもてないため、4通りを順番に計算して1番いい組合せを求める必要があります。量子コンピュータは量子ビットのおかげで4通りの組合せを同時にもつことができるので、これまで4回必要だった計算が、なんとたった1回で済むのです。

講演会などでこの話をすると、よく技術が大好きな方々から「何で0と1が同時に存在するのか知りたい」と聞かれて、いつも困ってしまいます。私は知りません。いえ、実は、なぜ同時に存在するのかは、世界中の誰にもわからないのです。この振る舞いは実験結果からするとこうなっているに違いない、これはコンピュータに使えるんじゃないかと、物理学者の方々が今日まで理論を積み上げてきた結果、得られている予想なのです。その結果、今日私のような一般人が使えそうな量子

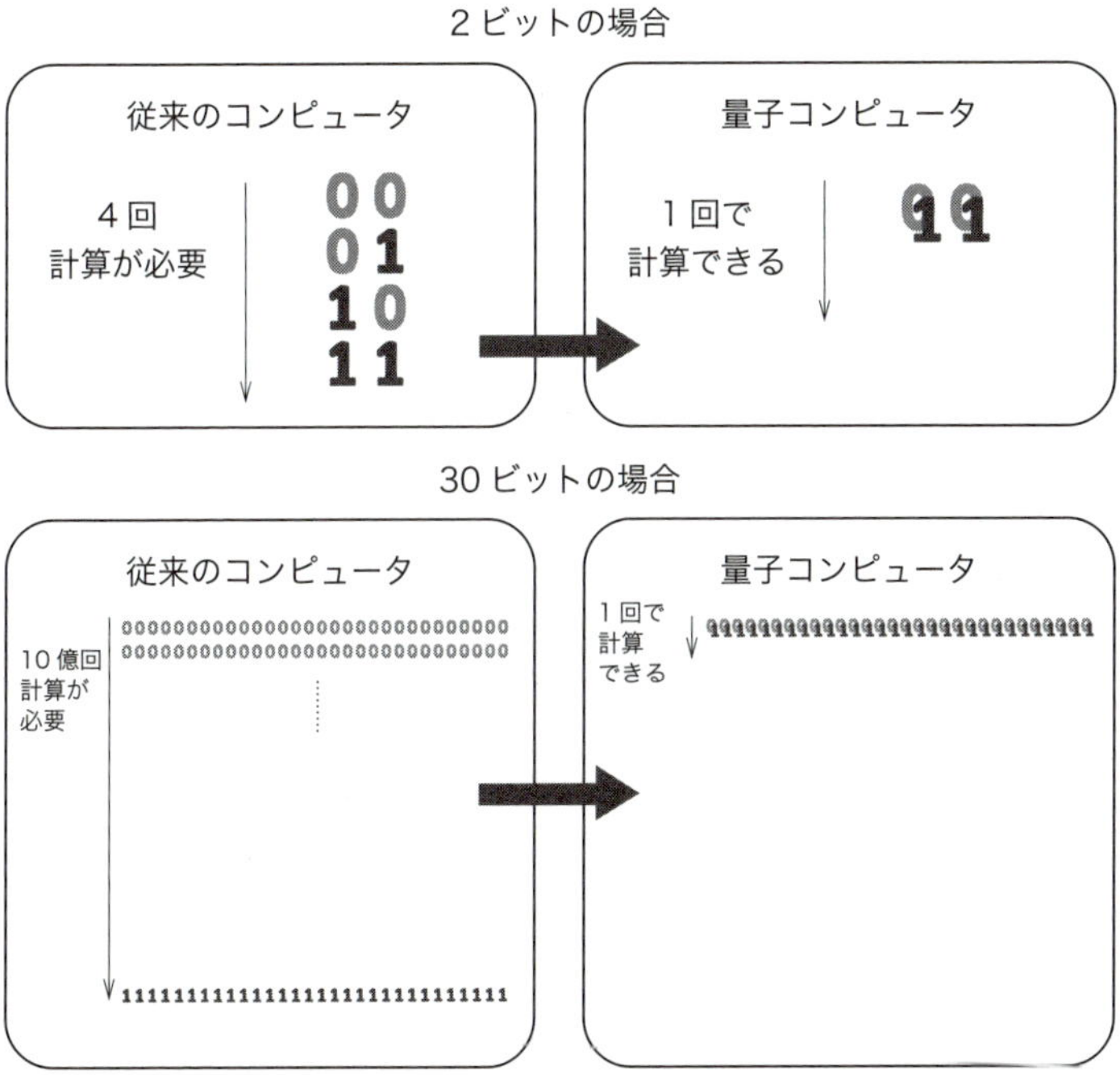

図1.6 計算の仕組み

コンピュータが世の中に出てきたわけです。

量子コンピュータの原理についての深堀は2章で専門家であり共著者の大関先生にお任せ（いや、丸投げ）してしまいます。

●量子コンピュータの種類

量子コンピュータは、実は製造がとても難しく、実用的に使うための一つの指標である量子ビットの数はこれまでなかなか増やすことができませんでした。そのため、何年も夢の世界のモノだといわれてきました。しかし2011年5月、カナダのD-Wave Systems社が量子コンピュータの商用販売を開始したというニュースをきっかけに、その風潮が大きく変化し始めました。同社が開発したD-Wave Oneは、従来考えられてきたゲート方式と呼ばれる量子コンピュータとは異なるもので、量子アニーリング方式と呼ばれる新しい量子コンピュータでした。

	ゲート方式	量子アニーリング方式
用途	汎用 （ただし高速になるかはアルゴリズム次第）	最適化専用
世の中で最大の実装規模 （2019年3月時点）	79量子ビット （IonQ）	2048量子ビット （D-Wave Systems）
ハードウェア開発ベンダー	Google、IBM、Intel、Alibabaなど	D-Wave Systems、Google、NECなど

表1.2　量子コンピュータの方式

ゲート方式の量子コンピュータは、「何でも計算できて超高速な、すごいコンピュータ」というイメージのものです。原理的には従来のコンピュータで計算できたあらゆる計算ができます。つまり、将来的にはパソコンが置き換わる時代もくるのかもしれません。一方で量子アニーリング方式の量子コンピュータは何でもできるわけではありません。できることはただ一つ。「**何かを最適化すること**」です。「最適化だけ？」と思うなかれ。以降で示していくように、多くの業界において最適化の応用先があるのです。

D-Wave Systems社の発想は、「ゲート方式の量子コンピュータは作るのが難しい。それなら機能を特定のことに特化させたら作りやすいものがあるのでは？」というものでした。その結果、生まれた量子アニーリング方式は、現在2048量子ビットです。ゲート方式がまだ79量子ビットであることを考えると「おおっ、何かにもう使えるんじゃないか？」と思わせてくれる数字です。この期待感によって世の中は盛り上がり始めたのです。

●世界で投資が加熱

量子コンピュータは投資の面でも大きな盛り上がりを示しています。なぜかといえば、これまでの情報処理を支えてきた半導体集積回路が性能限界に達しつつあるからです。

半導体集積回路は回路内の素子を微細化すればするほど集積度が上がり、動作が高速になります。「18か月で半導体の集積度は2倍にスケールアップする」というインテルの創業者ゴードン・ムーアが提唱したムーアの法則と呼ばれる経験則におおむね沿ったスピードで、半導体は小さくなり、性能も向上してきました。しかし、最近では微細化に限界がみえてきてしまいました。

一方で世の中はビッグデータと呼ばれるような大規模データの活用の普及や人工知能の発展によりデータ処理の性能要求は日に日に大きくなってきています。そこで、さらなる性能向上がこれまで述べてきたような特殊な性質をもつ量子の力を使って実現できないか、という点で量子コンピュータが大きく注目され始めたのです。

世界ではすでに、大型の国家プロジェクトが走り出しています。アメリカでは2018年に5年で12億ドル（1400億円超）を投じるNational Quantum Initiativeという計画が承認されました。量子コンピュータのほかにも、量子通信、量子センシングなどの量子技術を視野に入れた取組みです。欧州ではQuantum Technologies Flagshipという10年で10億ユーロ（1300億円超）を投じる大型プロジェクトが2018年に始動しており、これも量子コンピュータのほかに、量子通信、量子センシング、計測学といった幅広い取組みです。中国では100億ドル（1兆円超）という桁違いな予算を投じて、量子通信と量子コンピュータに取り組むといわれています。日本でも2018年に「光・量子飛躍フラッグシッププログラム（Q-LEAP）」が始動しました。量子コンピュータが社会で使われるようになるためには、量子コンピュータのハードウェアそのものがあることが大前提ですが、それを動かすた

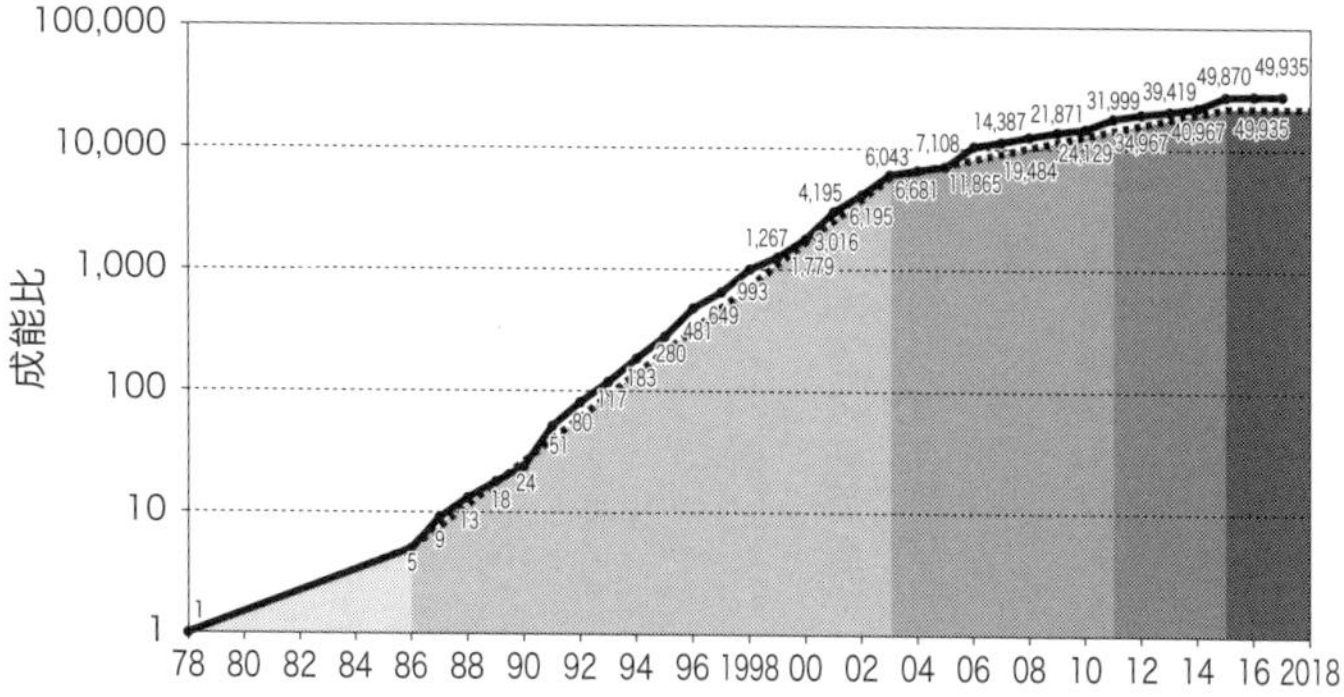

図1.8　コンピュータの進化の限界
1987年から2017年に登場したマイクロプロセッサの性能進化
出典「A New Golden Age for Computer Architecture」John Hennessy, David A. Patterson

めのソフトウェアも必要です。ハードウェア、ソフトウェアが揃ってようやく量子コンピュータを使ったアプリケーションが実装できるようになります。

　そもそも量子コンピュータがなければ、量子コンピュータのためのソフトウェアやアプリケーションは絵に描いた餅になってしまいます。そのため、こういった投資の多くは主にハードウェア研究に充てられてきました。しかし近年、ハードウェアが少しずつ現実のものになってくるにつれ、ソフトウェアやアプリケーションの研究も増え始めています。つまり、実社会を視野に入れる段階がきたということです。

　こうした流れのなか、量子コンピュータを実社会に応用しようという研究を始めた企業が近年増えてきました。そのなかでも、多くの量子ビットが実装されている量子アニーリング方式の量子コンピュータ（長いので、ここからは量子アニーリングマシンと書きます）で、企業の実証実験の話題が次々と出てくるようになりました。量子アニーリングマシンを活用した企業の取組みでは、ここ数年で日本企業がいくつも現れ、世界でも注目を集めています。なぜ日本なのでしょうか。実は、この量子アニーリングという技術は日本で生まれたものだからです。

量子アニーリングは、１９９８年に東京工業大学の西森秀稔教授と、当時博士課程で現在、デンソーの門脇正史氏が発明しました。それ以降も着々と西森研究室で量子アニーリングの研究が継続され続けてきた結果、日本では量子アニーリングに関する優秀な人材が他国に比べて多く輩出されてきました。実活用を考えるとそれでもまだまだ人材が少ないのですが、他国よりも専門家が多いのは大きなアドバンテージです。

量子アニーリングのアプリケーション分野で世界的にも有名な研究者としては、早稲田大学の田中宗先生と、本書の共著者である東北大学の大関真之先生が知られています。彼らが啓蒙活動に尽力した結果、国内では量子アニーリングの情報が比較的得やすく、共同研究も始めやすい状況にあります。４年前にリクルートコミュニケーションズとデンソーが実証実験を始めました。現在ではこの2社の実証実験の結果も広く出回り始めています。

現在では、量子アニーリングの情報が得やすい、応用事例も身近に多く出始めている、共同研究の相談もしやすい状況もあって多くの日本企業が続々と参入し始めている状況です。企業が増え、勢いを増しているこの状況は、日本企業にとっては世界に打って出る大きなチャンスといえそうです。

● 1・5 世界中で始まった宝探し

〝Winner takes all〟という言葉をご存じでしょうか？ 直訳すると「勝者が全てを取る」です。インターネットで情報が拡散される今の社会において、さまざまな業界でナンバーワンが市場を独占するという事象を指しています。量子コンピュータが商用販売され始めた、といわれているので勘違いされやすいのですが、ハードウェアが研究開発用に販売開始されたのであって、量子コンピュータを商用に利用しはじめた企業は、筆者の知る限りでは本書執筆時点（2019年3月）でまだ**世界に一社もありません**。だからこそ、その世界初の量子コンピュータの商用利用を目指し、〝Winner takes all〟を目指す、つまりはキラーアプリを探す熾烈な戦いが繰り広げられています。

世界初の商用量子アニーリングマシンを発売したD-Wave Systems社のマシンを購入した企業を例に、どんな企業が投資をしているかを紹介します。D-Waveマシンを購入した最初の顧客は、アメリカの航空宇宙メーカーのLockheed Martin社でした。彼らが着眼したのは、ソフトウェアのバグ検出です。航空宇宙分野のソフトウェアは人命に直結するため、きわめて高い品質が求められます。

従来のバグ検出では、ソフトウェアにテストパターンを流して異常がないかを検証しています。しかし、あらゆるテストパターンを流して検証することは時間がかかりすぎて現実的ではありません。そのため、仕方なく経験から異常が起こりそうな箇所にテストパターンの数を絞り込んで検証を行っているのが実情です。しかし、このやり方では経験に頼ることになりますので、経験したことがないようなバグを見つけることはできません。そこで、量子コンピュータを用いて全ての入力の組合せを検証することで、究極の品質を担保しようという狙いです。面白い話として、Lockheed Martin社の技術者が過去数か月かけてバグを見つけたソフトウェアをD-

年	出来事
1998	・東京工業大学が量子アニーリングの論文を発表
2007	・D-Wave Systemsが量子アニーリングをハードウェア化したオリオンプロトタイプを発表
2009	・Googleがオリオンプロトタイプを活用した2値分類を実証
2011	・D-Wave Systemsが世界初の商用量子コンピュータD-Wave Oneを発売開始 ・Lockheed MartinがD-Wave Oneを購入
2013	・GoogleとNASA、USRAが共同でD-Wave Twoを購入し、Quantum Computing AI Laboratoryを設置
2015	・Los Alamos National UniversityがD-Wave 2Xを購入
2017	・アメリカのサイバーセキュリティ会社がD-Wave 2000Qを購入 ・Oak Ridge National UniversityがD-Wave 2000Qを購入
2019	・東京工業大学、東北大学を中心に量子アニーリング研究開発コンソーシアムを発足。デンソー、京セラ、NECソリューションイノベータ、ABEJAを始めとした参加企業で次期型D-Waveマシンの共同利用を発表

表1.3 量子アニーリングの歴史

D-Wave Systems社に提供したところ、わずか6週間後にはバグを見つけたとの報告があがったそうです。これは使えると思い、D-Waveマシンの購入を即決したということです。

2番目の購入客はGoogle社です。実は彼らの取組みの狙いはあまり明らかになっていません。応用分野については、機械学習（人工知能）分野に期待すると述べられているのみです。彼らは、量子アニーリングおよび量子ゲート方式のハードウェアの独自開発も行っています。

3番目の企業はアメリカのサイバーセキュリティ会社です。彼らは、量子アニーリングマシンでシステムへのサイバー攻撃パターンの解析に使えないかというアイデアをもっているようです。

D-Wave Systems社のマシンは購入しなくともクラウドで利用することができるため、現在は前述の購入企業以外にも多くの企業が応用を模索しています。

アプリケーション分野の最先端が議論されている国際会

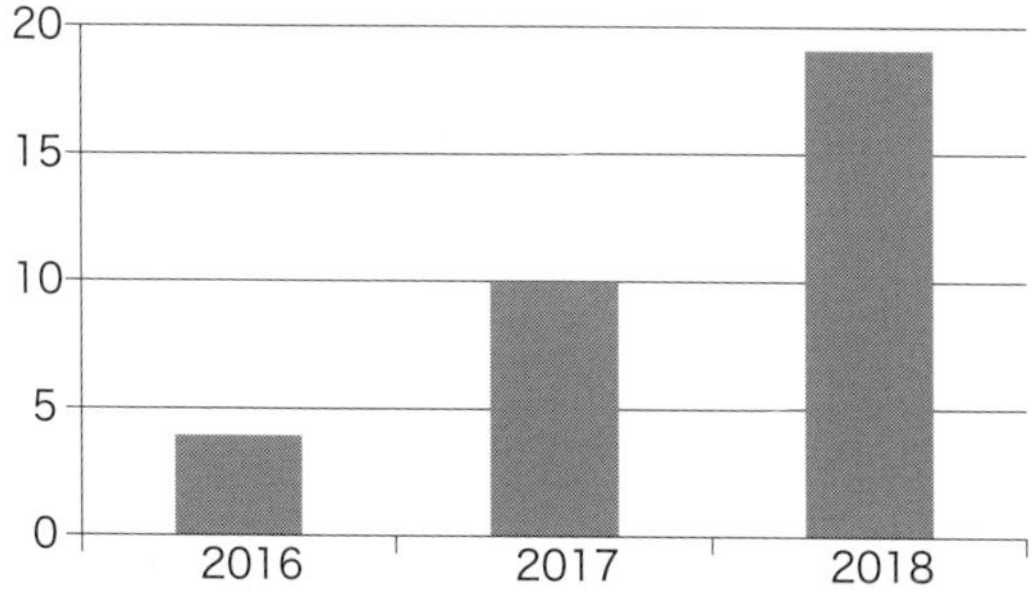

図1.9 QUBITSでの新規アプリケーション提案件数

議として、D-Wave Systems社が主催するQUBITSが年2回ほど、アメリカを中心に開催されています。図1・9は、アプリケーションの提案件数の推移です。これを見てわかるように、提案件数は年々ものすごい勢いで増えています。それに伴い、参加企業も増えてきました。西森秀稔教授は「この分野は1年ウォッチするのをやめると化石になる」と語っていますが、まさに破竹の勢いで1年前には考えられなかった世界が次々と開拓されているのです。

では、どんなアプリケーションがこのコンピュータで実現できるのでしょうか？

提案されている応用分野は、スケジューリング、異常解析、マッチング、化学計算、AIと多岐に亘ります。スケジューリングの分野では、フライトや自動車、鉄道、工場のロボットなどの運行計画をリアルタイムに最適化することで、運行効率を向上させる用途のほか、投資戦略の最適化も提案されています。異常解析の分野では、ソフトウェアのバグや水の汚染源、サイバーセキュリティでの攻撃の検出やがん検出といった、今まで見つけることが困難であったものを見つけ出す応用が提案されています。マッチング分野では、おすすめの宿の提案やタクシー配車、最適医療の提案といった、個々に最適なサービスを中心にいろいろな提案がなされています。化学計算分野では、電池、ディスプレイ材料といった新しい材料開発が提案されています。最後に、AI分野では人の認識や文字の認識、トランスミッションの制御をモチーフに機械学習の性能向上といった応用が提案されています。

最も大きな盛り上がりを見せている最適化のアプリケーションとして、ここでは二つの事例を紹

分類	内容	実施者（企業との共同研究のものは企業のみ記載）
【スケジューリング】 最もよい計画を見つける	航空スケジューリング	NASA、DLR（German Aerospace Center）
	交通流最適化	Volkswagen、デンソー＆豊田通商
	配送計画	Volkswagen、デンソー＆豊田通商
	マルチモーダルサービス	デンソー
	工場ロボットの経路計画	デンソー、BMW
	宇宙ロボットの経路計画	NASA
	災害避難経路生成	東北大学
	通信ネットワークデザインのロバスト化	NASA
	衛星数最適化	Booz Allen Hamilton
	投資戦略最適化	野村アセットマネジメント、GE Research、HSBC
	鉄道運行最適化	FSI（Italian State Railways）
【異常解析】 異常と原因を見つける	ソフト故障解析	NASA、Lockheed Martin、Airbus
	水の汚染経路解析	Los Alamos National Laboratory
	セキュリティ	サイバーセキュリティ会社
	がん検出	NextCODE Genomics
【マッチング】 最もよいペアを見つけ出す	広告入札最適化	リクルートコミュニケーションズ
	ブロックチェーンのマイニング効率化	リクルートコミュニケーションズ
	おすすめの宿提案	リクルートコミュニケーションズ
	タクシー配車	デンソー＆豊田通商
	最適医療の提案	SRI International
【化学計算】 新構造を見つける、 実験を減らす	電池開発	Volkswagen
	ディスプレイ材料開発	OTI Lumionics
	タンパク質解析	Los Alamos National Laboratory、Peptone
	分子シミュレーション	京セラ
【AI】 機械学習の性能向上	人認識・文字認識など	NASA、Los Alamos National Laboratory
	トランスミッションのキャリブレーション	アイシンAW

表1.4 QUBITSで提案されている応用事例

介します。2017年にVolkswagen社が発表した、中国・北京での渋滞解消が話題になりました。北京で過去にタクシー10357台が走行した履歴のデータを使って、それぞれのタクシーがどのような経路を通れば渋滞が緩和されるかという最適化問題をD-Waveマシンを使って解いた実証実験です。図1・10で左は空港への経路に車が密集している状態で、右は密集した車を分散させて渋滞をなくした状態です。

この実証実験で交通システムへの量子コンピュータ応用への期待が大きく高まりました。交通システムの展望は3・1節でもご紹介します。

また、2018年にデンソーと東北大学が行った工場での無人搬送車（AGV）の稼働率向上も、日本経済新聞の一面で取り上げら

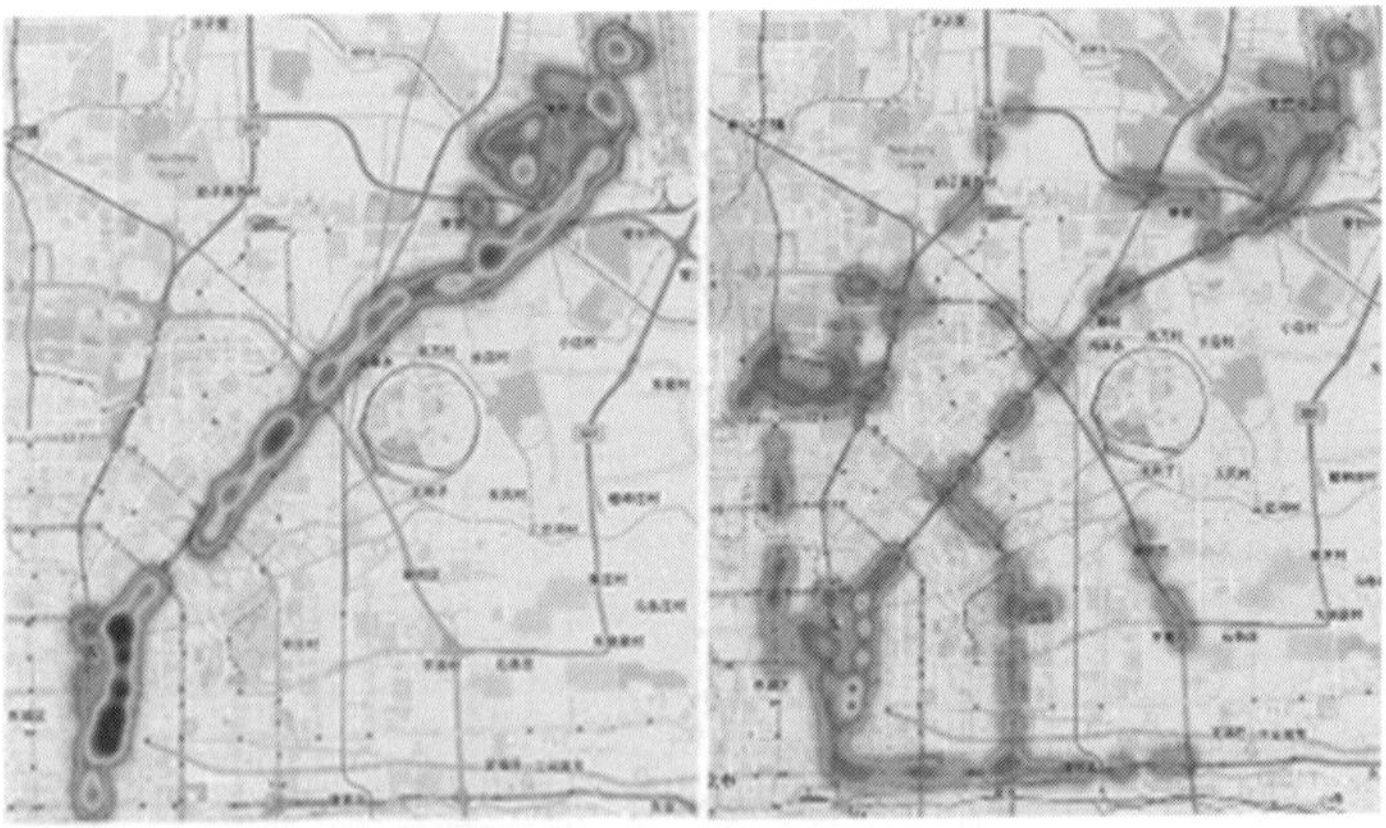

図1.10 Volkswagenが実証した北京での交通渋滞解消シミュレーション結果
出典：Florian Neukert, Volkswagen "Traffic Flow Optimization Using a Quantum Annealer" Frontiers in ICT 2017
https://www.frontiersin.org/articles/10.3389/fict.2017.00029/full

れるなど話題になりました。これは工場内で渋滞解消を行うアイデアで、実際の工場に近いシチュエーションでリアルタイムに制御を行い続けるという設定で実施されていました。そのため、量子コンピュータとは何に使えるかがわからないと考えていた世の中の人々にとって実用性を間近に感じさせる事例となりました。

図1・11は黒い線が工場内の無人搬送車の経路、線上の四角が無人搬送車の場所を示した模式図です。無人搬送車が動きながら荷物を運ぶなかで、交差点で渋滞が発生し停車すると、そのたびに丸が大きくなっていきます。上の図は最適化する前で、大きな丸、つまり多くの渋滞が発生していますが、量子コンピュータで最適化された下側は丸が小さくなり、渋滞を減らすことができています（https://youtu.be/31vnkvCj3kM）。工場システムの展望は3・2節で紹介します。

ここまで、量子コンピュータを取り巻く世の中の大きな動きをご説明してきました。今や世界中の企業が次々と商用に近いアプリケーションを提案し始めているのです。ここから、2章で量子コ

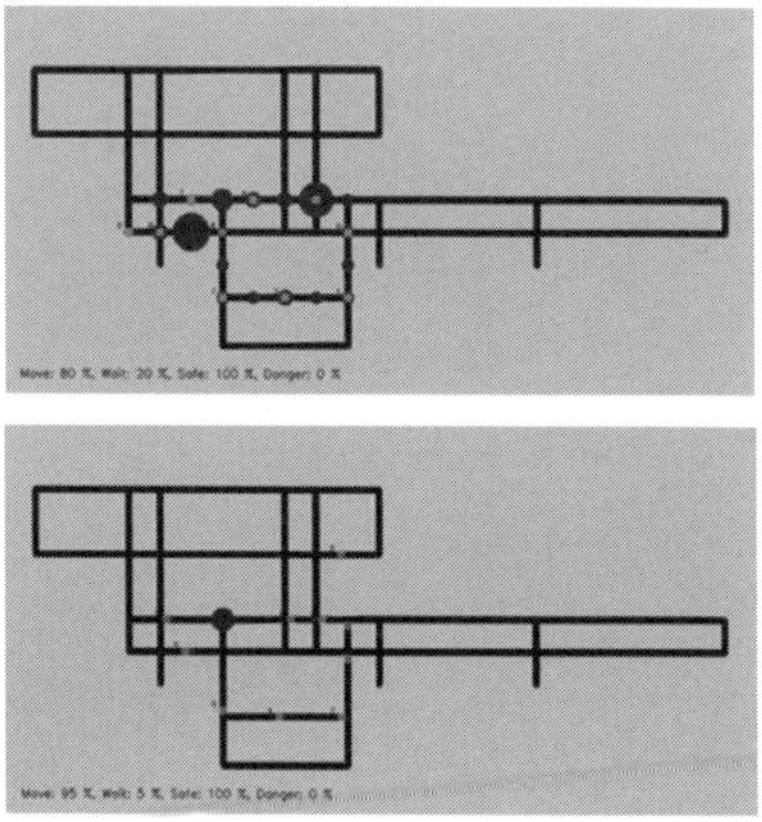

図1.11　工場での無人搬送車の稼働率向上

ンピュータの技術に踏み込んだ解説を大関先生にしていただきます。3、4章ではさまざまな企業からの量子コンピュータへの期待についてインタビューを踏まえた内容をご紹介します。インタビューさせていただいた方々の業界は多様ですので、筆者も知らないことがたくさんあり、目からうろこでした。そのため、きっと量子コンピュータだけでなく、いろいろな世界の広がりをご紹介できるのではないかと思います。

本章のまとめ

- ○量子コンピュータはすでに商用販売が開始されており、10年以内の商用利用が期待されています。
- ○量子コンピュータは身近な問題だけでなく、社会レベルの大きな問題までをも解決できるポテンシャルがあります。
- ○ここ数年で、世界初の商用アプリケーション実現を目指した実証実験合戦が始まっています。

（＊1）「国連開発計画」http://www.jp.undp.org/content/tokyo/ja/home/sustainable-development-goals.html

（＊2）『スティーブ・ジョブズ驚異のイノベーション』カーマイン ガロ 著、井口耕二 訳、外村仁 解説、日経ＢＰ社（２０１１）

COLUMN

量子アニーリング誕生秘話

門脇正史・デンソー

門脇正史

1998年、東京工業大学大学院在学中に当時指導教官であった西森秀稔教授と共同で量子アニーリングのアルゴリズムを発表。卒業後は、半導体メーカー、ベンチャー企業、大学研究員、製薬会社を経て現在は株式会社デンソー 先端技術研究所で量子アニーリングの研究に従事。

1998年に日本で生まれた量子アニーリング技術。その生みの親である門脇氏（現・デンソー）に誕生秘話を伺ってみました。

――量子アニーリング技術はどうやって生まれたのでしょうか？

門脇さん　量子アニーリングは異なる分野の先行研究の組合せから生まれました。

　私が在学していた東京工業大学の西森研究室では統計力学という物理学の分野の研究をしています。そのなかで私は、「ランダムな相互作用をもつ物理系の最低エネルギー状態を求める」という研究していました。当時は、純粋にコンピュータを用いて物理の問題を解決することに面白さを感じていました。最低エネルギー状態は物質の性質を理解するうえで重要で、これを求めるうえではシミュレーテッドアニーリング，日本語では焼きなまし法と呼ばれる、物理学者が考えたアルゴリズムなどがすでに知られていました。これは熱の振る舞いを模擬して複雑なエネルギー構造をもつ問題の解を探索します。一方、当時のランダム系の統計力学では、熱ゆらぎによる相転移（水が氷に変化するなど物質の状態が変化する現象）と量子ゆらぎによる相転移がよく似ているということがわかってきました。そこで、「量子ゆらぎによるシミュレーテッドアニーリングをやってみよう」ということになり、西森先生と取り組みました。その結果、量子ゆらぎのほうが熱ゆらぎよりも、解を探索する効率がよさそうだということがわかったのです。

　当時は、量子アニーリングの量子コンピュータにおける位置づけについて、深く考えたことはなく、別の研究領域だと考えていました。今でも、コンピュータというよりも物理実験装置のように感じています。物理実験が苦手だった身としては不思議な気分です。

――なるほど、アンテナを広げながら、いろいろとやってみようという探求心によって生まれたわけですね。

D-Wave Systems社が2007年に世界初の量子アニーリングマシンOrion Systemを公開しました。そしてその後の2011年に世界初の商用量子コン

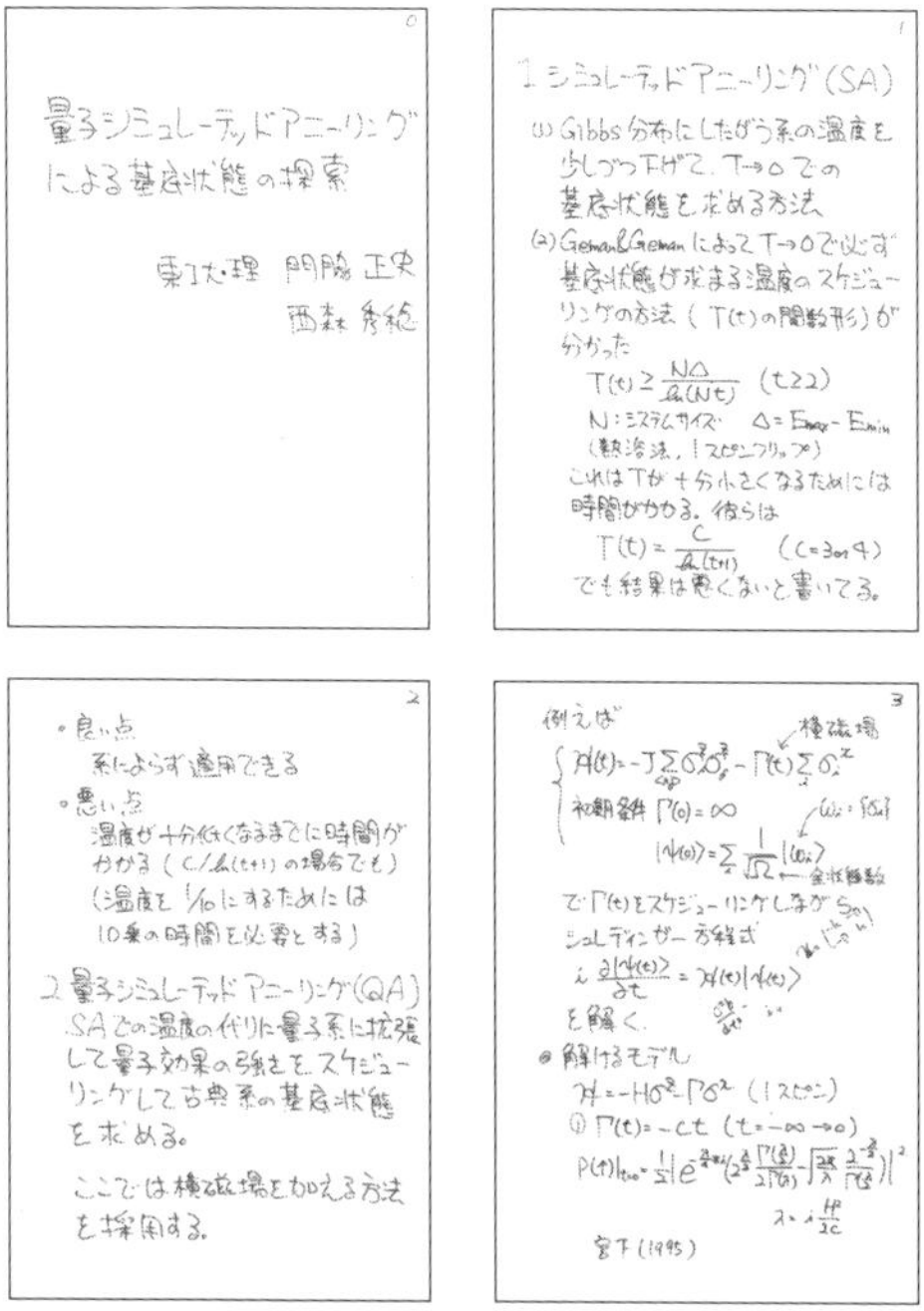

量子シミュレーテッドアニーリングによる基底状態の探索
東工大・理 門脇 正史
西森 秀稔
1. シミュレーテッドアニーリング(SA)
(1) Gibbs分布にしたがう系の温度を少しづつ下げて、T→0での基底状態を求める方法
(2) Geman&Gemanによって T→0で必ず基底状態が求まる温度のスケジューリングの方法(T(t)の関数形)が分かった
N：システムサイズ
(熱浴法、1スピンフリップ)
これはTが十分小さくなるためには時間がかかる。彼らは
でも結果は悪くないと書いてる。
・良い点
系によらず適用できる
・悪い点
温度が十分低くなるまでに時間がかかる
2. 量子シミュレーテッドアニーリング(QA)
SAでの温度の代りに量子系に拡張して量子効果の強さをスケジューリングして古典系の基底状態を求める。
ここでは横磁場を加える方法を採用する。
例えば
横磁場
シュレディンガー方程式
を解く。
◎解けるモデル
宮下(1995)

図1.12　初めて量子アニーリングについて発表された資料

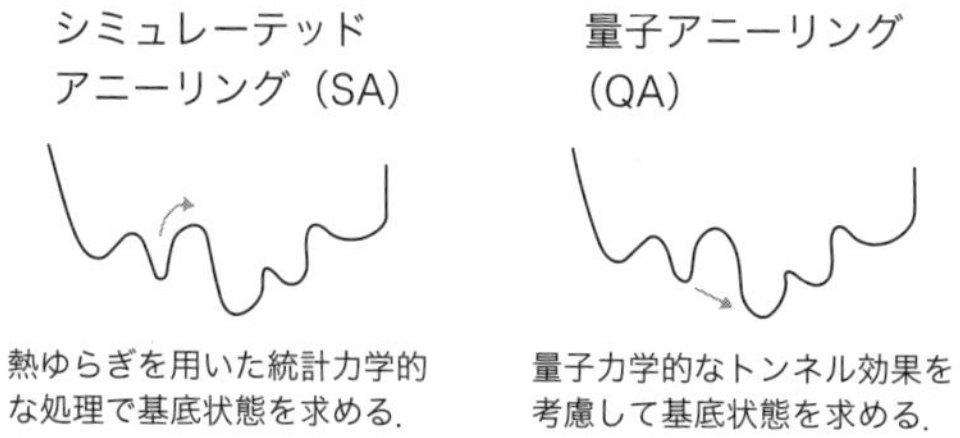

図1.13　シミュレーテッドアニーリングと量子アニーリングの違い

ピュータと銘打ってD－Wave Oneを発表し、世界が驚愕しました。この流れにも関わっていらっしゃったのでしょうか。

門脇さん　全く知りませんでした（笑）。

ある日、突然友人から「門脇のことがニュースに載っているぞ」とメールが来ました。2013年にGoogle社とNASAがD－Wave Systems社のマシンを購入し、量子AI研究所を立ち上げた際に流れてきたニュースでした。

――事前に通知されないのですね。そのニュースを聞いていかがでしたか。

門脇さん　このアルゴリズムでハードウェアをつくるなんて夢にも思っていなかったので、とにかく驚きでした。20年も量子アニーリングから離れていましたので、先に商用化されて悔しいとか、そんな気持ちは通り越していました（笑）。

プログラミングや電子工作などが大好きで、またFPGA（プログラミングのように回路構成を変更できるハードウェア）の開発をしていた経験もあったので、すぐに新しいアーキテクチャのコンピュータを使ってみたいと思いました。ニュースを見た別の友だちから、今の仕事をすぐやめて量子コンピュータの研究をしろといわれたこともあります。そのときは冗談として聞き流しましたが、今考えると彼のアドバイスは適切でした（笑）。

――新しい研究ネタとして興味を持ったわけですね。現在はデンソーで再び量子アニーリングの研究に携わっているわけですが、どのようなスタンスで研究に臨まれているのでしょうか。

門脇さん　自分たちが提案した技術なので愛着があり、もっと深く理解したいと思います。この技術が10年、20年、もっと先まで使われる技術であってほしいし、自分もそこに携わって、皆で一緒に作っていきたいです。

再び研究に戻ったきっかけは、西森先生に量子産業に移りたいと相談した際に、まだ基礎が大事だから、研究をしなさいといわれたことです。よく考えてみると、大学の先生に研究以外のアドバイスをいただくことの方が稀かもしれませんが、素直に従ってよかったです（笑）。

夏休みにまとまった時間がとれたため、始めは時間潰しのつもりで量子アニーリングの研究を再開しました。その後、東京で開かれた量子アニーリングの国際会議に個人で参加して発表しましたが、趣味では時間や費用（コンピュータシミュレーションのためのクラウド費用、学会参加費、論文投稿料など）に限界があると感じていました。国際会議で知り合ったデンソーのメンバーから業務で研究しないかと誘いがあり、20年ぶりに仕事として量子アニーリングの研究をすることになりました。

――プライベートの研究で学会発表とはさすがです。そんな門脇さんの研究のスタンスはどのようなものなのでしょうか。

門脇さん　自分は素人だと思って他人を頼ることにしています。いろいろな分野を渡り歩いてきたからかもしれませんが日々新しい学びがあることを楽しく感じます。慣れていると思い込んでしまうと気づかずに避けてしまう挑戦もあるかもしれませんし、ビギナーズラックも起こるかもしれません。素人だから、見栄を張らずに他人に頼ることで、さまざまな知見が融合して面白いことが起こることを期待しています。

私は、私が研究から離れていた20年間の間に、量子アニーリングを発展させてくれた研究者の方々に感謝しています。そこで活躍された方や、新しく入ってこられる方とも、ぜひこれから一緒に研究をしたいです。皆さん、さまざまなことをご存じなので、一緒になって議論することがとても勉強になります。研究が成功するかを正確に予測することは不可能ですので、できる限りたくさんの挑戦をしてみたいです。

――なぜ量子アニーリングが門脇さんから生まれたかが垣間みえるインタビューでした。量子アニーリングの応用もまだまだ始まったばかりです。門脇さんのおっしゃるような「素人だと思って挑戦するスタンス」こそが量子アニーリングの未来を切り開くことになるかもしれません。

図1.14　2018年の国際会議AQCで登壇する門脇氏

Chapter 2
量子コンピュータは難しい？

寺部さんに代わり、この章は大関が
担当します。量子コンピュータとは何か、
という一番難しそうなところを押し付けられました。
やれやれ困ったものです。

量子コンピュータっていわれても、普通のコンピュータとは
違うのか？　すごそうだけど、なんなんだ？　って。
最近、強い関心が寄せられている量子コンピュータについて
その未来への可能性を感じてもらいたいので、
ちょっとお時間をいただきまして
説明をしたいと思います。

● 2・1　量子コンピュータに対する期待

「量子コンピュータ」一体、何のことだろう。新しいコンピュータの名前かな。別に新しいコンピュータなら毎度のように発売されて、たまに買いに行くと機能の違いがわからないし、本当に進化しているのだろうか。皆さんが気づかないうちに、新しい機能が追加されていくのがコンピュータのいつものパターン。知らず識らずのうちに本当に新しいものが追加される時代が近づいてきているんですよ。

●量子コンピュータは速いのか？

コンピュータが速いというとき、二つの意味があります。コンピュータの速さを決める要素が二つあるためです。一つは、コンピュータそのものの速さです。もう一つは、そのコンピュータの内部で行われている細かい計算の回数によって決まる速さです。いわば手際のよさです。

たとえば足し算、引き算しか知らない小学生に2を8回足し算するということに相当する2×8という計算をしてもらうとしましょう。するとその小学生は、まずどうやってやるか、メモを書きながら計算するなど、考えながら計算を進めます。これがコンピュータそのものの速さに相当します。計算を実行するとなれば、2＋2、その結果に＋2、さらにその結果に＋2と、最初の2を用

(コンピュータの速さ)＝(一度の計算の速さ)×(手際のよさ)

図2.1　コンピュータの速さの公式

意して、続けて2を7回足す計算を実行します。計算の「手数」が8回ほどかかるというわけです。これが計算の回数で決まる速さの部分です。

そこに掛け算や割り算など、新しい種類の計算方法を導入するとどうでしょう。掛け算であれば、2×8の計算は一度で済みます。正確には、人間の場合は計算結果を「覚えている」からというだけですが、コンピュータでいうと命令セットといって、新しい計算の方法を習得することで簡単に計算を終えることができます。いずれにせよ新しい計算手法を手にして、計算の手数が、グーンと少なくなります。その計算自体は新しい計算方法ですから、その計算を行うコンピュータそのものの速さは少し遅くなるかもしれません。しかし、その手際のよさを加味すると、総合して速くなる可能性があります。こうして一度の計算の速さとその計算の回数が、総合したコンピュータの速さに関係するというわけです。

実際にコンピュータのなかには、掛け算や割り算だけでなく、いろいろな命令セットがあり、さまざまな複雑な作業を効率的に実行しており、手際よく作業を終えることでコンピュータそのものの速さを向上させています。たとえばグラフィックの描画のための命令セット、表計算のために便利な命令セットなどもあるわけです。

さて、コンピュータの計算時間は、コンピュータの動作速度と計算や作業の手数で決まることがわかりました。それでは、次の時代のコンピュータをつくろうと考えるときに、どうやったらコンピュータの計算時間を短くすることができるでしょうか。大きく二つ方策があることに気づきますね。

一つはコンピュータの動作速度を速めること、そしてもう一つは、計算や作業の手数を少なくすることです。

これまでのコンピュータは、どちらの方策も進められてきました。それはコンピュータが登場してから今まで、実はそんなに間も経っていないからです。20世紀はコンピュータの時代でした。登場、進化、実用化を経て、今日では誰もがコンピュータを利用しています。社会のニーズに応えて、いろいろな用途で使われるうえで、速さもさることながら、さまざまなニーズに応えるため、どちらの方向にも向いていました。

それでは量子コンピュータは、どちらの方向性で進化を遂げるものでしょうか。おそらく多くの読者が想像しているのは、コンピュータそのものが新しいものだから、「コンピュータ自体が速い」のではないか。そう捉えているかもしれません。

実はどちらかというと「作業の手数を少なくする」のが量子コンピュータの特徴です。つまり量子コンピュータというものは、「計算の手数が少ないために速いコンピュータ」となりえるというわけです。

なぜそのようなことができるのかというと、その冠にある「量子」が鍵を握っています。この方向性で進化を遂げた量子コンピュータを、ゲート方式と呼んだりします。多くの書籍で量子コンピュータと呼ばれているものは、このゲート方式の量子コンピュータを指します。ここでいうゲートというのが、計算の基礎部分を指しており、そのゲートによる操作を繰り返すことで、複雑な計算を実行しています。これまでのコンピュータでいうと命令セットの基本部分です。いくつかのゲート操作のセットを命令セットと考えてもらえれば差し支えありません。

これまでのコンピュータとは異なるということですから、できることにも違いがあります。スルスルっと手数が少なく、一部の特殊なものは手際よく計算を終わらせることができるものがあります。

乱暴なたとえでは、足し算、引き算しか知らなかった人が、掛け算や割り算もできるようになり、手際よく計算を行うことができるようになったようなものということになります。

ただ、そのうまい操作方法が、役に立つ計算もあれば、あまり役に立たないものもあります。そのため、量子コンピュータの計算能力をうまく活用できる問題設定でないと、その効果を発揮できません。使い所が重要となります。

さてここまでの話を聞いてみると、よくあるマスコミでの報道の様子、1億倍速いとか、1兆倍速いとか？　そういう話は、ちょっと的を外してしまった表現であることが伺えます。そうなのです。実は、量子コンピュータは「爆速のコンピュータ」というイメージは正しい姿ではありません。

「量子コンピュータは速い」のではなく、これまでとは違った動作で、作業の効率化ができることが期待されています。

●なぜ今、量子コンピュータなのか？

これまでコンピュータを利用していて、毎度毎度新しいものを導入して、ソフトウェアも便利なものが充実してきて、順当に進化をしているように感じます。果てはスマートフォンが登場して、手のひらにコンピュータがあり、日々の生活に役立っています。そのまま未来が順調に開けていくものだとなんとなく信じているかもしれません。

実は、どうやらそうもいかないというのが、わかってきました。コンピュータの成長に限界が見え始めているというわけです。それが**ムーアの法則の終焉**といわれています。ムーアの法則は、乱暴な言い方をすれば、半導体の集積密度の成長の様子には法則性があるようだということを指した標語です。半導体は、コンピュータの動作に必須な構成要素で、電気を流したり流さなかったりする操作を低電力で高速に行うことができる部品をつくるものです。その集積密度が高まるということは、一つのチップに多くの部品を乗せることで、複雑な動作を行う命令セットを用意することもできますし、同時に複数の計算処理をする許容量を増やすことにもつながります。ムーアの法則は、いわば人類の成長曲線です。そのまま順調に成長していけば、次世代のコンピュータの動作速度は、ここまで来るのではないだろうかということを予測して、未来を想像することができたわけです。

ここで過去形なのは、それがまさに終焉に近づいているためです。ムーアの法則に従うある種の期待感が終わりつつあるのです。

その原因は、科学技術の発展により電気回路の小型化が限界まで進められたためです。ものを細かくしていくと、原子や分子などの物質の根源単位が存在します。さらにこれ以上細かくすることができない素粒子の存在があります。人類はその限界に触れ始めたというわけです。

これ以上小さくすることができないほどに微小な世界では、自由自在に電気を制御し動作をさせることが難しく、これがコンピュータの進化を阻む要因となります。

たとえば過去の例では、電気を流すためにうまく微細化した電気回路には電流がうまく流れず、外に溢れ出てしまう「リーク電流」が顕著になり、消費電力の増大や誤動作の原因となってしまうという厄介な問題が生じました。

うまく加工ができていないだけだろう、と考えられた時期もありますが、どうやらこれは微小な世界では、当たり前のように起こる現象であることがわかりました。我々の常識とは異なるルールが、この微小な電子の世界にはあるようです。実はそれが、量子コンピュータの冠にある量子の世界を司る量子力学です。

こうしたコンピュータの小型化に限界が見え始め、最近では、コンピュータの計算を担うＣＰＵ（Central Processing Unit）のコア数を増やして、複数の処理系統を用意することで、並列処理により計算速度を向上させています。コンピュータそのものの処理速度や、計算の手数を少なくすることではなく、そもそもコンピュータの数を増やすという考えに基づいた第3の進化の方向性です。

さらにこのような限界が見え始めている時代に期待されているのが、特別な用途に限定した計算装置を用意するという考え方です。たとえば画像処理に特化した計算装置であるＧＰＵ（Graphics Processing Unit）は、名前の通りディスプレイ上に画像を表示する際に必要な演算をＣＰＵと分離して行い、ＣＰＵの負担を軽減するために登場したものです。これを利用したＧＰＧＰＵ（General-Purpose GPU）は、画像処理で利用される計算が、実は人工知能の基盤技術の一つである機械学習の実行に必要な計算に有効活用できることから、近年多用されるようになった限定用途の計算を行う装置の一つといえます。

ＦＰＧＡ（Field Programmable Gate Array）も限定用途の計算を行うための装置の一種です。ユーザー側が所望する動作に特化させることで省電力で高速な計算処理を実現することができます。こうして頭打ちとなった性能向上を乗り越えるべく、特別な用途に限ってでも工夫が凝らされた計算装置が活用されるようになってきました。このようにして、目の前の壁を乗り越える第3の方向性の進化が模索されています。

このような時代背景をもとに、コンピュータそのものの動作速度を引き上げることではなく、新しい操作を利用して計算の手数を少なくする量子コンピュータへの注目が高まっているというわけです。

> コンピュータの限界に対して、専用化、新機軸による限界突破。この流れのなかで期待されるのが量子コンピュータです。

●量子コンピュータの動作原理

それでは新しい操作方法を利用した量子コンピュータとはどういうものなのでしょうか。

量子力学の基本原理の一つである重ね合わせの原理というものを利用して、これまでのコンピュータで利用してきたビットの概念を拡張した量子ビットを利用するコンピュータです。

量子コンピュータの本といえば、物理学者が書いていて、必ず量子の重ね合わせの状態について書かれていて、投げ出したくなるといわれたので（少なくとも寺部さんにそういわれました）、ここは読者の皆さんに本を投げ出させないように、頑張ってみたいと思います。

まず、その重ね合わせの原理を利用することで、量子コンピュータでは何ができるのでしょうか。まずこれまでのコンピュータでは、0と1という明確な区別のつくビットという概念を利用して計算をしてきました。「0と1で計算をするというのはどういうことだ」「僕は2や3という大きな数字を扱いたいんだ」と思われたら、手のひらを広げて指で数字を数えてみましょう。指を折って曲げて、伸ばしてさまざまな数字を表しています。これこれ。0と1です。指を折ったら1、指を伸ばしたら0としましょう。コンピュータの中身では0と1の組合せで数字を表しています。その数字をどのように動かすのか、足し算と引き算を行うこともきちんとしたルールに基づいて行うことができます。それがコンピュータの命令セットに従った計算です。コンピュータの場合には0と1で電気が流れたかどうかなど、電気回路のなかで起こることを検知して扱うことができます。これがビットによる計算です。

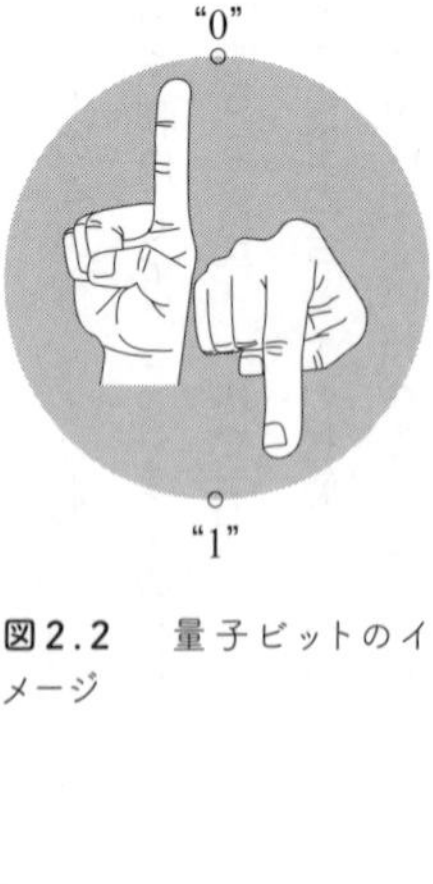

図2.2　量子ビットのイメージ

それに対して、量子ビットは0と1を頂点とした**ブロッホ球**という概念上で考えます。指を伸ばしたところが0で、折り曲げたら1ということは変わりません。その途中の指の角度、向き、それを情報として活用するのが量子ビットです。すぐに気づくことは、同じ0と1を担うビットでも、量子ビットは表現力が豊かであるというところです。その中間的な状態を取ることができるのが量子ビットの強みであり、量子コンピュータに新しい操作を導入することができる理由です。

この指の角度や向きのことを専門用語では位相《いそう》といったりします。これまでのコンピュータでは、2本の指を用意して、足し算という計算ルールを考えると、0と0だったら0のままに、0と1だったら1にしましょうと指の折り曲げで考えられる範囲で話が進みます。しかし量子ビットでは、指の角度や向きが関係しますから、より複雑な計算ルールを考える必要があります。そのため量子コンピュータでどんなことができるのか考えても想像がつかないという悩ましい状況が生まれるわけです。それは仕方ない。

そもそも人類が数字を扱ったころに、足し算や引き算がそれほど多くの人に普及した概念だったとは想像しがたいでしょう。同じように量子ビットの考え方が登場して、広くその概念が理解されるまでには時間のかかることと考えられます。逆にいうと、これからの時代を担う子どもたちは、自然にマスターしているかもしれませんね。

来る量子コンピュータ時代では、量子ビットの操作の感覚が普通になる世代が登場するでしょう

●量子コンピュータは並列計算をするわけではない

指を折り曲げたり伸ばしたりすれば、コンピュータでの数字の扱いを想像したり説明をしたりすることができます。量子コンピュータのなかで行われている計算は、さらに手を回転させたりひねったり、指を折り曲げる向きが多彩なだけです。再現すると体全体で転がったりする必要がありますので、近所迷惑にならないように注意しましょう。

次にこの量子ビット、半分くらいに折り曲げた状態の指の場合には、どんな結論が導かれたことになるのでしょうか。つまり0と1の半々の状態です。これが量子力学の本でよく聞く**重ね合わせの状態**です。

どちらともつかない変な結果を示しているのではないか、とか、両方の可能性が同時に重なったわけのわからない状態なんじゃないかとか想像を膨らませてしまいそうです。

ところがこれも間違った印象を植え付けられてしまっ

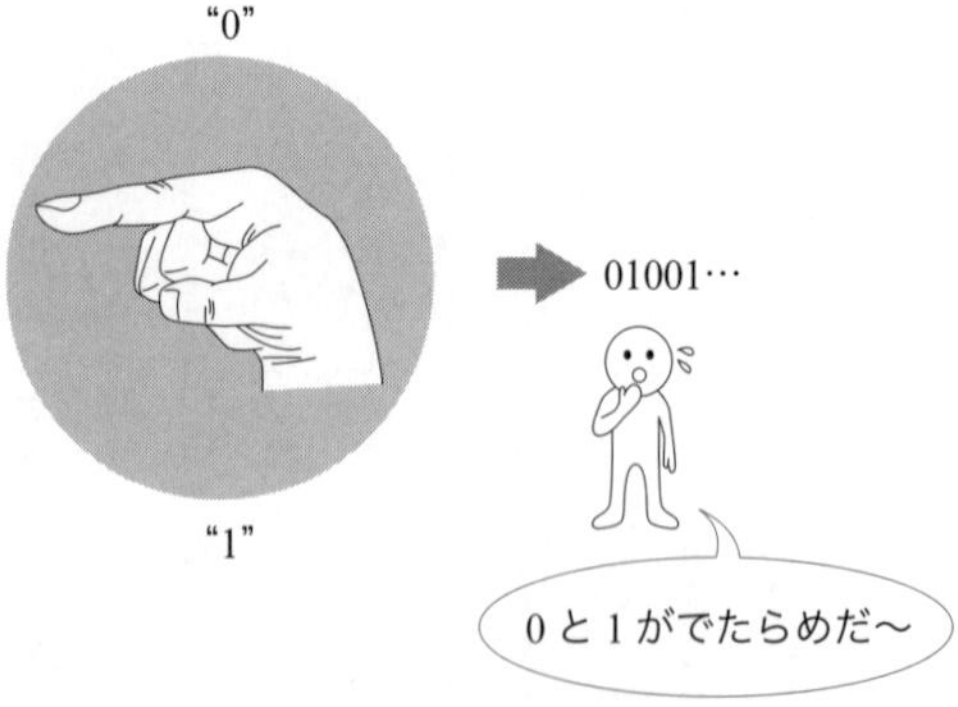

図2.3 横向きのビット

図2.4 量子ビットの動きは複雑

ています。重ね合わせの状態から出る結論は、皆さんがすでに抱いていたイメージとはちょっと異なるかもしれません。0と1の間に指を曲げて重ね合わせの状態を作り出しても、結果は0か1のどちらかが現れます。しかもでたらめに。何度も同じ状況を作り出しても**0と1が半分半分の頻度**で出てきます。

重ね合わせの状態は量子コンピュータの**途中の計算過程**で利用される重要な性質であり、最終的に得られる結果は重ね合わせという言葉で想像される変な状態にはなりません。しかし、その重ね合わせの状態のままで計算を終えてしまうと、でたらめな結果が出てくるのであれば、あてにならない気まぐれなコンピュータになってしまいます。ちゃんとした結果を生み出す信用のできるコンピュータとするには、最後は0と1のところに指を持っていくように操作しないとならないことがわかります。もちろん用途によっては、この中途半端な指の位置で、でたらめな結果を生み出すことを要求される場面もあります。これまでのコンピュータのように指を折ったり曲げたりして計算をするのではなく、くるくると腕も体も回しながら、しかし最後は決めポーズをするのが量子コンピュータというわけです。

この中途半端な状態でも、最後の結果を読み出すと0か1に帰着してしまうという性質は、うまく利用すると有効な計算手法となります。二つ以上の量子ビットを表すと、さらに量子ビットの強みが発揮されていきます。これまでのコンピュータで利用されていたビットでは、指を単純に増やすように、ビットを増やすことで大きな桁の数字を扱うことができます。量子ビットでは単純に指の数が増える以上に、その指の動きを連動させるエンタングルメント（量子もつれ）という機能をもつことができます。指の動きの間に紐をつけたようなイメージでしょうか。指の一部分を立たせるか折り曲げるか、計算結果として0か1を決定づけると、その結果を反映してほかの指の計算結果が定まるという性質です。こうした一部の結果から、ほかの途中計算結果に対して一斉に情報処理を行うことで、手際のいい計算を行うことができることがあります。

量子コンピュータは、計算の途中で重ね合わせの状態を利用して、これまでの計算原理とは異なるルールで　0と1を変化させるものです

●量子コンピュータは計算能力が幅広い

もう少し量子コンピュータの面白いところを見てみましょう。普通のコンピュータとは違うところは、0と1の代わりに中途半端な向きを取ることができるというところでした。

前述したように普通のコンピュータは、この0と1を事前に決めたルールに従って変化させていくことで動作させていくものです。そのルールを定めるものを論理回路といいます。基本となる二つのビットの論理回路を組み合わせて、多くのビットを操作させることができるので、二つのビットによる論理回路だけを考えましょう。一つのビットを制御ビット、もう片方のビットを標的ビットといいます。

たとえば片方の制御ビットが1を示しているときだけ、もう片方の標的ビットが0から1へ、1から0へと変化するといったものを作ります。これは排他的論理和回路と呼ばれるものの動作です。こうした論理回路にはいくつかの種類があり、それらを組み合わせればどんな計算もできる、という理論に基づいて築き上げられたのが現在のコンピュータです。

それでは量子コンピュータは、どうやって作られているのかというと、全く同じです。つまり論理回路がある。その論理回路を組み合わせることによってあらゆる計算に対応したコンピュータになるというわけです。

ただし量子コンピュータは単なる0と1ではなく、重ね合わせの状態を利用するというところが異なります。これで計算の結果がどのようなものになるのかは、想像の域を超えていくことでしょう。この理解にはトレーニングを必要としますので、興味をもった読者はほかの本を読み進めていただくとして、ここではどんなことが起こるのかのだいたいを紹介するに留めます。

まず片方の制御量子ビットを0と1の重ね合わせの状態にしてみましょう。もう片方の標的量子ビットは、たとえば0だけにしておきます。

これを先ほどの排他的論理和回路に入れると、二つの量子ビットがそれぞれ横倒しになったような図でなんとかイメージしていただくことにします。正確には二つの量子ビットが**エンタングルした状態**になります。量子ビットの様子を表した指どうしがもつれ合っている面白い性質をもちます。

これの何が面白いかというと絵に正確には描け

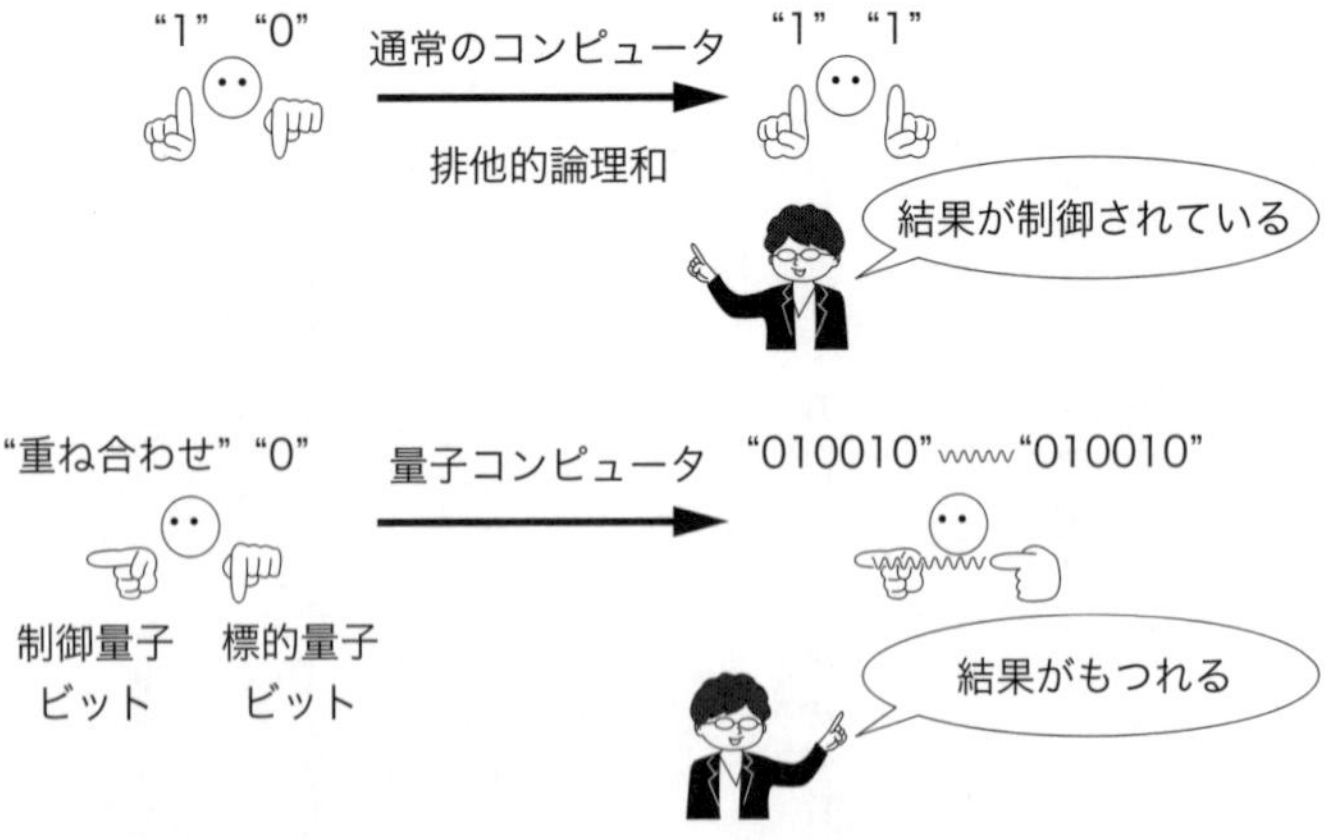

図2.5 通常のコンピュータと量子コンピュータの計算の違い

ません。だからイメージしにくいのですが、なんとかして描いたのが図2・5です。

肝心の結果はどうなるのかというと、中途半端に指が横を向いていますから、重ね合わせの状態となっていて、てんでバラバラな0と1の結果が出てきそうです。確かにそのように結果が出てきます。しかし面白いのは、制御量子ビットと標的量子ビットが同じ結果を導くようになります。これがもつれ合っているという意味です。

このようにしてできたもつれ合ったペアの量子ビットは、量子ビットが壊れない限り、遠く離れてももつれ合い続けるので、**量子通信**と呼ばれる新しい通信技術の礎にもなります。自分がもっている量子ビットと、離れたところにいる相手がもっている量子ビットとの間で強い関係性をもたせることができるというわけです。

話を戻して量子コンピュータについてですが、このもつれ合った結果を生み出すという特徴は、これまでのコンピュータの論理回路では生み出すことができないものでした。つまり計算のバリエーションがさらに豊富になったというわけです。

すると、もしかしたら今までめんどうくさい計算をしていた問題も別の解き方が見つかったりして、簡単に計算を終えることができるかもしれない。そういう発想につながっていきます。

量子コンピュータは、速いコンピュータなのだ、と早合点するのではなく、賢いコンピュータなのだと思うのが適切な捉え方です。

●量子コンピュータで何ができる

さて量子コンピュータといえど、その複雑な計算方法を利用しても結果として出てくるのは0と1ですから、普通のコンピュータと同じような結果が出てきます。その意味で同じように使うことをイメージできます。ただ複雑な計算であっても手際よく計算を終えることができれば、量子コンピュータを利用する価値があります。

量子コンピュータを利用すると優れた性能を示す事例を紹介しましょう。まず代表的な例は、非常に大きな数字の素因数分解です。従来のコンピュータで行うよりも手数が少なく手早く終えることができます。素因数分解というのは、二つ以上の異なる素数の掛合せでできた数字を、掛け算の形に分解するというものです。たとえば15という数字を素因数分解して、3×5という形にするということです。ここでいきなり、とてつもなくでかい数字を素因数分解しなさいといわれると、無言で考え込んでしまうことでしょう。実用上、素因数分解を行う際はうまく割り切れる数字の候補を効率よく探す方法を利用して、できる限り高速に実行できるように相当な工夫がなされています。しかしそれでも計算の手数が途方もなく大きなものになってしまうことで知られています。そこで現代の暗号で利用されているもののなかには、大きな数字の素因数分解を途中で必要とさせるものがあります。仮に暗号を傍受されてしまったとしても、その暗号を見破るまでに時間がかかるため、見破ることが実際上できないようにされているのです。ところが素因数分解をもしも高速に行うことができてしまったらどうでしょうというわけです。

量子コンピュータは、素因数分解のように膨大な数の可能性のなかから一つだけを取り出すという利用に向いています。さまざまな数字の重ね合わせの状態を利用して、指の中途半端な向きで、0と1の中間的な状態から計算を始めることができるからです。15の素因数分解を考えるときは、2、3、5、7の素数が候補となります。これらの数字を全て表すために、いくつかの指を90度に折り曲げて、どの数字も可能性があるという状態を準備します。全ての数字からいくつかが生き残って、それを結果とします。指が中途半端な角度から、最後は0か1か、何の数字か、はっきりとするというわけです。この側面だけを捉えて、超並列処理ができると理解しがちですが、よくよく考えるとそれだけでは話は終わりません。膨大な組合せを同時に扱ったとしても、たった一つの組合せを正解としてあぶり出すためには、絞り込むためのうまい方法を考えなければなりません。一つひとつ指を折り曲げて、この数字は割り切れないね、この数字は割り切れないねと繰り返しても途方に暮れてしまいます。それだけ膨大な数を相手にしなければならないためです。

そこで指の動きに関連性をもたせて、効率よく情報処理をする方法を利用します。これがダメだったら、あれもダメなんじゃないか。そうやってしらみ潰しに探すのではなく、一つの候補がダメそうであれば、似たような数字も可能性として弱めていくということをします。このようにして量子コンピュータは、正解を得るために、さまざまな候補のなかから最も有力なものを絞り込むところで威力を発揮します。そうなると複数の素数の候補から、割り切れる一つの候補を取り出すことさえできればいいという素因数分解は、ちょうど量子コンピュータの得意な問題である可能性が考えられます。

実際に、１９９４年、Peter ShorがＳｈｏｒのアルゴリズムを提案し、量子ビットを自由に操作できる場合に、従来のコンピュータで解く方法に比べて、素因数分解を高速に実行できることを明らかにしました。Ｓｈｏｒのアルゴリズムは、前後に従来のコンピュータによる前処理、後処理を加えますが、中核となる部分では量子コンピュータによって割り切れる数の候補を出します。その候補を出すところで、数多《あまた》ある可能性のなかから、有望な候補を絞り込んでくれます。その際に数字の特殊な周期性に注目して、素数の候補を効率よく絞り込むのが特徴的なアルゴリズムです。

重ね合わせの状態で複数の候補を同時に検討して、エンタングルメントを利用した効率のよい絞り込みを行う。次に目標に応じてどのようなルールで絞り込みを行うのか。前の二つの量子コンピュータの特徴を、最後のルールを決めるアルゴリズムの設計の段階で、最大限利用する必要があります。だから量子コンピュータを理解するのには、特徴を知るだけではなく、どのように活かすのか、という部分まで踏み込まないと本当の意味で理解したことにはなりません。だから難しいのだな、と感じるのです。

とはいえ、量子コンピュータの特徴は、複数の候補を検討して、うまく絞り込むことにあるのだな、という部分を大事にして、世の中を見回してみると思わぬ応用例が見つかるかもしれません。それは量子コンピュータの専門家だけではなく、読者の皆さんにもできることです。読んだあとにはそうした目線で世の中を見てもらえるように、もう少し続けてみましょう。

ほかにもＧｒｏｖｅｒのアルゴリズムと呼ばれるものが知られています。「膨大な数からなるデータベースのなかからリクエストに応じて、所望のデータを選び出せ」という問題に対して、効率的に探索をしてくれる手法です。言葉だけをみても、多くの候補から一つの結果を導き出す量子コンピュータが得意とする問題のように感じられるでしょう。実際にＧｒｏｖｅｒのアルゴリズムは、従来のコンピュータで解く方法に比べて、効率的な手法となります。データベース上での検索は、現代において非常に重要な技術ですから、これまで以上に膨大なデータを扱うことが容易に予想できます。将来において有力な活用例となることでしょう。

ほかにもさまざまな場面で、従来のコンピュータに比べて高速に動作することが保証されています。全てを列挙することはしませんが、現時点で最も期待されている方向性について言及すると、人工知能の基盤技術の一つである機械学習において必要な計算である、関数の勾配の計算や逆行列の演算なども高速に実行できるようになります。機械学習においては、猫の画像を入れると猫であると識別ができるようにするために、どのポイントに注目をするといいのか、それを探索する必要があります。基本的には勾配と呼ばれる量に注目して、どのポイントを強調するとよいかを判定します。さまざまなデータを見ながら、どのポイントを強調するべきかどうか、一斉に勾配の計算や、ときには逆行列の計算を必要とします。これらの計算を圧倒的速度で終えることができれば、これまで以上に多くのデータ、大きなデータを高速に扱うことができるという期待があるわけです。

ただその利用には、量子コンピュータのチップに扱いたいデータに基づく数値を入力する必要があり、その入力に時間がかかるという問題点がまだあります。現段階では解いてほしい問題を入力するところで動作時間以上に時間がかかってしまいます。大量で大規模なデータを量子コンピュータのチップに入力することを想像すると、現状の量子コンピュータは実践で利用する水準からはまだまだ遠いところにいそうです。それでは、まだまだ未来の技術といってあとのこととしておいていいのでしょうか。

量子コンピュータの特徴は重ね合わせによる複数の状態の検討と、エンタングルメントを利用した効率のよい絞り込みにあります。

●量子コンピュータの開発状況

それでは現状の開発状況について目を向けてみましょう。先ほど話題に上った量子ビット。単純に指を上下にするだけではなく、折り曲げる、連動させて動かすことのできるビットです。単純に搭載可能で操作可能となった量子ビットの数でいうと、執筆当時（2019年4月）ではアメリカのメリーランド大学とデューク大学の研究成果をもとに起こしたベンチャー企業IonQが79量子ビットを搭載したチップを発表しています。この数値は、その名の通り79個の量子ビットが並んでいるということです。どのように79量子ビットに私たちの扱いたい問題を載せるかというのも工夫次第ですが、素朴な表現で、2進数で最大限79桁の数値を扱うことができます。私たちが普段利用している10進数でいうとだいたい23桁の数値を扱うことができるということになります。

ご存じの方も多いかと思いますが、我々が普段利用しているコンピュータは、32ビットや64ビットという規模の情報を処理することができます。その数値から比較すると、量子ビットの規模はさらに大きくなっているわけですから、なんだかすごいことが起こっているようにも思えます。その意味はあとで細かい説明をすることとして、現状についてもう少し覗いてみましょう。

IonQにはGoogle社の親会社に相当するAlphabet社やAmazon社が出資していることからも、コンピュータ技術を提供する側の産業が量子コンピュータの進化に期待していることが伺えることでしょう。Amazon社が提供するAWSや、Google社が提供するサービスとして登場する日も近いでしょう。またＧｏｏｇｌｅ社からも72量子ビットを搭載したチップが、２０１８年3月に発表されて以来注目を集めており、現在その性能の評価や検証が進んでいるところです。Ｉｎｔｅｌ社も49量子ビットを２０１８年初頭に発表。ＩＢＭ社は２０１７年の末に50量子ビットのチップについて発表しており、16量子ビットのＩＢＭ Ｑについては、広く世界中のユーザーにクラウド利用のサービスを提供しています。いち早く公開に踏み切ったことで、多くのユーザーや知名度を獲得しています。

さて、こうして大きな数の量子ビットを有する量子コンピュータのチップが次々と登場しました。ただ、現在の技術によって実現した量子ビットは、まだ完全にエラーを克服することのできないものとなっています。つまり、計算を行っていくに連れて、そのエラーが積み重なってしまい所望の計算結果がうまく出てくるとは限らない状況にあるのです。そのため何度も何度も計算を行い、そのなかから、どうやらこれが正しい結果だと推定をする必要があります。その意味ではまだ確実なものとはなっていません。

これまでのコンピュータにおいても同様な問題はありました。エラーから情報を守るために、いわばスクラムを組むようにして多くのビットを利用して一つのまとまりとして0と1を表すことでエラーに対して強くする工夫を施しています。たとえば0という情報を守りたいとしましょう。しかしエラーが起こる環境にあり、0が1に、1が0に反転してしまうような状況にあるとします。その場合には0は０００として冗長化して、1は１１１と繰り返し複数のビットを用いて、一つの

0と1を表すことにします。するとたまに0と1が反転してしまうような場合に、000という冗長化された情報は、010とか100とか一部分が崩れてしまう可能性があります。しかし多数決を取ると0が多いので、もとの情報は0だったのではないか？　と推測することができます。もとの情報を守るためにスクラムを組んで情報を守っているのです。さて、同様に量子ビットについてもエラーから情報を守る工夫を施してみよう。そう思うわけです。

量子ビットの巧みな操作を希望通りに行い、結果を確かなものにする。そのためには0から1に、1から0にといった指の向き以外にも、指の角度が微妙に変化する可能性があります。そう、量子ビットはあまりに脆いのです。ちょっとでも角度が狂ったら異なった動作をしてしまい、望まない結果になってしまいます。その脆さゆえに、量子コンピュータは実現不可能といわれていました。

しかし一部の特殊な計算においてその有用性が見いだされると、コンピュータとしての実現に向けて量子ビットのエラーに耐えるための研究が始まり、今日では実現可能であることがわかりました。非常に強力なエラー耐性をもつ仕組みを築き上げるに至っています。

ただそのエラー耐性をもつには、非常に多くの量子ビットを必要とすることがわかりました。そのため、先ほど登場した数十量子ビットの現状は、そのままの数字通りに性能を読み解くことが叶いません。量子コンピュータとして動作させるためには、より多くの、非常に多くの量子ビットを必要とします。

現状の量子ビットの品質から見積もられる数字として、一つの量子ビット分の情報を保つためには、数千から数万量子ビットが必要とされています。そのために量子ビット自体の品質を改善することと、大量の数の量子ビットを用意するという二つの方向性での技術進化が求められています。

現状の量子コンピュータは、この量子ビット特有の脆さにより量子ビットを持つ重要な性質である重ね合わせの状態が続く時間が短いという問題をはらんでいます。専門用語でコヒーレンスタイムといいますが、量子ビットの性質を維持できる間でしか計算を行うことができないため、多くの手間をかけた計算を実行することができないという問題を抱えています。

こうした事情を背景として、現時点でできている量子コンピュータはNISQ（Noisy Intermediate-Scale Quantum computer）と呼ばれています。ノイズがあり、中間的なスケール、まだまだ大規模とはいえないサイズの量子コンピュータという意味です。

さらに量子コンピュータの最大の特徴であるエンタングルメントを、大量の量子ビット間で実現することが一つの壁となっています。ただ量子ビットを並べればよいというものでもないからです。従来のコンピュータでは、32ビット、64ビットといったように小規模のビット数で多くの作業が事足りています。これは実は大規模な数字を扱う作業であれば、分割をしたり順序立てて計算していけば、いつかは終わらせることができるためです。しかし量子コンピュータでは、扱う数字が大規模であれば、その数字に見合う量子ビットを並べておかないとエンタングルメントを最大限利用することができません。そのため量子ビットの数はやはり大きなものが必要となってきます。

このようにまだまだ理想的とはほど遠いために、量子コンピュータは従来のコンピュータに対して、優位性をもつかどうかを議論するのは時期尚早といえるかもしれません。しかし新しいものが出てくると期待が大きく膨らむのは世の常です。今か今かと、量子コンピュータの威力を早くみてみたいという人々も多くいるのです。

そこで、実際にできた数十量子ビットの量子コンピュータによる各種の実験結果から示された量子コンピュータの性能に注目が集まっています。まあ、いってみたら皆、気が早い。期待が大きすぎるから仕方のないことですけどね。でもこれはこの分野の研究者としては嬉しいことです。それにテクノロジーの進化はめざましく、突然ブレークスルーが起こり状況が一変する可能性がありますす。その日のために、私たちは準備をしておく必要があるのではないでしょうか。未来の創造をしておく期間が与えられていると考えたほうがよいのではないでしょうか。

量子コンピュータは生まれたての赤ちゃんみたいなもので、いろいろさせられるのはもう少し先の未来のようです。

●2・2　量子コンピュータの急先鋒・量子アニーリング

実現への道は非常に険しいのが量子コンピュータ。あれ、でも商用販売している量子コンピュータとか聞いたことがあるぞ。それとは違うのかな。次は、ちょっと変わった方式の量子コンピュータについて紹介します。

●もうすでに売っている量子コンピュータ？

現代におけるコンピュータの限界突破の流れのなかで、量子コンピュータに対する期待が高まっていることを理解していただけたことと思います。

量子コンピュータについて記述された新聞などの報道やWebの記事などをご覧になった方々もおられるかと思います。そのなかで、「量子」と名がついたものが実は多く存在することを発見した読者もいらっしゃるかもしれません。量子インターネットなんていうのもあったりします。そのなかで量子コンピュータの話題に織り混ざって存在するキーワードの一つが、**量子アニーリング**という技術です。

この技術は、1998年に日本人の研究者二人が提案したもので、2011年にカナダのベンチャー企業がその技術を搭載したマシンを販売して世間を驚かせました（1章コラム）。そう、量子コンピュータはすでに実際に稼働しているのです。このニュースがきっかけとなり世界中で量子技術に関する注目が集まりました。世界初の商用量子コンピュータということで宣伝されて販売されたため、量子コンピュータに対する世間の熱い視線が一気に注がれました。

先ほどまでお話しした量子コンピュータは、重ね合わせの状態で、単純な0と1の動きではなく、計算の途中の過程にいて複雑な変化を利用することで効率的に計算をする新しい仕組みをもつコンピュータです。その完璧な実現の前に、量子コンピュータと同様に重ね合わせの状態を利用した特殊用途のために開発されたのが量子アニーリングを実行するマシン、通称**量子アニーリングマシン**が登場しました。

まず量子アニーリングとは一体なんなのか。特殊用途のために、とありますが、その用途は何か。それは「パズルを解く」ということです。パズルを解くというと、面白みがないな、と思われるかもしれませんが、このパズル、ただのパズルではありません。**産業界に潜むパズルを解く**。それが量子アニーリングに与えられた使命です。

コンピュータというと、今日ではメールを送ったり、私たちの日々の事務作業を手伝ってくれるものだったり、ワープロや表計算などの作業を行ってくれるものという印象があるかもしれません。しかし、そもそもコンピュータは自動的に計算をするものということを目的にして登場したものです。いわばすごい難しい計算もつべこべいわずに待てば計算が完了して、その計算結果をはじき出すものです。その意味では、量子アニーリングは、パズルの問題を解いてくれる量子コンピュータであるといえます。

> まだ実用にはほど遠い量子コンピュータ。しかし量子アニーリングマシンが登場してから風景が変わったようです。

●世の中のパズル・組合せ最適化問題

どんなパズルの問題が、産業界に潜んでいるのか。まずは工場に目を向けてみましょう。製品の製造工程のなかで作業の順番を考えてみましょう。どんな順番で加工したらいいか、どのように組み立てをしたらいいのか。その作業をすることのできる機械は数台しかないため、その機械に殺到する組立て途中の部品をうまく順序立てて交通整理をする必要があります。この問題、実は巧妙にできたパズルの問題です。

一つの作業工程がパズルのピースであるとするならば、そのピースを限られた台数の機械にうまく合わせることができるのか、という壮大なパズルの問題となります。同時に全ての作業はできませんから、時間をずらして、ピースをはめていく必要があります。

ピースをはめていって、一連の作業の終了時間までに作業を終える必要があります。もしもちょっとはみ出したピースがあるとすると、そのピースが表すのは、超過時間になります。「えー、今日も残業ですかー」という悲鳴が従業員の方々から聞こえます。

「そうか量子アニーリングは、パズルのような作業工程の決定に使われるのか」と皆さんは思ったかもしれません。しかし、そこで終わってしまってはもったいないですよ。

たとえば、部品を組み立ててくれる機械が駅だったらどうでしょうか。交差点だったらどうでしょうか。電車には必ず止まる駅があります。車には必ず経路の途中に経由する交差点があります。一斉に殺到してしまっては詰まってしまい、流動的に交通が機能しません。そこで、うまくパズルを解く必要が出てきます。電車の発着のタイミング、車の加減速のタイミング、それらを制御して交通が麻痺しないようにパズルの

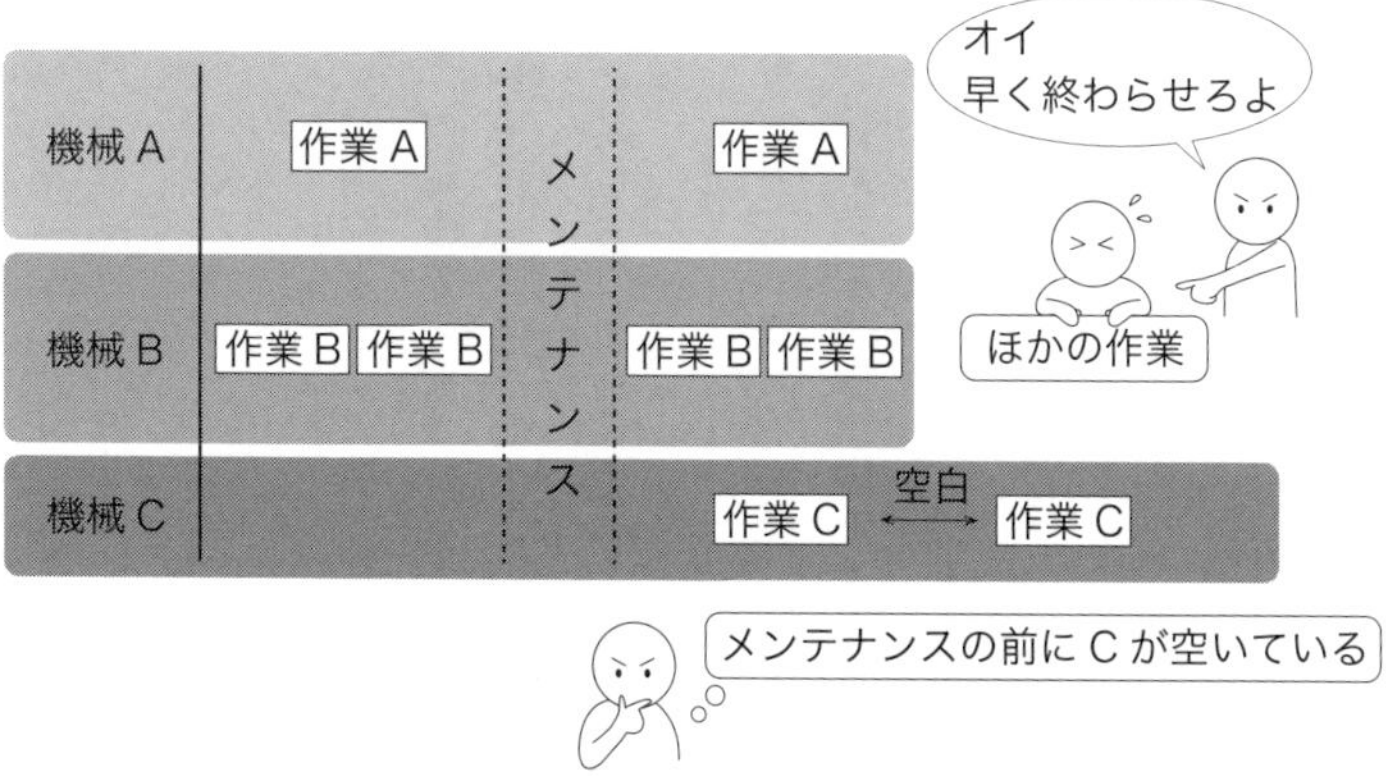

図2.6　工程表を埋めるパズル

ピースを埋めていく必要があります。

電車や車ときたら、トラックはどうでしょうか。バイクはどうでしょうか。さまざまな交通手段があり、人だけでなく荷物も運ばれています。郵便配達や宅配便についても、パズルのようなややこしい問題が潜んでいることに気づきます。

運搬用のトラックの荷台には荷物が載っています。どのサイズの荷物をどこに置けば、安定して崩れないのか。高く積み上げるよりも低く高さが揃っているほうが望ましいですね。これも立派なパズルの問題です。荷物を積み込んだら、配達に回ります。配達に回るには、どの道を選び、どの家から配達をすればいいのか。できることなら無駄なく最短距離で回ることができたら、時間の節約、ガソリンの節約につながりコストが低減します。

そう、やっぱりパズルの問題がここにも存在します。配達を終えたら、また次の配送に向けて荷物を回収に行きます。この荷物の回収もほったらかしにしては、どんどん荷物が集まってしまいますから、どんなタイミングで回収に向かうのか。また悩ましいパズルの問題が出てきました。

世界はこうしたパズルのような面倒な問題だらけです。

こうしたパズルの問題を、専門用語で**組合せ最適化問題**といいます。さらに仕事から離れて、今夜の夕飯はどうしましょうか。買い物に向かったときにもパズルが、そう組合せ最適化問題が潜んでいます。冷蔵庫に余った食材はこれとこれ。それに加えてあれを買うとカレーが作れる。そういうときありますよね。2〜3日分の食材を買うときにはどうでしょうか。明日はカレー、今日は炒め物。パスタもいいな。それらに過不足なくぴったりと食材を買う。余分に買って余らせてしまうと食材を新鮮なままに料理して、食卓に並べることが難しくなってしまいます。できるだけ余りを出さず、不足もできるだけ避けたいものです。

この夕飯の問題も、食材ではなく、在庫管理と考えると一気に産業の問題に引き戻すことができます。家庭でも業務でもいたるところに組合せ最適化問題が眠っています。

世の中には組合せ最適化問題にあふれています。でもどうやってこれを解決していけばよいのでしょうか。

●産業に眠る問題を一気に解く

このような面倒なパズルの問題、組合せ最適化問題が、単なる趣味で時間潰しのためであれば、気にしないでもいいかもしれませんが、仕事に関係した問題になっているとすれば、その解決に注力せざるを得ません。どうやったら解くことができるのだろうか。それを系統的に考えるために、こうした難解なパズルの問題を組合せ最適化問題としてまとめて、数学的なアプローチや経験的な方法で解決が試みられてきました。パズルを解くのに数学？　と思われたかもしれません。数学というとわからない数字を x として、方程式を立てて解いたりするものでしたが、数学のいいところは文字 x にいろいろな意味を持たせることができるところです。ある日は食塩水

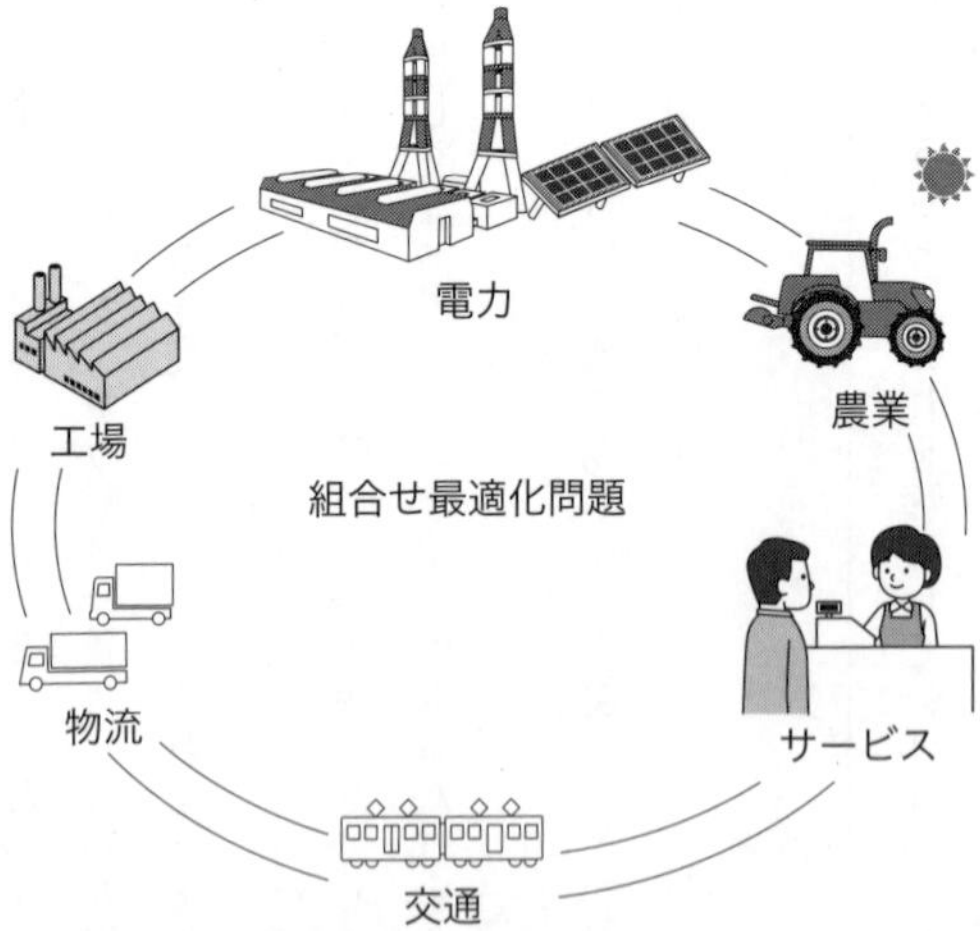

図2.7　いろいろな業界における組合せ最適化問題

の問題にxを用いて、ある日は兄と弟の速さをxにして、あるときは三角形の辺の長さをxとして、さまざまな問題解決に利用してきました。

こうした数学を利用することで、世の中のありとあらゆる組合せ最適化問題も同じように文字を使って表しておくことにして、どんな場面でも適用できるように用意しておきます。組合せ最適化問題を解く際に、とあるパズルのピースを使うか、使わないか。その選択を一つの文字に押し込めます。σ《シグマ》というギリシャ文字に込めて扱います。このσが0か1を表す文字です。バスを発車させるかさせないか、電車が発車するかしないか、その食材を使うか使わないか、経路を曲げるか曲げないか、ドライバーが左折するかしないか。いろいろ使い所がありますね。その守備範囲の広さが数学のよいところです。あらゆる分野の垣根が取り払われる威力をもつ表現の豊かさに数学の威力があります。

そしてそのσは、**0と1をとる数字から、ビットへと移し変えることでコンピュータで処理のできる計算へと変化させる**ことができます。コンピュータでパズルを解かせてみよう。そうすれば自動的に答えが出てくる。そうなればありとあらゆる産業的な問題から、日常的な悩みまで解決できるかもしれない。そうした期待をもつことができます。

組合せ最適化問題を解くために、コンピュータを使って解くというアイデアは古くからあるものです。ただし難しいパズルを解くのに大変長い時間がかかることを思い出してもらえばご理解いただけるように、コンピュータを使ったとしてもやはり非常に長い時間がかかってしまうことがあります。しかしそうした難しいパズルをうまく解くことができれば、よいサービスを提供することができたり、自社内の業務を効率的に進めることができる未来が想像できます。いつしかこうしたアプローチを取ることなく、効率が悪いとわかっていても人力に頼り、経験に頼り、前例に従うようになってしまいました。経験的にこうしたほうがよいというものを経験者や職人、専門家、作業従事者が自然に体得したもので、とりあえず業務内容に決まりをつけて世の中は動いています。そしてそのやり方も時代に合わせて状況に応じて、少しずつ変遷して、そして今の姿があります。

たとえば郵便配達のアルバイトをしてみると、地図には配達の経路が描き込まれています。効率よく流れるように配達ができるように。しかし自転車やバイクである程度の距離を行き、乗り降りの回数ができるだけ少ないように、さまざまな工夫が凝らされています。長い年月をかけて、最適化してきた証しです。

しかし、これから新しい形のサービスが次々と登場している現代において、そして変化のスピードが加速していく未来において、長い年月をかけて、継承的にサービスを更新していくことによって効率的なものを作り出すことができるでしょうか。

鍵は組合せ最適化問題を解く。パズルを効率よく解くうまい方法を見つけることです。σが0と1を取るというルールのもと、ありとあらゆる組合せ最適化問題を統一的に扱えるのに、それをうまく解く方法が見つからない。σが0と1のどちらになるのか、どちらの選択をしたらいいのか、それを探したいのに。

ん、量子ビットならどうなるだろう？

> 0と1のどちらかとなるσで組合せ最適化問題は統一的に扱える。そしてビットと考えたらコンピュータと相性がいい。ならば……？

●量子アニーリングの登場

σというのは0と1を取ることで、組合せ最適化問題における選択を示す。使うか使わないか。右か左か。進むか戻るか。そしてそれはコンピュータで利用されるビットと対応がつく。それならば量子ビットにしたらどうだろうか。0と1の重ね合わせの状態を利用して、どちらがいいのかを考えてもらうことはできないだろうか。しかも量子ビットは、単独で0となったり1となったりするだけではなく、もつれて連動して動かすこともできる。その動きを利用して効率よく最もよい回答を引き出すことはできないだろうか。

これが量子アニーリングの発想です。重ね合わせの状態を取る量子ビットを利用して、0と1を取るσに量子ビットを割り当てて、世の中に数多ある組合せ最適化問題を解いてみようというものです。

パズルを解くときに、私たちはどのピースをはめたらよいか悩みます。それと同じことを量子アニーリングでは、量子ビットにやってもらいます。

まずσを量子ビットで考えましょう。量子アニーリングでは量子ビットをたくさん並べていきます。

最初は全てこの量子ビットを重ね合わせの状態にしておきます。つまり横倒しにしておきます。この様子から量子アニーリングでは、重ね合わせの状態を作るという最初の作業を**横磁場**をかけるといいます。

これまでは指で想像してもらいましたが、単純にこの様子を表すために、矢印で示すことにしましょう。図2・8のように、最初は量子ビットに横磁場をかけて横倒しにします。このようにすることで、σは0か1かの重ね合わせの状態になり、どちらにしたらよいのか区別なく取り扱う準備が整ったというわけです。

この横磁場というものをどれだけ強くかけるかで、重

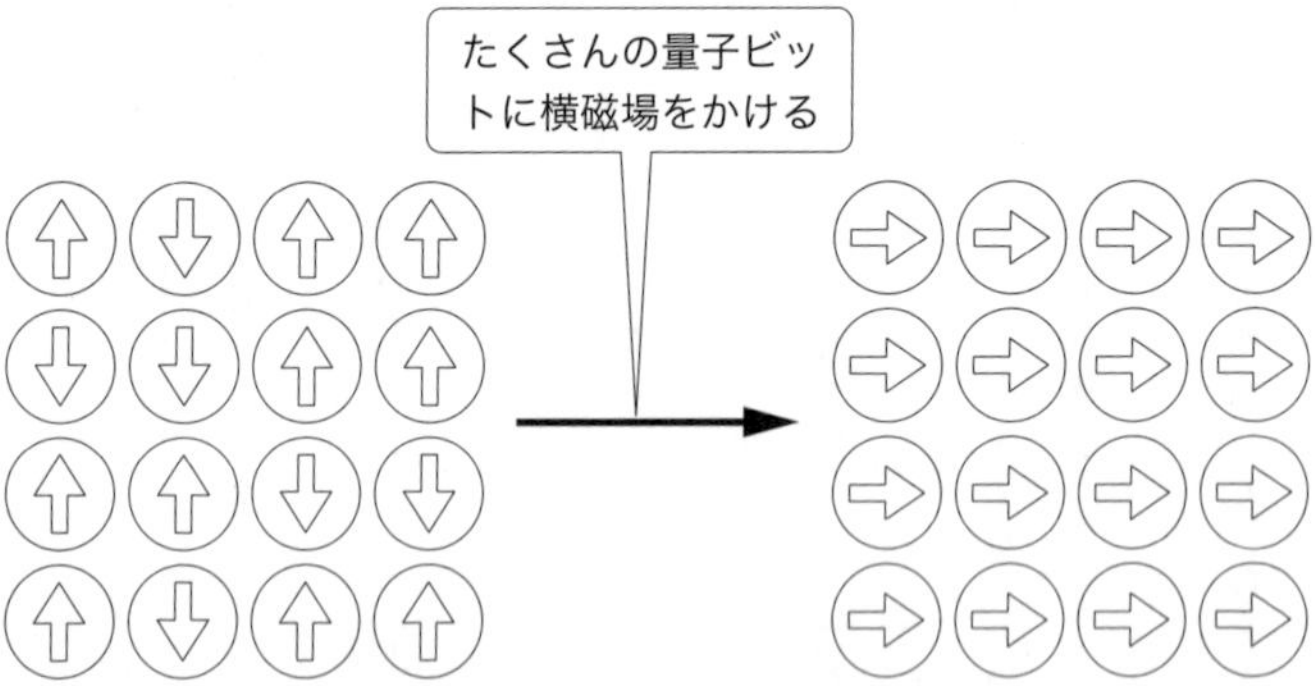

図2.8　量子ビットに横磁場をかけて横倒しに

ね合わせの状態をコントロールします。だんだんと横磁場を弱めることで、横向きになった矢印が次第に上と下に分かれて向いていきます。中途半端に横を向いた状態で計算結果を読み出すと、0だったり1だったりとバラバラな結果となりますが、横磁場を最終的に切ってしまえば重ね合わせの状態ではなくなり、0か1かのはっきりした答えが出てきます（図2・9）。

これが量子アニーリングの原理です。重ね合わせの状態を利用して、**0か1か量子ビットに考えさせる方法**です。

この横磁場という言葉に、磁場とありますから何か磁石に関係した言葉なのかなと思うかもしれませんが、その通りです。もともと量子アニーリングのアイデア自体が、磁石の研究から創出されたことに由来しています。

磁石といえばN極とS極のあるU字型のものや棒型のもの、方位磁針などがありますね。この方位磁針が並んでいて、針の方角をまず横向きにリセットした状態が量子アニーリングの始まりと考えられます。

もしもこの横磁場を切るだけだと地磁気の影響で全て北向き

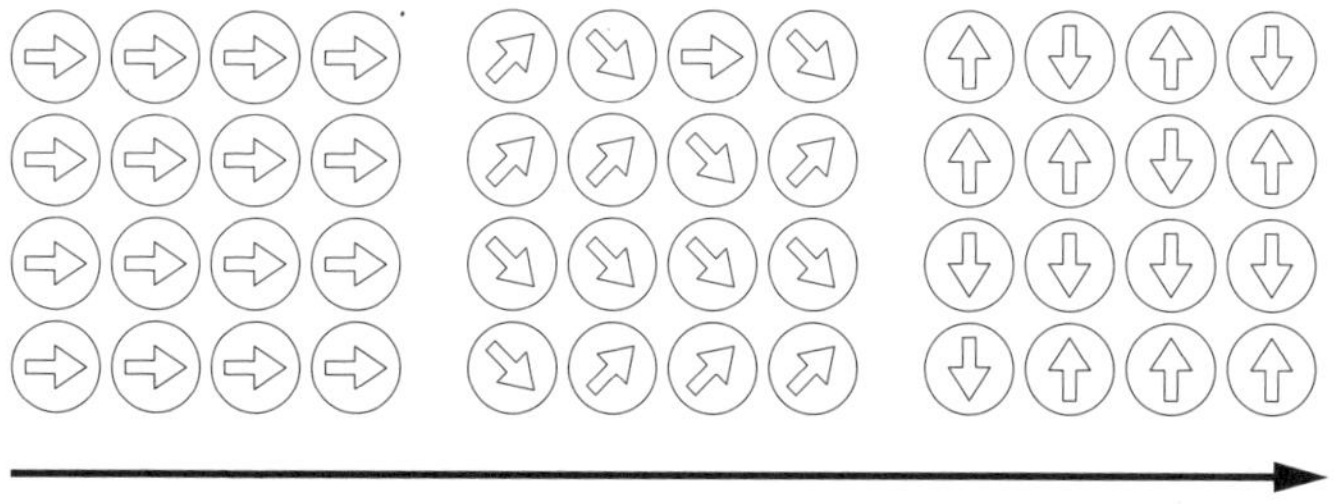

図2.9　量子アニーリングの原理

を向いてしまうただの方位磁針の集まりで終わってしまいます。量子アニーリングでは、そうした方位磁針の集まりではなく、量子ビットの矢印を操作します。

周りの量子ビットの影響を受けて、0がよいのか1がよいのか、パズルのルールを量子ビット間の関係性という形でもたせることができれば、量子アニーリングは僕らが解いてほしい組合せ最適化問題を自動的に解いてくれることになります。

> 量子アニーリングは、量子ビットを横に向けて、次第に上向きか下向きかを確定させる方法です。

● 2・3 量子アニーリングマシンを使う

● 量子アニーリングマシンの作り方

D-Wave Systems社は、量子ビットをたくさん並べて、横磁場をかけてパズルを自動的に解く量子アニーリングマシンの開発に乗り出して、世界初の量子コンピュータを商用販売しました。販売しているということは、買うこともできるし、時間貸しでちょっとだけ使うこともできます。多くの日本企業が、この量子アニーリングマシンに接続して、その可能性について検討を開始しているところです。

量子アニーリングマシン、売っているのだから実体のあるものです。どういったものかというと、黒くて大きな箱がデーンとあり、そのなかに希釈冷凍機というシャンデリアのような配線だらけの装置があります。

その先端部分にチップが乗っていて、これが量子アニーリング用のチップです。そのチップには超伝導状態にある金属でできた電気回路が組み上がっており、従来のコンピュータでいうＣＰＵに相当するＱＰＵ（Quantum Processing Unit）と呼ばれています。

超伝導状態にある金属を利用して、量子ビットを構成し、これらを互いに関連して動作するように組み合わせた回路がＱＰＵです。このＱＰＵ上に、解いてほしい組合せ最適化問題を入力すれば、自動的に組合せ最適化問題の回答が返ってくるシステムのできあがりというわけです。

さて、量子アニーリングマシンの構成のなかで超伝導という言葉が出てきました。リニアモーターカーや体内の様子を調べる核磁気共鳴画像法ＭＲＩ（Magnetic Resonance Imaging）でも利用されるなど、最先端の科学を支える根幹技術の一つです。

顕著な性質としては、超伝導状態の物質は永久電流が流れるという点が挙げられます。電気抵抗がほぼ０であるため、電流を流すとずっと流れ続けるという性質です。つまり、省電力化をもたらす素子を超伝導により作り出すことが期待できます。実はこの性質を反映して、量子コンピュータは省電力のコンピュータとなることが期待されています。

この超伝導体が重ね合わせの状態を作るために必須の技術となります。この超伝導状態は、永久電流を作り出すことができるように、物質内の電子の動きに乱れのない、綺麗に揃った状態です。

通常の金属のなかでは、電流が綺麗に流れないために熱が生じます。一方、超伝導状態にある金属では、淀みなく電気が流れます。そうした綺麗に揃った均質な状態が、量子ビットを作るのには絶好の環境となります。少しでも邪魔が入ると、重ね合わせの状態に傷が付いてしまうというイメージです。

この超伝導状態にある金属で絶縁体を挟んだ**ジョセフソン接合素子**というもので量子ビットが作られます。量子ビットに必要な機能は、重ね合わせの状態を作ること、そして維持できることです。ジョセフソン接合素子では、その重ね合わせの状態を、ある程度の時間維持することができます。このジョセフソン接合素子がたくさん並んでいるのが、量子アニーリングマシンのＱＰＵということになります。

ジョセフソン接合素子のなかでも一番簡単な電荷型ジョセフソン接合素子の様子を描いたものが図2・10です。D-Wave Systems社が開発したＱＰＵに搭載されているのは磁束型のジョセフソン接合素子ですが基本原理は一緒です。

まず、絶縁体の壁越しに電気の粒（電子）が閉じ込められています。金属に電圧をかけると電気の粒が流れることはご存じかと思いますが、その様子を電池の向きで示しました。懐かしい電池の記号です。どちらかに電圧の偏りを設けると、そちら側に電気の粒は移動します。

　この電圧の偏りをなくしてジョセフソン接合素子を構成すると、電気の粒がどちらからも発見されるという状況を作り出すことができます。つまり重ね合わせの状態のできあがりです。こうして量子アニーリングに必要な重ね合わせの状態を作り上げることができました。この電圧の隔たりの調整が横磁場の調整にあたると考えてください。

　次に必要なことは、それぞれの量子ビット間に関係性をもたせるということです。基本的には電気回路ですから、量子ビットを電気的につなぎます。中学生のころに学んだ、ファラデーの電磁誘導などが関係しています。

　ある量子ビットが0であれば、お隣の量子ビットも同じように0になろう、ある量子ビットが1であれば、お隣の量子ビットも1になろうと同じ向きを取ろうとするように

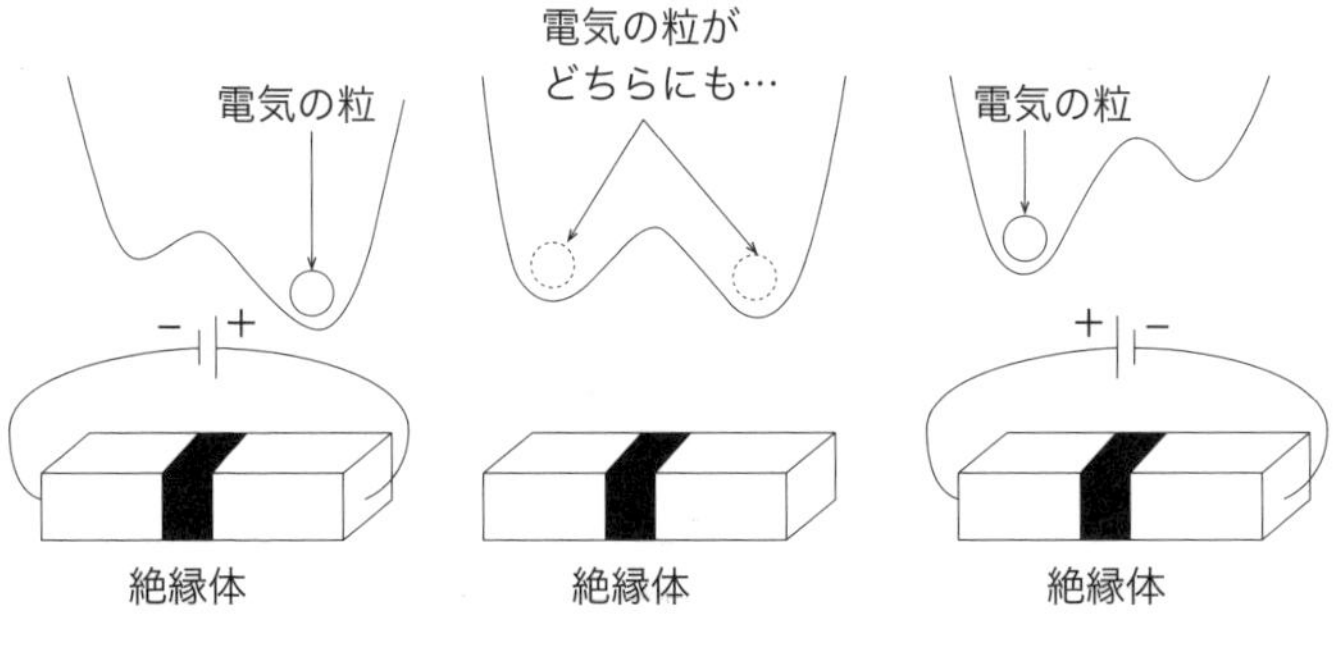

図2.10 電荷型ジョセフソン接合素子による重ね合わせの表現

設計したり、または逆向きになろうとするように設計したり、電気回路をうまく調整することで量子ビット間に複雑な関係性をもたせることができます（図2・11）。

このように関係性をもたせると、どうしてパズルを解くのに量子アニーリングマシンが活躍するのでしょうか。パズルを解くときのことを想像してみましょう。

パズルのピースを当てはめていくときには、あるピースをはめようとしたときに、ほかのピースがうまくはまらないことがあります。パズルのピースの当てはめを、量子ビットの0と1に対応させて、1のときにピースをはめるとして考えてみましょう。ある量子ビットで1のときには、お隣の量子ビットが1にはならず、0になるしかないということが起こることがちょうど対応しています。

パズルのピースにはそれぞれ形がありますから、このピースをはめると、ほかのピースは全然ダメになるものもいれば、あるピースをはめると、ほかのいくつかのピースがはまりやすくなったりします。そうした傾向を全て列挙して、量

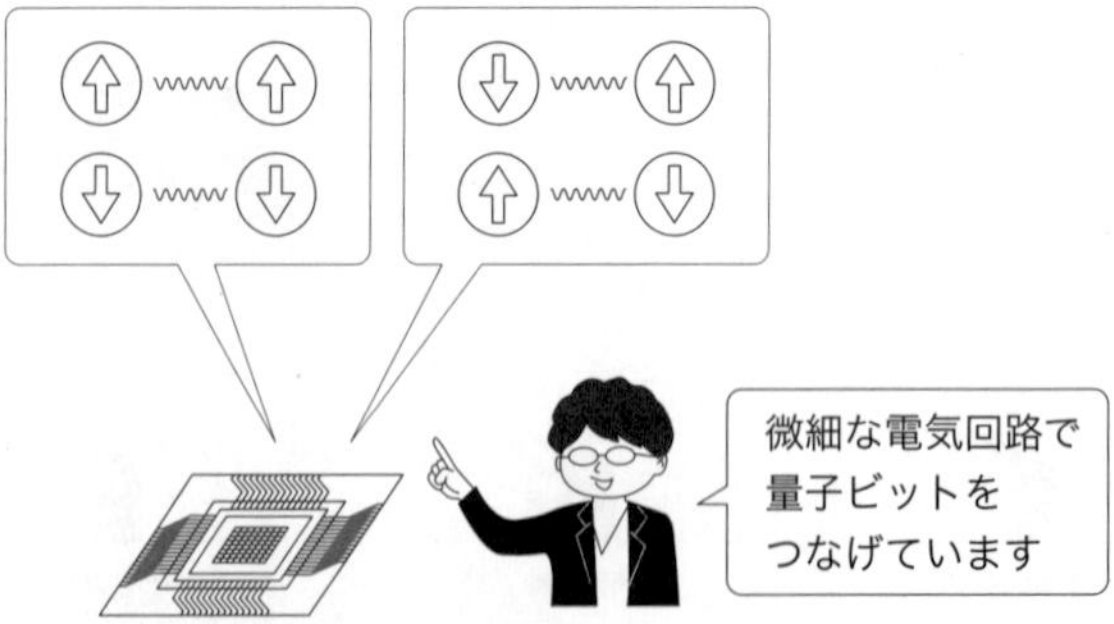

図2.11 量子ビットどうしの関係性

子ビットの間の相互作用として入力してあげればよいというわけです。

● 量子アニーリングの使い方

それではこうしてできた量子アニーリングマシンを使って、パズルの問題を解いてみましょう。どういった問題を考えると、その使い方がわかりやすいか例を挙げてみます。

私自身が講演でよく使うたとえ話では、修学旅行の例があります。修学旅行で自由行動をするとしましょう。D-Wave Systems社が販売している量子アニーリングマシンは最新機種で２０４８量子ビットですから、だいたい２０００人分を扱うことができます。

では、生徒が２０００人規模の中学や高校などで、関東圏から関西圏への修学旅行をしたとしましょう。その日程のなかで京都か奈良か、自由行動をできるとしましょう。どちらにしましょうか？　究極の選択です。

一度きりの修学旅行ですから。個人それぞれどちらに行きたいかという選好はあるでしょう。それだけを考慮すればどちらに行きたいか、簡単に決めることができます。しかしグループ活動をしたいということで、あの人とこの人は一緒に行きたいということで、それぞれの関係性が絡んでくることがあります。

つまり量子ビットに割り当てた、ある生徒と別の量子ビットに割り当てられた生徒の間で、あいつが京都に行くなら、私も京都に行くぞ、あいつが奈良に行くなら、私も奈良に行くぞという関係性をもたせる必要があります。または京都にあいつが行くなら、僕は代わりに奈良に行くぞ、そういった場合もあると思います。そうした関係性がそれぞれの生徒の間にあります。その情報に基づいて、量子ビットをつなぐ電気回路の設定を変えていきます。

ものすごく難しいことのように聞こえますが、D-Wave Systems社の量子アニーリングマシンはそれを一瞬にして行います。非常に便利。そのため次から次へとさまざまなクラスや学校からのリクエストがあっても大丈夫です。

横磁場を強くかけて、まずは重ね合わせの状態。京都か奈良かどちらにしようか代わりに考えてくれるというわけです。次第に上向きに下向きになるというときに、ほかの量子ビットも引きずって同じように上を向かせようとしたり、下向きが隣にいれば、同じように下を向かせようとしたり、多くの量子ビットが関係し合って、どちらの向きがよいのかと決めていきます（図2・12）。

あれ、この話、どこかで聞いたような気がしますね。連動して

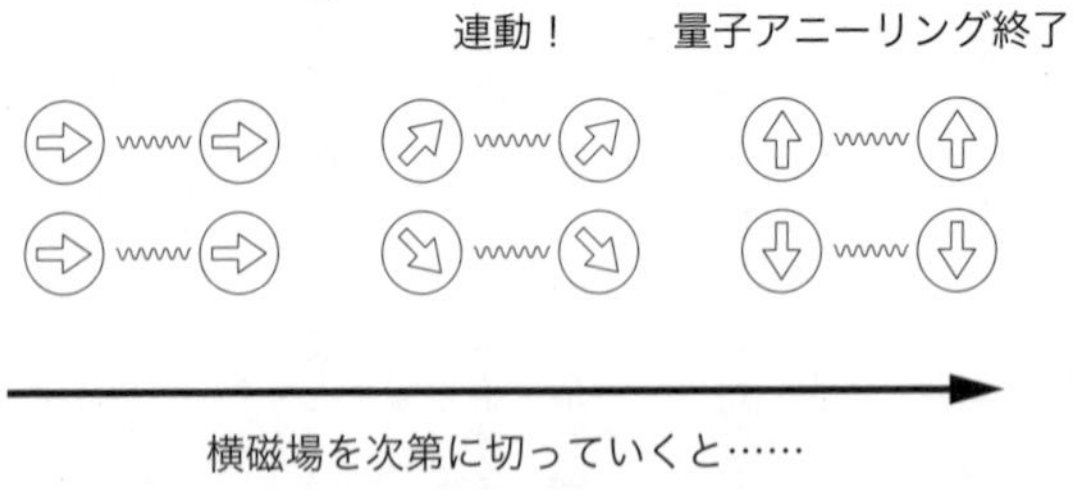

図2.12 量子ビットが関係し合って向きが決まる

量子ビットが動作する。エンタングルメントの話です。

●量子アニーリングマシンは量子コンピュータか

量子アニーリングマシンは、量子ビットを利用して、どちらが最善の選択かを判断してくれます。その際に重ね合わせの状態を利用する。そして量子ビットの様子を矢印で示したようにお隣の量子ビットと関連して上を向いたり、下を向いたりする。単なる量子ビットではないから、直ちに真上や真下を向くわけではなく、横を向いたりします。

隣の量子ビットの間で、連動して動作するように設定することで、先ほどの修学旅行の例でも、多数の量子ビットが上を向いたり、下を向いたりすることができます。決して一人ひとりの決定を一つずつこなしているわけではなく、協力現象と呼びますが、一斉に向きを変えていきます。このようにして効率的に答えを導いている様子が伺えます。

この連動して動作する様子は、先ほど紹介した量子コンピュータの最大の特徴であるもつれ合い、エンタングルメントを想起させます。複数の量子ビットを動作させるという点では、その通りなのですが、量子アニーリングマシンで利用されているエンタングルメントの効果は弱いものです。

エンタングルメントは多数の量子ビットの動作を効率的に進めることももちろんですが、ありえない答えや候補がある場合に、その可能性をすぐに潰すことができるという利点があります。ほかにも既存のコンピュータではなし得ない高速な計算処理が行える要素を担っています。これをうまく利用しないと、せっかくの量子ビットでも量子コンピュータで期待されているような最大限のパフォーマンスを発揮できません。

エンタングルメントそのものが量子アニーリングの原理に深く影響していないこともあり、現状できあがっている量子アニーリングマシンを量子コンピュータとは呼ばないとする考え方もあります。これからの進展次第ではその性能が発揮されて、量子コンピュータに匹敵する能力を有するとする考え方もあります。私個人的には、量子コンピュータを本格的に人類が手にする前に、せっかくできた技術を伸ばして、いろいろチャレンジしてみるのがよいのではないかな、と思って研究活動をしています。

量子アニーリングマシンは、さまざまな機能を追加して現在進行中で発展し続けています。どんな機能が必要であるかということも議論が進み、量子コンピュータたりえる資格をもつための条件はだんだんとわかってきました。量子アニーリングマシンであっても、いくつかの新規機能を追加すれば、誰も文句のいえない量子コンピュータにまでアップデートすることができます。もちろんそのための道は、量子コンピュータを作り上げるのと同じように、非常に険しい道です。

どんな機能が必要であるのか、ここで簡単に紹介してみましょう。現状の量子アニーリングマシンは、量子ビットを一斉に横に倒して、お隣同士の量子ビット間で関係性をもたせて、互いに0がよいか1がよいのか、だんだんと上と下に向いていくという経過を辿ります。

よくよく考えてみるとすごく単純なメカニズムです。これが提案当初の量子アニーリングです。もっと複雑な動作はさせられないだろうか。それこそ量子コンピュータですから、上を向いたり、下を向いたり、途中の計算結果に基づいて、さらにひねったり回転したりする必要があります。

最新の量子アニーリングマシンでは、量子ビットが横を向いた状態から上下に向くという単純な操作から、もう一度横に倒すリバースアニーリングという方法を実現しました。パズルを解くという観点からは、パズルの解き直し、ピースのはめ直しができるというわけです。ちょっとうまくはまらなかったピースがいくつかあるときに、もう一度やり直すことによって、もっとよい解答を追求するという試みです。量子コンピュータにおける量子ビットの動作として考えると、幾分か量子ビットの操作に複雑さが増したわけです。

途中から上向き下向きの磁場をかけたりして、それぞれの量子ビットにかける横磁場の強さを変えることで、単独の量子ビットに違った操作やもう少し細かい動きをさせることができつつあります。これまでの量子アニーリングマシンでは、全体の操作のみが可能であったところから、だんだんと個別に量子ビットを操作できるようになりつつあります。ほら、量子コンピュータっぽくなってきた。

さらにD-Wave Systems社はすでに新機能の実験を進めており、量子ビットの操作方法をより複雑に行えるようにしています。隣の量子ビットとの関係性をさらに強固にしたり、連動の仕方を複雑にすることで、量子ビットが単純に横向きから上向き下向きになるのではなく、途中で手をひねって体全体で回転するような量子コンピュータで必要な動きをすることができるようになりつつあります。

> 今ある技術からアップデートを続け、理想的な量子コンピュータの形へ近づく量子アニーリングマシンも重要な路線の一つです。

●量子アニーリングマシンの登場の余波

量子アニーリングマシンの登場以降、数々の報道がなされて、その中身について知られていくにつれて、実はさまざまながっかりフェーズを迎えました。そんな平坦な道ではなかったのです。

登場当初の指摘は、少ない量子ビットであるために実用的な水準にはまだほど遠いことが弱かったことが挙げられます。

量子ビットを作り出すのは口でいうのは簡単ですが、その製作は非常に困難を極めるものです。それを大量に作り出して、それらの重ね合わせの状態を維持したまま所望の動作をさせるというのはさらなる困難を極めるものです。そのため当初の量子ビット数は少なく、2011年に商用販売を開始したときのD-Wave Oneは128量子ビットでした。

あれ、執筆当時最新の情報による量子コンピュータのチップは79量子ビットだったような？ そうです。量子アニーリングマシンは、これまでの説明のように量子ビットの重ね合わせの状態を作り出すことに注力して、エンタングルメントやほかの複雑な動作をさせるために必要な機能の一切を省いたために、量子ビット数という観点では、非常に驚異的なスピードで進化しています。

次に登場したD-Wave Twoは512量子ビット、続いてD-Wave 2X、D-Wave 2000Qとアップグレードを繰り返して、現在は2048量子ビットまで規模を大きくしています。ただし、それでも産業界が期待する組合せ最適化問題の規模は大きく、まだまだ扱いたい要求水準に達していないことが多くありました。このギャップが問題で、どうしても期待感の大きさから、がっかりしてしまうという負のスパイラルへの入り口だったように思います。

現実に量子アニーリングマシンがどこまで期待に応えられるかというと、解きたい問題によります。何でもかんでも一度の計算で処理をしようとすると、一気に量子アニーリングマシンが利用できる範囲を超えてしまいます。その範囲に収まるように、適切に問題設定を考える必要があります。

あとは、その処理能力の速さを活かす必要のある問題かということも鍵を握ります。1日かけてじっくりとよい解答に行き着けばよいスケジュールの問題であれば、それほど高速な処理能力は求められません。しかし時々刻々と状況が変化するなかであれば話は変わります。
スケジュールの問題でも、電車の運行であったり、工場内でロボットが製品を運搬するような場合であれば瞬時に結果が求められます。最近ではＷｅｂサービスのバックエンドでコンピュータがユーザー側の嗜好や経験に合わせて、提案をしてくれることが基本となりましたが、そこで要求されているような処理速度であれば、量子アニーリングマシンを活用する利点はあります。その場合にどのような規模の問題を考慮する必要があるか、というのは我々が適切に問題設定をする必要があるかと思います。

量子ビット数の次に問題となったのは、回路の設計上の都合で、問題の対応力が弱いという点でした。

２０４８量子ビット並んでいるとは言っても、その回路の構造には癖があり、全ての量子ビットの間で結合をしているわけではないためです。

図２・13に示すように、量子アニーリングマシンのなかにあるＱＰＵは、長方形の超伝導状態にある金属のリングが編み込みのように重なっています。この重なっている部分で量子ビット間の関係性が設定されており、磁束型のジョセフソン接合素子で、電磁誘導を介して量子ビットの様子を伝えています。このため、つながっていない量子ビットのペアが多く、直接のやりとりができないという問題があります。

どのようにやりとりをさせれば、ユーザーが解いてほしい組合せ最適化問題を再現できるのか、それを考えるために、量子ビットの様子を簡易的に示したキメラグラフというものを考えます。長方形の形をした量子ビットを丸で単純に表して、つながっている量子ビットを線でつないだものがキメラグラフというものです。全ての丸がつながっていない様子が、伺えるかと思います。

遠くの量子ビットの間で関係性をもたせるには、いくつかの量子ビットを犠牲にして、リレーをする必要があります。そのため2048量子ビット分の計算処理が実際には実行できないという問題があります。そのため、さらに要求される水準から遠ざかってしまいます。

なかなか量子アニーリングマシンを使いこなすには、厳しい条件がつきまとっているというわけです。そのため、まだまだ既存のコンピュータには勝てない。そもそも量子コンピュータの冠をもつ資格もない、というわけで散々ないわれようでした。

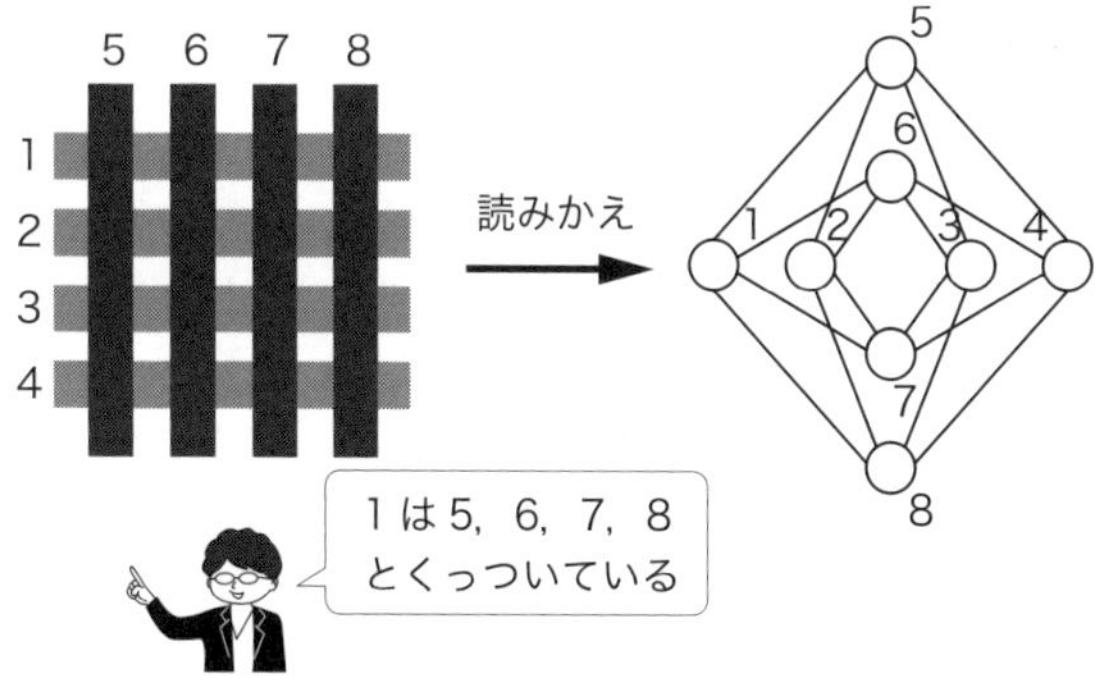

(a) 回路図　　(b) キメラグラフ

図2.13 QPUの接続

拍車をかけたのは、次のセンセーショナルな報道がなされてからかもしれません。2015年の年末にGoogle社とNASAの共同研究の成果が発表されました。かの有名な「量子アニーリングマシンは従来のコンピュータと比べて、1億倍速い」という発表です。言葉通り受け止めると非常に驚きの内容です。

この発表は、とある組合せ最適化問題に対して、量子アニーリングマシンの有効性を確認したという研究成果です。従来のコンピュータにとって不利な条件のものであり、1億倍速いというのは宣伝過剰な表現となっていたこともあり、量子アニーリングマシンの有効性に関する議論に拍車をかけました。確かに1億倍速いというのは緻密に検証された結果ですから揺るぎのない事実ですが、ちょっと土俵の立て方に難がありました。

さらに使ってみると結構困ったことが発見されていきます。そもそも量子アニーリングマシンはちゃんとパズルの問題に答えてくれているのか、組合せ最適化問題を完璧に解いてくれるのか、という問題です。

いわゆる門脇・西森両氏の提案から、そもそも量子アニーリングは、組合せ最適化問題をちゃんと解けるのか、ということは明確な論点として議論されました。まずこの議論の結果は、ちゃんと解けます。必ず解けますというものでした。その結果だけを聞くと、すごいことだと感じます。組合せ最適化問題を量子ビットで解かせるという大胆な発想で、横磁場をかけて横向きに向いた量子ビットがだんだんと上向きと下向きに向いていくだけという、簡単なやり方だけど確実に組合せ最適化問題は解ける。

　しかしながら、解くための条件として、ゆっくりと横磁場を切ってください、というものがありました。ではどれくらいゆっくり横磁場を切ればよいのか、これが最大の問題となりました。結果としてわかったことは、簡単な組合せ最適化問題であれば、時間が短くてもよい。そして難しい組合せ最適化問題であれば、ゆっくりやればよい、というものでした。

　いわれてみると当たり前の結果に聞こえます。この結果について、もう少し踏み込むと、量子アニーリングを利用したとしても、難しいものは難しいといっているのですから、量子コンピュータに抱いていた淡い期待を打ち崩すようにも聞こえます。

　実は難しい組合せ最適化問題は、量子コンピュータをもってしても、速く解くことはできないと考えられています。だから量子コンピュータを用いると、一億倍速いとか、はたまた一兆倍速いとかいう話がときどき出てきますが、それは大きな間違いです。これは、はっきりと申し上げておくべきことでしょう。報道でも魅力的な言葉として、どうしても一人歩きしてしまいますが、量子コンピュータは少なくとも組合せ最適化問題の救世主とはなりません。ひいては、その一歩手前の状況にある量子アニーリングについてもそうです。綺麗事ばかりじゃないんです。

あれ、思っていたようなバラ色の未来が待っていない？　そう暗くなるには早いですよ。未来は僕らが創るのですから

● 2・4　量子アニーリングの真実

研究が進むにつれて、量子アニーリングを使えば、組合せ最適化問題の解答が「時間をかければ」確実に得られることがわかってきました。しかし難しい問題ではそれを解くのに見合っただけの時間がかかることが見えてきました。解けることがわかったあとには、苦手な問題の存在が見えてきました。これらの事実は提案から地道に進められた研究により明らかとなっていきました。

世の中にあるさまざまなパズルで、非常に有名な巡回セールスマン問題というものがあります。セールスマンが訪問するべき都市を回る際に各都市を一度だけ立ち寄り、最短経路で巡るにはどのような順番で回ればいいかという問題です。たとえばこの手の問題は、従来のコンピュータで解くのは非常に難しい問題とされています。それでは量子アニーリングではどうなのか。残念ながら、量子アニーリングでも解くのは非常に難しく、時間がかかるということが判明しました。ほかにもこれまでのコンピュータで大変な労力を必要とする問題も、量子アニーリングでは同様に解くのに

時間がかかることがわかりました。

量子アニーリングをもってしても、難しい問題は難しい。それが結論でした。世の中の全ての問題で試したわけではないので例外が見つかる余地はありますが、厳しい状況にあるのには変わりありません。

ただ面白いのは、実際に量子アニーリングマシンができて、先述のようなさまざまな批判が巻き起こるなかで、まがりなりにも、人類が初めて重ね合わせの状態を利用した結果を享受できるようになった。それを社会的課題に利用するようになったことには変わりありません。

その質やレベルはまだまだなのかもしれませんが、歴史の歯車を回すのには十分ではないでしょうか。よくも悪くも批判が繰り広げられるなか、量子アニーリングマシンを利用した研究成果も、量子コンピュータを築き上げるという人類の夢に向かった研究に並んで、着実にその成果を積み上げているところです。

次は、この量子アニーリングマシンを使うにあたっての実際の様子や、いろいろとわかってきた真実について紹介するとしましょう。

人類が初めて重ね合わせの状態を使って、量子体験のできる時代。あなたはどうするか。

●量子アニーリングマシンを触ってみよう

まずはせっかく量子アニーリングマシンがあるのだから使ってみることにしましょう。雰囲気だけでもつかむのがよいと思います。

２０１９年４月現在、最新のＤ－Ｗａｖｅマシンは２０４８個もの量子ビットが1センチメートル四方ほどのチップに並べられて利用することができます。この２０４８個の量子ビットそれぞれ、0と1の重ね合わせの状態を取ることができます。1個の量子ビットからは2通りの情報である0と1を、2個の量子ビットからは、00、01、10、11の4通りの情報を重ねてもつことができます。つまり倍々ゲームです。２の２０４８個であれば、２の２０４８乗、天文学的数字です。それだけの情報量を重ね合わせて保持することができる驚異的なチップです。この膨大な可能性のなかから一つの結果を生み出す。しかも当てずっぽうではなく、最もいい選択を探したうえでの結果です。それが量子アニーリングマシンです。

それでは量子アニーリングマシンを実際に使ってみましょう。https://cloud.dwavesys.com/leap にアクセスすれば、すぐに利用することができます。利用者登録の必要がありますが、日本からの接続でも最近（２０１９年３月末より）登録さえすれば誰でも1か月あたり1分間利用することができるようになりました。

希釈冷凍機の先端に噂の量子アニーリングマシンのチップが映し出された登録画面で、必要な情報を埋めてすぐに登録完了をすることができます。

早速ログインをすると三つの項目が目の前に現れます。

「Learn about Leap and QC」では各種説明ムービーにより、どういったことがこの量子アニーリングマシンでできるのか、されてきたのかを概説しています。いわゆるチュートリアルですね。「Run a Demo」では素因数分解やネットワーク解析、量子シミュレーションのデモを見ることができます。ここで行われている素因数分解は、現状の量子アニーリングマシンで実行できるレベルのものですから、手数の少ない計算でできるものではありません。

ちなみにこれを実行すると量子アニーリングマシンのお試し時間を奪われてしまいます。とりあえずしばらく遊んでから余った時間で実行してみるといいでしょう。3番目の項目として「Install Our SDK」とあり、Pythonというプログラミング言語のライブラリが提供されています。

その取扱い方はのちに詳しく述べるとしましょう。ちな

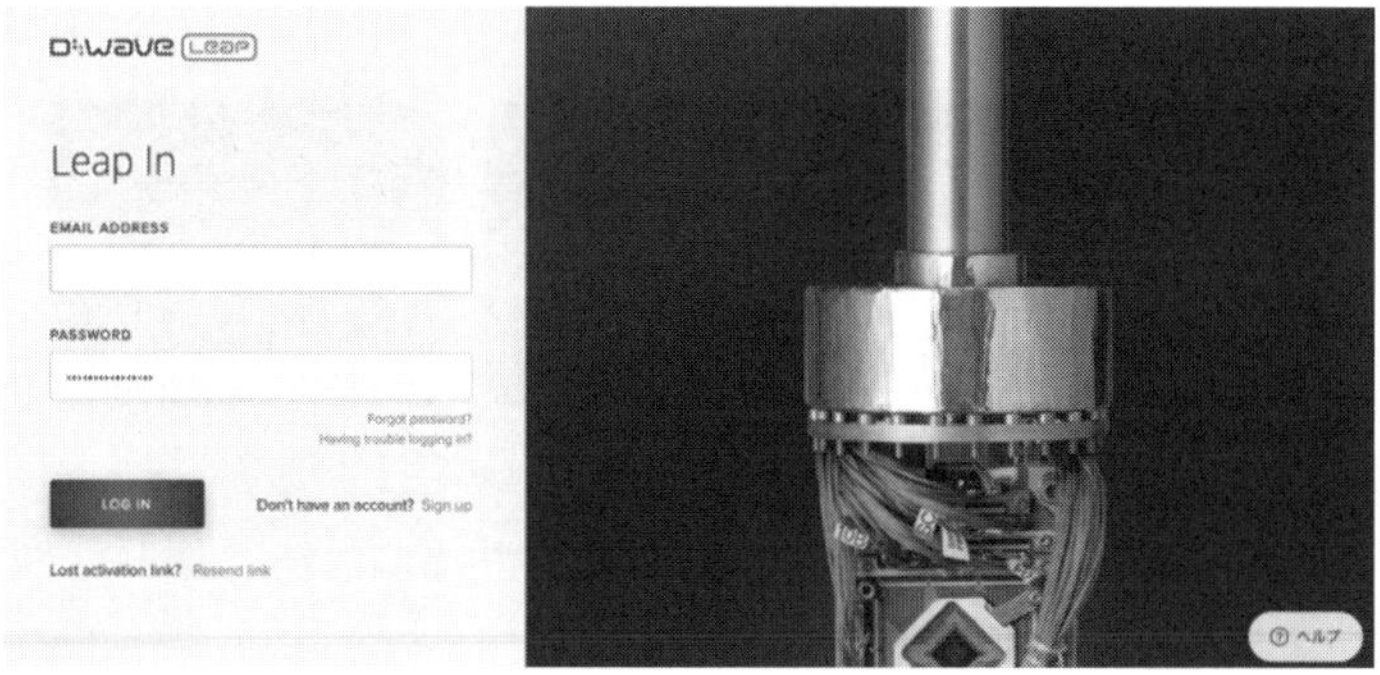

図2.14　D-wave Leapへのログイン画面

みにログイン後に開かれるDashboard画面では、どれだけの時間、量子アニーリングマシンが使えるのかが表示されています。

オンラインであれば利用できる状況にあり、連続で使用する際にはほかのユーザーの干渉回避のために1秒から10秒の待ち時間が合間に設けられています。連続利用をすると、この待ち時間でちょっと遅い感覚に襲われるかもしれません。現行の量子アニーリングマシンD-Wave 2000Qは2048量子ビットを最大で載せることができる構造ですが、なかには量子ビットがうまく動作しないものもあり、私が試しに接続したときには2038量子ビットが動作できる状態でした。この量子ビットは極低温下で超伝導状態を利用して動作するものでしたが、実際に14・5ミリケルビンというほぼ絶対零度上で動作しているんだよ、ということも表示されていてなかなか面白いものです。

Select QPU SolverではDW_2000Q_2_1とあります。

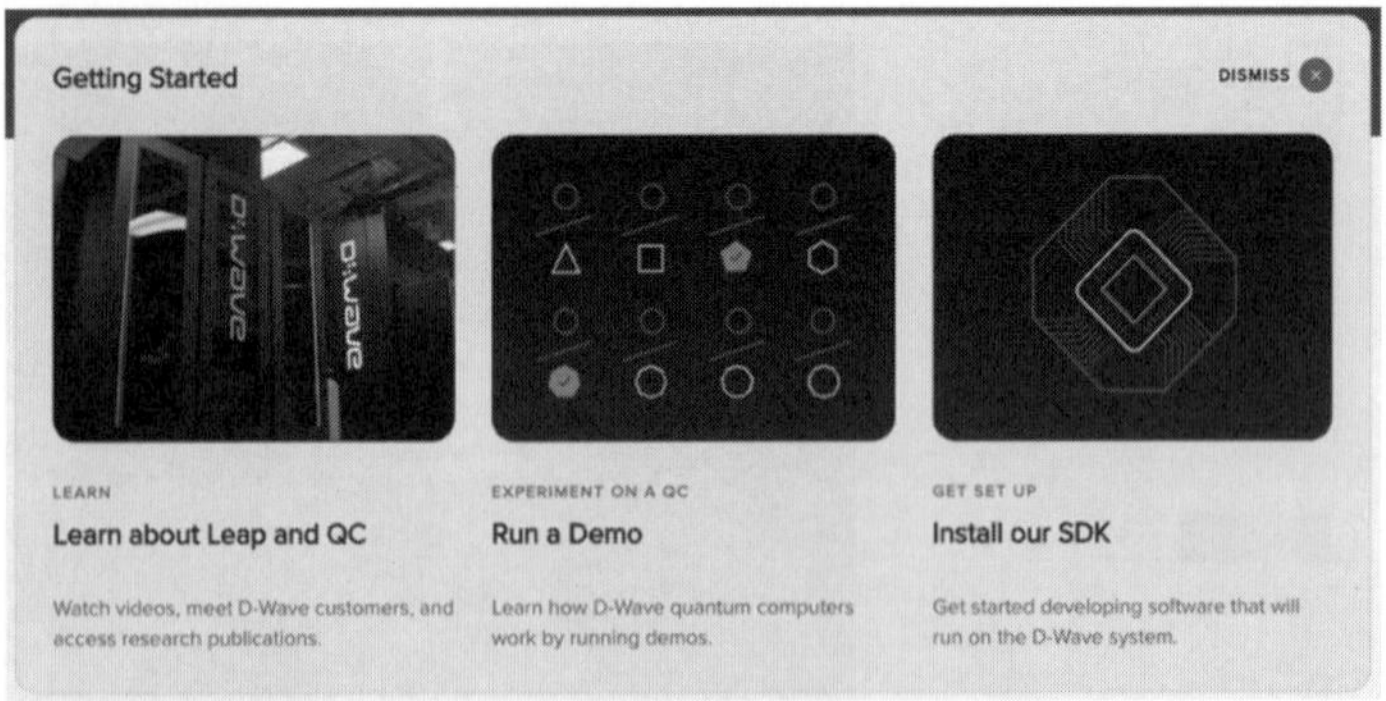

図2.15　ログイン後の画面

これが実際に使用するQPUの名前となっています。

さて先ほど登場したデモを走らせてもいいのですが、実際の研究開発現場で利用されているのと同じようにPythonによるプログラムを少しだけ紹介してみましょう。どれくらい簡単に量子アニーリングマシンが使えるのかということを皆さんに知ってもらいたいからです。

まずは初期設定です。Windowsにしろ、macOSにしろ、UNIXにしろ、いわゆるターミナル画面で、pip install dwave-ocean-sdkと打つところから始まります。インストールが終わったら、dwave create configと打ちましょう。

一つひとつの項目に対して基本的にはEnterとyesで答えればいいです。Authentication tokenについては、先ほどのWeb画面上の左側にあるD-Wave API Tokenをコピーして入力してください。Default solverも、読者の皆さんが選択できるsolverを指定してください。たとえば先ほどの例では、DW_2000Q_2_1でしたね。

これらの入力を終えると初期設定が終わります。

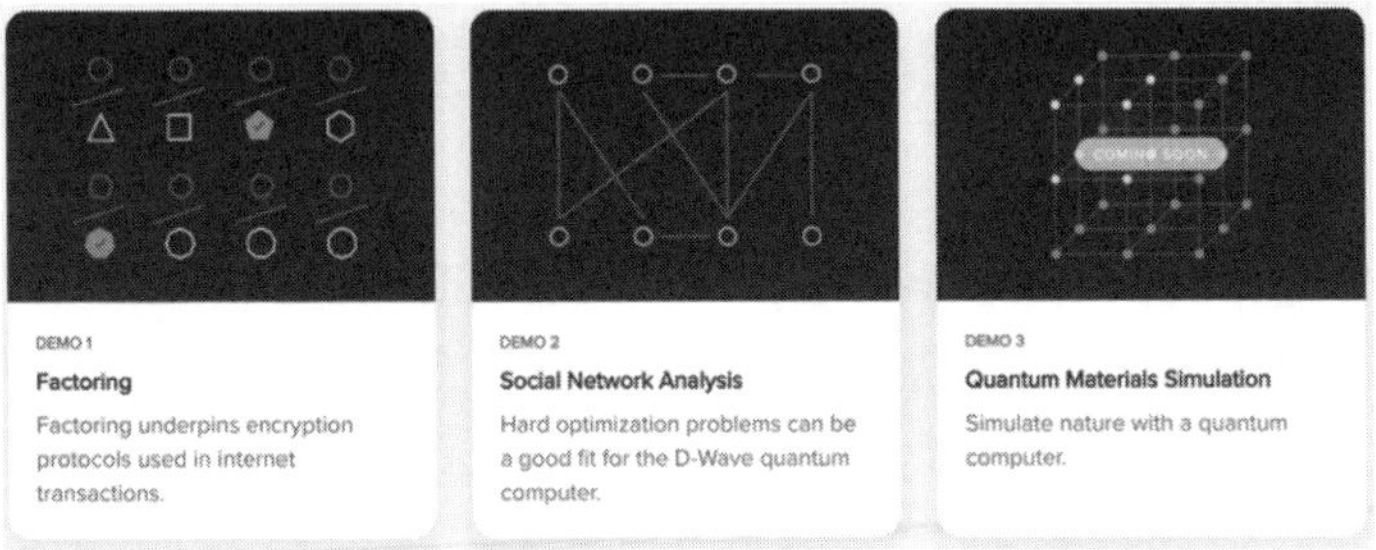

図2.16　デモの結果

Configuration saved.と表示されれば一安心です。さて最小限のコードで量子アニーリングマシンを使ってみることにしましょう。まずはＰｙｔｈｏｎによるプログラミングをするために必要なモジュールとライブラリの読み込みを行います。これはＰｙｔｈｏｎによるプログラミングを行う際にはいつものおまじないとなります。

```
import numpy as np
from dwave.system.samplers import DWaveSampler
```

ここではよく知られた行列演算や数学計算用のモジュールであるｎｕｍｐｙと今回インストールしたdwave-ocean-sdkに含まれるdwave.system.samplersから、DWaveSamplerというものをインポートしています。これは量子アニーリングマシンに組合せ最適化問題やサンプリングをしたい問題設定を指定するＱＵＢＯ行列を指定すると、そのＱＵＢＯ行列に基づいて結果を出力するというものです。このＱＵＢＯ行列は、隣同士の量子ビットの間にどのような関係性を与えるかを指定する数値表です。1番目と2番目の量子ビットの間に関係性をもたせた

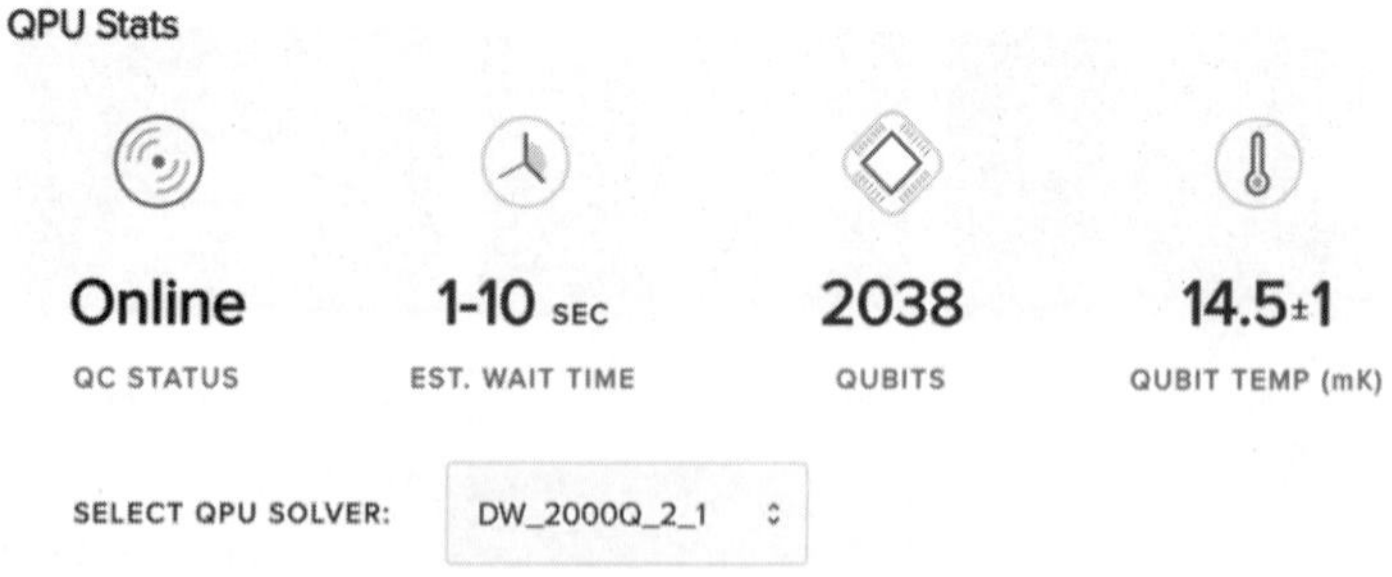

図2.17　QPUのステータス

い、強さは0・5くらいで、同じ向きを向いてほしいな、と思ったらQ[(0,1)] = 0.5といったように指定することができます。こうして複数の量子ビット間に関係をもたせるQUBO行列で、解いてほしい組合せ最適化問題を入力します。これだけです。このQUBO行列さえ用意すれば、立派に量子アニーリング使いです。このQUBO行列を用意することができたら、量子アニーリングマシンに入力というわけですが、これが非常に簡単です。

まず

```
sampler = DWaveSampler()
```

と打つと先ほど初期設定をした通りの仕様でsamplerに量子アニーリングマシンの設定が読み込まれます。このsamplerを使って、

```
result = sampler.sample_qubo(Q, num_reads = 1000)
```

と打つだけで量子アニーリングマシンでQで指定されたQUBO行列の組合せ最適化問題を解いてくれます。しかもnum_readsで設定されているように1000回解いてくれます。しかも一瞬です。

量子アニーリングマシンを使う際には、結構細かい設定が可能で、num_readsに加えてannealing_time = 20と打つと、20マイクロ秒の量子アニーリングを実行します。20マイクロ秒で1000回であれば20ミリ秒です。そう、一瞬でそれだけの回数分量子アニーリングを実行して、さまざまな結果を出力してくれるのです。

QUBO行列で指定された組合せ最適化問題を解くために、量子ビットに横磁場がかけられて、量子ビットは横向きに倒れたのち、横磁場が弱められて、徐々に量子ビットが上向きと下向きに立ち上がっていきます。最終的な結果として、私たちが興味をもつ、0または1の数字の表が帰ってきます。一瞬の間に。

> 実際に2000個を超えた量子ビットから0と1の数字を1000パターンも一瞬で出てくるところを見たら驚くはずです。

●量子アニーリングの結果をどう見るか

実際に量子アニーリングを実行すると、いろいろな結果が出てきます。result.record["energy"]と打つと、それぞれの結果が組合せ最適化問題を解いた結果、どれだけ効率がよかったかであるとか、うまく経路を短くすることができたとか、その具体的な指標の数値を表示することができます。

これを見ると必ずしも一つの結果が出ていないことがわかります。確かに私たちはnum_reads=

1000など、量子アニーリングをどれだけの回数実行するのかということを指定していますから、1000回やれば1000回分の異なる結果が出てきてもよさそうなものです。

しかし量子アニーリングは、ゆっくりと横磁場を切っていけば、確実に組合せ最適化問題を解くことができるはず、そう思ってやってみると、1000回の試行のなかでいくつもの結果が出てくるというのは奇妙に映るかもしれません。同じ結果が出ることもあり、result.record［"num_occurrences"］と打つと、どれだけの頻度で同じ結果が出てきたのかの回数を知ることができます。

同じ結果が出てこないことをどう考えればよいのでしょうか。量子アニーリングは「ゆっくりと」横磁場を切っていけば、確実に組合せ最適化問題を解くことができるというものでした。そして、その「ゆっくり」の程度は、難しい問題であれば難しさに応じて、さらにゆっくりとていねいな操作が求められます。

もしも結果が散らばっているというのであれば、横磁場の切り方が早すぎた、雑すぎたということであろうというわけです。もっとゆっくりとした量子アニーリングを実行したい場合には、annealing_timeを大きくしていきます。しかし限度はあります。いわゆるコヒーレンスタイムの問題に直面します。重ね合わせの状態を維持できる時間は限られています。量子ビットの特徴がうまく利用できないために、改善にも限界があるというわけです。

さて、こうした特性を聞いてみて、どう感じますか。量子アニーリングマシン。不完全なものじゃないか。うまくできていないじゃないか。そう感じるかもしれません。僕は個人的には、**量子アニーリング（をやろうとしてしくじっている）マシン**と表現したりすることがあります。理想的な量子アニーリングを実行するのは、なかなか難しいというわけです。

そのため、できるだけ組合せ最適化問題のよい解を得るために後処理の機能が付いています。先ほど利用したsample_quboというコマンドのオプションとして、num_readsに続いてpostprocess="optimization"と打つだけで利用することができます。

それでも組合せ最適化問題を解いて、ベストな回答を得ることは難しいことがあります。確かに冷静に考えて、2の2048乗にも及ぶ無数の組合せのなかから、最適なものを選び出すというのは、本当に偉大なことです。人類はこれまでにそうした難しい問題に対して、適切な解き方を見いだし、ときには素早く解決する解き方のレシピである良質なアルゴリズムを生み出してきました。

それに対して量子アニーリングは、多様な社会に潜む組合せ最適化問題それぞれに対して、そうした適切な解き方を見いだすという方向性ではなく、さまざまな組合せ最適化問題を解いてくれるという方向に幅広い守備範囲をもちます。その意味では非常に便利なものですが、ベストな回答を得ることが確実にできないということは物足りない。それこそ失敗作なのではないだろうか。そんな気にすらなってきます。

量子アニーリングマシンは、組合せ最適化問題を解くためのマシンとして、宣伝されてきました。確かにそれはわかりやすい宣伝文句です。難しいパズルの問題を一瞬で解くのですから。速いコンピュータがなせる技のように感じます。実際に使ってみると体感でも一瞬ですし、計算時間そのものの20マイクロ秒といったように、非常に高速な動作をするのも事実です。この速さでパズルの問題を、たまに間違っているとはいっても、一瞬にして解くというのは使い所さえうまく合えば非常に有効な手段となりえます。ここに多大な先行者利益の源泉があります。

ある時期からD-Wave Systems社も、量子アニーリングマシンの使い方について、組合せ最適化問題を解くためのマシンという表現から、別の表現を使うようになりました。**サンプリングマシン**という呼び方をするようになりました。

量子アニーリングマシンを実際に使い、失敗を経験して、その先にある未来に目を向けてみましょう。

2・5 量子コンピュータが示す社会の未来像

そもそも量子コンピュータとはどんなことを企図して作ったものか。確かに速いコンピュータを望んで作られたことは事実ですが、発端はちょっと異なります。宇宙にある全てのものは原子と分子、果ては素粒子からなるものです。その全てが量子力学、すなわち重ね合わせの状態やエンタングルメントにより、複雑に絡み合い、多様な世界を作り出しています。原理はわかっているが、その結末として存在する我々の世界を知るには、あまりに複雑であり、調べるためには賢いコンピュータを必要としました。

●コンピュータが社会に果たす役割

人生は一度きり。一度しかチャンスのないものですから、選択に悩みがつきものです。しかしコンピュータの場合はどうでしょうか。この場合はどうなのだ、あの場合にはどうなるのか、ということを試しに進めてみて、結果がどうなるのかを探るといった使い方ができます。これをシミュレーションといいます。コンピュータのなかで仮想的な世界を作り、さまざまな状況を試して、どんな結末を迎えるのかを調べるという方法です。

コンピュータが計算をしてくれるというのは、このシミュレーションを行っている一端です。1個1000円の商品が100個あるとしたら、いくらになるか。単純な掛け算であっても、試しにそこにあるとしたらどうなるかということを調べているわけですから、シミュレーションをしていると考えられるわけです。

そのシミュレーションを通して、人々は実際にその状況に遭遇する前に、事前にどのようなことが起こり得るのかを調べることができます。これを利用した例が、コンピュータグラフィックスです。

グラフィックですから、絵や動画を作り出す技術として用いられます。人間の目にあたるカメラに対して、どのようにものが映るのかをコンピュータ上で再現することができれば、見た目には本物の映像を作り出すことが可能です。

その原理は、実際にコンピュータの世界でものを作り出して、そのものに対して、光がどこからやってきて、どこに飛んでいき、目にあたるのか、その動きをシミュレーションします。そのシミュレーションには膨大な時間がかかり、計算能力を必要とします。計算の精度や、利用する原理が本物に近ければ近いほど、リアルな映像を作り出すことができます。

シミュレーション技術は、コンピュータグラフィックスに活用されれば映画などの映像を作るための技術となりますが、研究開発の舞台でも重要な技術となります。たとえば車や飛行機、新幹線などの高速移動体を作るときには、物体が高速移動をしてる場合に、どのような空気の流れを生み出して、衝撃波や騒音などの外部への影響、乗り心地につながる揺れなどの内部への影響を調べることができます。実際に乗り物をコンピュータ上で作り出すことでできるというわけですね。

自動運転技術についてもいきなり公道を走らせるわけにはいきませんから、シミュレーションは必須となります。シミュレーションを徹底的に行うことにより、安全で確実なシステム作りに貢献します。社会の形を変える大きな原動力としてコンピュータが果たす役割が見えてきます。

皆さんはこうしたシミュレーションの究極の形はどんなものになると想像しますか?

シミュレーションを実行するのはコンピュータ。究極のコンピュータで実行すれば……。

●量子コンピュータの役割

計算原理がこれまでとは異なる量子コンピュータは、人類が、おそらく宇宙のなかで作り上げることのできる**究極のコンピュータ**と考えられます。それは宇宙の法則で最も根源的なものと考えられるものが、量子コンピュータで重要な役割を果たす重ね合わせの状態やエンタングルメントという新たなルールを定める量子力学であるためです。

この量子力学は、生き物の体から目の前にある物質全て、そして宇宙空間に至るまで、全てを支配する宇宙の法則です。その法則に従い、自由自在に操作をすることができるコンピュータとして築き上げるものですから、まさに量子コンピュータは究極のコンピュータであるといえるわけです。

その究極のコンピュータは、量子力学に従う不思議な動作原理により動作することから、その法則に従う現象を再現することができるものとなります。これまでのコンピュータでは、量子力学の法則に従う現象を再現するには、かなりの無理を強いる必要がありました。動作原理が全く異なるためです。

たとえていうなら量子コンピュータが四則演算全てできるところに対して、既存のコンピュータは掛け算と割り算を知らずに足し算と引き算だけで、全ての計算を終えようとするわけですから、それはかなりの無理を強いていることになります。

これまでにも原子や分子の動きが重要となる材料開発や創薬の開発の現場において、原子や分子のシミュレーション、いわば**量子シミュレーション**を行い、どんなものができるのかを試験するということが行われてきました。

量子シミュレーションに、量子力学の動作原理に従い、計算を行うことのできる量子コンピュータが導入されたらどうなるのでしょうか。爆発的な研究開発の効率化が期待されます。量子コンピュータは、量子シミュレーションを難なく実行することができるためです。

そもそも量子コンピュータの発想が生まれたきっかけは、この量子シミュレーションに有効なコンピュータの未来の形を考えたことにあります。量子力学に満ちあふれた、この宇宙の真似をすることができる究極のコンピュータ、それが量子コンピュータであろうと研究者たちは夢想しました。

その後、量子シミュレーション以外に並外れた計算能力を示す特殊な例として、素因数分解や探索の問題が発見されて、コンピュータにするのであれば必須となるエラーの克服が可能であることが判明して、量子コンピュータを実現するという流れになったのです。

> 量子コンピュータの登場で、材料開発、創薬、宇宙の誕生に至るまで、研究開発が加速していきます。

●量子アニーリングマシンを産業界が注目するわけ

さて量子コンピュータであれば、材料開発や創薬、コンピュータの性能の向上により、そうした研究開発が進むとして、量子アニーリングマシンは、組合せ最適化問題を解くもので、ちょっと違うものであると感じられるかもしれません。

しかし、量子アニーリングマシンも実は壮大なシミュレーション用のコンピュータです。量子アニーリングマシンで用いられている量子ビットの矢印は、もともとは磁石の向きを示すものでした。非常に小さな磁石に対して横向きに磁場をかけたら、どのような振る舞いを示すのか、それを調べるシミュレーション装置として利用することができます。

磁石というと身近な言葉なために、大したことができないように感じられるかもしれませんが、磁石の向きの代わりに、物質のなかで電子があるのかないのか、という読み替えをして利用することで材料開発や創薬のためのシミュレーション装置として利用することができます。

すると、ただの磁石シミュレーション装置に留まらず、量子アニーリングマシンも量子シミュレーションに利用することのできるマシンとなります。計算を行うコンピュータとして捉えると、量子アニーリングマシンは組合せ最適化問題を解く機能をもつだけですから物足りないものとして思われて、しかもそれを確実に解くことができないといわれると、大したことができない不出来なものと考えてしまう向きもあるかもしれません。

しかし、量子コンピュータの本来期待されている機能である量子シミュレーション装置として見直すと、量子アニーリングマシンの重要性は、究極の量子コンピュータに劣らないものです。そうなると２０４８量子ビットを有して、先んじて商用販売して顧客を獲得してさまざまな利用例が積み上がっているというのは、これから採用を考える企業からすると興味深いものに映るのではないでしょうか。

こうした量子コンピュータ全般に対する位置づけや役割、社会との関わりについて理解が深まっていったのも比較的最近です。研究者も量子コンピュータの使い方について、模索を続けて、産業界のニーズはどこにあるのかという接点を見つけ、紆余曲折があって今の話があります。

そうです。素因数分解を解くために量子コンピュータが欲しいと思う人はそんなに多くないと思います。量子シミュレーションや、これまで諦めてきた難しい計算を、量子コンピュータを活用することで切り抜ける道があること、そして新しい使い方を発見して、トップに躍り出る可能性を秘めた舞台であることが、この量子コンピュータが人々を惹きつけて離さない理由であると思います。そうなると究極の量子コンピュータはまだまだ完成に道半ばであったとしても、代わりに一部似たような機能の使える量子アニーリングマシンを利用してでも、先んじて研究開発を進める価値があるのではないでしょうか。

そうした気配にいち早く気づき、動き出している企業が増え始めていると考えられます。

> 今すぐに利益を出すためなのか、未来で王者になるためなのか、そこが判断の分かれ道です。

●量子アニーリングマシンの潜在能力

量子アニーリングマシンについて、報道の伝え方は決まって、Ｇｏｏｇｌｅ社とＮＡＳＡの研究成果で報じられた「1億倍」速いという、わかりやすい結果の部分についてでした。とにかく速いコンピュータであるという部分です。ときには1兆倍とか伝えていたりします。とにかく世間的には速いコンピュータというイメージがつきものです。コンピュータの進化の方向性が速くするというもので発展してきた経緯があるためでしょう。

ただ読者の皆さんと考えてきたように、量子コンピュータ全般にあるのは、重ね合わせの原理を始め、エンタングルメントといった、これまでの常識からは理解のしにくい現象を利用しているという、質の違う計算方法です。その質の違う計算方法を利用することで得られる新しい展望にこそ価値があります。組合せ最適化問題を解くということ自体は、確かにこれまでのコンピュータで苦労をしてきた問題設定ですから、そのクリアにも多大なる価値がありますが、あくまで一側面に過ぎません。

量子アニーリングマシンは、**組合せ最適化問題を解く専用マシン**として最初は宣伝されていました。それは量子アニーリングの原理がその目的を達成するためにできているためです。最初は量子ビットを並べて、量子アニーリングを実行するという目的を達成できたことに価値があったためです。

しかし次第に、量子アニーリング（を実行しようとしてしくじっている）マシンであるとわかり、その事実が知られるようになると**組合せ最適化問題を解くことができるマシン**とトーンダウンしていきました。この部分の情報や、雰囲気に飲まれてしまうと量子アニーリングマシンの真価を知らないままとなります。

ここからが量子アニーリングマシンの真価に近づいていく面白いところです。つまり未来の利用方法です。「組合せ最適化問題を解くマシン」という代わりに出てきた宣伝文句が**サンプリングができるマシン**というものでした。

これはシミュレーション技術の一つです。試しにこのような状況があるとしたら、どんな結果があるのか、たくさんの試行を繰り返して、ありえるパターンを出力するという方法です。それをサンプリングといいます。そのサンプリングを行うマシンということで、量子アニーリングマシンはいつしか「サンプリングマシン」として宣伝されるようになりました。

量子アニーリングマシンでは、QUBO行列というもので、量子ビットの間に関係性をもたせるということを指定することができました。それはパズルの問題を量子ビットに伝えるためです。しかし、量子ビットの間に「相関」という形で関連性をもつと仮定すると、この量子ビットはどのような結果になりがちなのか、ということを何度も試し打ちをするといった使い方ができます。

これは株価の変動など、たくさんの確率的な要素が詰まって、予測が難しい問題に対して、これまでの相関を参考にして、次はどうなる傾向が強いのか試し打ち、サンプリングをしてみることで今後の動きを探るために利用することができます（図2・18）。実際に、私が所属する東北大学と野村アセットマネジメントの間で実施された共同研究でこの方法の有効性を確認されました。

このサンプリングという方法は、シミュレーション技術の一種ですから、意外な使い方として、組合せ最適化問題を解いて出てきた解の価値を調べるということができます。

たとえばスケジュールの最適化を行うことを考えてみましょう。人員の配置や時間割を決めるという問題です。最適な解は、このようなスケジュールです、と提示されたとしましょう。しかし、もしも不測の事態により欠員が生じたり、スケジュールの一部の遅滞が最初から、あるいは途中から生じてしまったらどうでしょうか。その最適な解が意味をなさない可能性があります。

量子アニーリングマシンは、20マイクロ秒ほどで一つの解を求めることができます。さらにnum_reads=1000と指定すると、1000回の試し打ち、すなわちサンプリングを行うことができます。これらの解を比較してみると、多少ベストな解と違っても、比較的評価のよい解が得

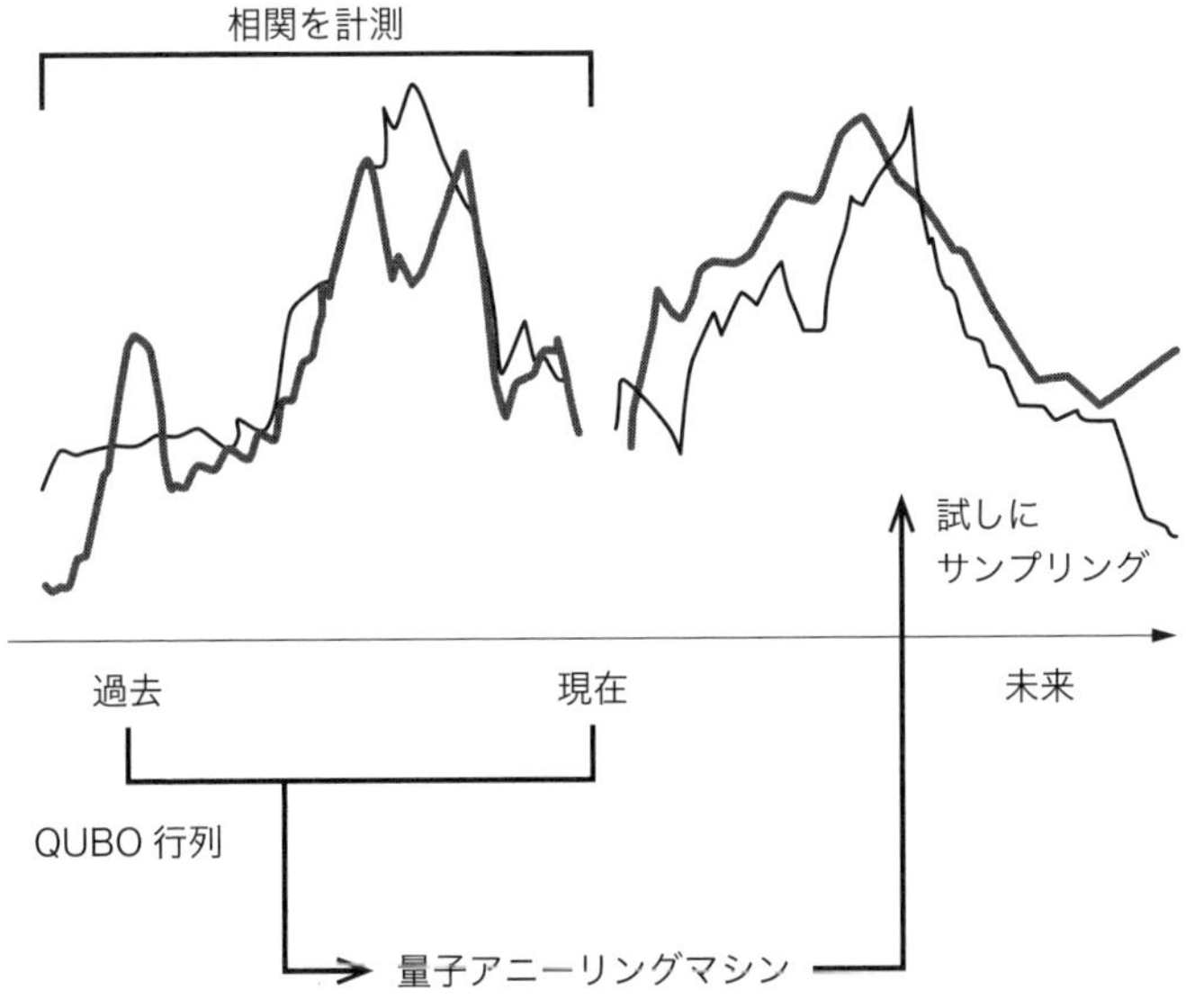

図2.18　株価の相関から未来を予測

られることがわかっています。

つまり量子アニーリングマシンから出てきた解はちょっとした変化を伴ってもパフォーマンスの変わらない安定した解といえます。不測の事態による変更に強いというわけです。もしもこれが逆で、たまたまよい性能を示す解で、それからずれたものは評価値が非常に低くなり、悪い解になるものであったら大変なことです。その場合はイレギュラーなことが起きた場合に弱いということがわかります。それはできるだけ避けたいものです。量子アニーリングマシンから出てくる解は、**比較的安定した解が出てくる**という性質が発見されました。

これらのことは「解の質」というべきもので、量子アニーリングマシンによる出力から得られる、これまでとは異なる質の計算能力が示す新しい利用例です。もちろんサンプリング技術自体は、これまでのコンピュータでも実行できることですが、非常に長い時間がかかることがネックとなります。

それに対して量子アニーリングマシンの計算の速さが活きます。最適な解を得ることはまだまだ不得手な量子アニーリングマシンに対しては朗報です。量子アニーリングマシンを使い倒して、初めてわかる、本当の価値でした。

製造業において、状況の変化はつきものです。荷物の運搬をしている際に作業員が立ち入ってしまえば、急に止まる必要があります。流通においては天候の変化に伴い、想定していたよりも遅く移動することを余儀なくされることもあります。交通関係についてもそうです。先行している電車に遅れが発生すれば、次の電車は遅らせていく必要があります。

これまでのコンピュータでも、そうした遅れの部分を具体的に考慮することで、良質の解をうまく取り出そうとする工夫はなされてきたはずです。一方、量子アニーリングマシンは、重ね合わせの状態を利用した、その曖昧さゆえに0または1が試行のたびに異なる結果が出てくる性質が有効に働きます。

あたかも遅れを考慮したかのように、想定外の状況により多少の変化があったとしても、結果は大きく変動しない解を得ることができるという顕著な性質をもっていたわけです。

個人的には、この性質が自然に備わっていることが量子アニーリングマシンの運命を決めたように思います。「組合せ最適化問題を解くことができる」そうした言葉だけを見て、既存のものと比較して大した性能がないな、と評論家になり足を止めるのではなく、実際にやってみて、うまくいかないなら、うまくいくことを探す。本当にダメな方法なのかを徹底的に調べる当事者になる。そうして実際に現場に立ち、自分の目で見ることで得られることがたくさんあります。これが多大な先行者利益を得る秘訣です。

寺部さんを始め、僕や所属する東北大学のメンバーはそうしたポリシーで研究を進めています。

量子アニーリング「マシン」を使ってみて初めてわかること、それが産業界のニーズにマッチしていたのです。

●未来の工場の姿を想像してみよう

寺部さんたちデンソーのメンバーと私たち東北大学のメンバーで行った共同研究の成果は、まさに量子アニーリングマシンならではの使い方をしたものです。工場内の無人搬送車の最適化です。

デンソーを始め、多くの企業ではさまざまな製品が日々開発されており、工場のなかでは製品の開発作業そのものや完成品を輸送する運搬過程のなかで、自動的に製品を移動させる無人搬送車（AGV：Automated Guided Vehicles）や各種ロボットが活躍しています。そこで前提となるのは、もちろん安全であること。しかし効率的に多くの製品を運んだり、作業を進めてほしいというのが目標となります。この競合する概念を両立させるのが難しいところとなります。何もしなければ基本的には安全です。何かをするにしても、ゆっくりとていねいに作業を行えば、安全は担保されるでしょう。しかし作業の効率化を進めていくにつれて、スピードが求められて、その代償として安全性が弱まってきます。ちょうどいい最適なところはないだろうか？　そういう問題に直面します。

　そこで私たちは量子アニーリングを用いて、無人搬送車に今の瞬間において最もいい行動を選択させるシステムをつくることにしました。

　ここで示す図2・19には、工場のなかで縦横無尽に動き回る無人搬送車の様子が描かれています。四角の点が無人搬送車。黒い線に沿って無人搬送車が走ります。それぞれの無人搬送車は、やるべき作業が決められていて、行くべき目的地がそれに応じて決められています。同じスピードで無人搬送車は動いていますから、同じ道を前後して動く場合には、決して衝突はしません。ですが、途中でほかの無人搬送車と同じタイミングで交差点に進入してしまうと、ぶつかる可能性が生じます。その際にどちらの無人搬送車を優先するべきか、ルールベースといいますが、あらかじめ決められたルールに基づいて決定するというのが、これまでの方法でした。

　図2・19に示した例では、無人搬送車の稼働率がせい

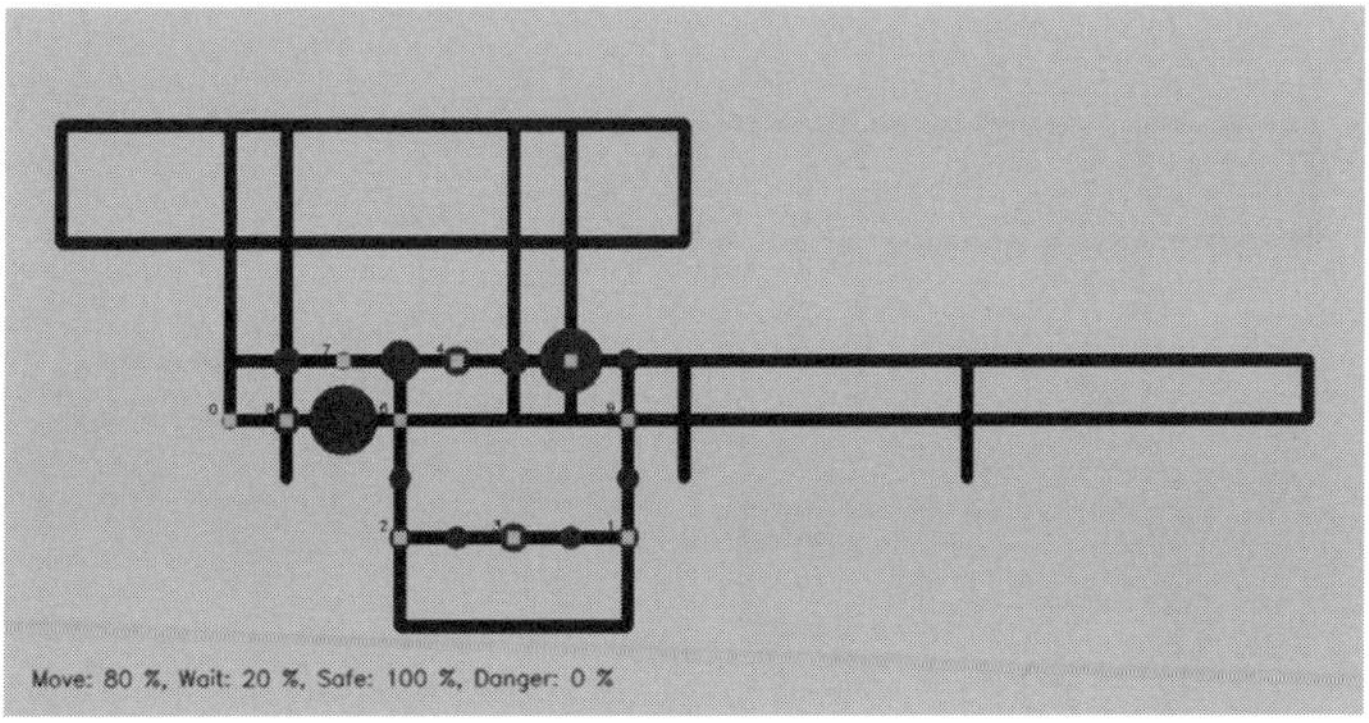

図2.19　無人搬送車の状況

ぜい80%程度でした。サイズの違う丸印が道の途中で描かれていますが、これが待ち時間の蓄積を示しています。丸が大きければ大きいほど待ち時間が多く生じてしまったということを示しています。実際には、この画像は動画からの切り抜きで、待ち時間は時間を追うごとにどんどんと蓄積されていきます。

　私たちはこの課題に対して、量子アニーリングによって無人搬送車の動作を制御するという世界で初めての取組みに挑戦しました。その結果、稼働率を95%にまで引き上げることに成功しました。図2・20に示した通り、丸印の数も大きさも飛躍的に減少している様子が伺えます。

　どのようにこの研究成果が生み出されたのか。デンソーの皆さんから課題の提案がなされたあとに、実際の無人搬送車の稼働する様子を拝見させていただきました。どのように動作しているのか、問題のネックとなっているところはどこか。何が制限としてあって、

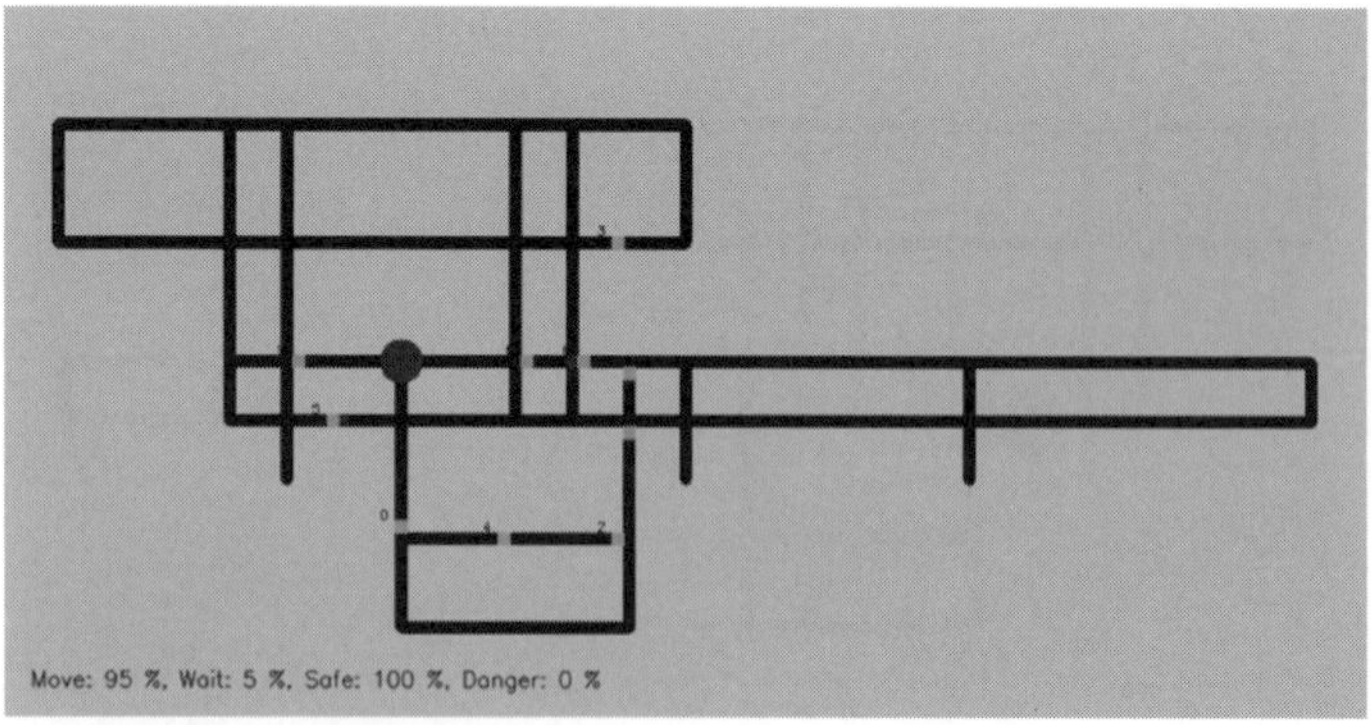

図2.20　取組みの結果

どこまで自分たちの改善案が入る余地があるのか。実際に作業を担当している方々の多大なるご協力のもと、実現しました。話を聞くだけで理解したつもりにならず、実際に現場に向かい、できるだけ**真実に近い問題意識を共有する**ことを意識しました。

無人搬送車に対して、どのような行動をさせればいいのか。瞬時の対応が求められることを考慮して、3秒に一度、変化する状況に応じて無人搬送車が次にどのような行動をするべきなのか、いわば瞬時に判断をするかのように、組合せ最適化問題の解を量子アニーリングマシンから出力させました。ここでベストな解を追求するのではなく、だいたいでいいから解の探索をさせることにより、量子アニーリングマシンの真価を利用したのです。

量子アニーリングマシンから多くの結末を出力させます。いわば解の候補です。その候補から無人搬送車の次にとるべき行動を選択しました。その際に解の質に注目して、ちょっと変化したくらいでは、その解の有効性に揺るぎがないものを利用します。これは工場などで例外的な変化が起こったとしても、安全を求める場面では非常に有効な性質です。たとえば荷物が崩れてしまった、人が立ち入ってしまった、無人搬送車自体の故障があった場合など、突然の状況変化であっても多少の変化であれば受容できるシステムである必要があります。

実際にさまざまな例で調べてみると、全体の待ち時間の減少に量子アニーリングによる解が有効であることが確認されました。また一度で無人搬送車の動きの全てを決めるということはさせませんでした。そうしてしまうと状況の変化に対応しきれないことももちろんですが、現状の量子アニーリングマシンでは、工場で要求される無人搬送車の数であったり、行動のバリエーションに対応しきれないためです。代わりにその都度、状況の変化に応じて解くべき問題を量子アニーリングマシンに提示して、瞬時に回答を受けるという工夫により、多くの無人搬送車に多くの行動や経路を勘案した組合せ最適化問題を解くことが可能となりました。発表された講演内容や学術論文では3秒に一度と設定して、その有効性を示しましたが、量子アニーリングマシンから1秒にも満たない時間で結果が出力されることから、もう少し短い時間で無人搬送車の制御を行うことが可能です。もっと高速に多くの無人搬送車が縦横無尽に走り回っているところを制御するような時代が、じわりと目の前に近づいているのです。

注目する関連産業の動きは早いものです。同じ車業界からはＢＭＷ社が車の塗装におけるロボットの動作手順の最適化に量子アニーリングを用いた事例を紹介していました。今後、さらに多くの事例が登場することでしょう。日本ならではの独自な利用例を示していく必要があります。

未来の工場は、量子コンピュータで最適化される。その第一歩を歩み始めました。

本章のまとめ

○量子コンピュータは、
・重ね合わせの状態を利用して複数の可能性を取り込むことが可能
・エンタングルメントを利用して効率的に絞り込むことで高速な計算方法を採用することができることがある

○これらの原理を利用して、素因数分解をはじめとする一部の計算は高速に実行できるようになる

○量子コンピュータはそもそも量子シミュレーションを実行するために熱望された装置であり、創薬、材料開発、宇宙の真理の探究など研究開発が加速する時代が来る

○量子アニーリングは、重ね合わせの状態を利用して、組合せ最適化問題を解く方法である

○量子アニーリングマシンの登場により、量子アニーリングの価値は、組合せ最適化問題を解くものではなく、
・量子シミュレーションを実行する方法
・サンプリングによる「質」が良好な解を得ることができる方法
へと変遷していった。

○量子アニーリングの「解の質」を利用して、安心安全で効率性の高い工場のシステム作りが始まった。

COLUMN

量子コンピュータは始まりの終わりの時代を迎えた！

Bo Ewald・D-Wave Systems

Bo Ewald

President
D-Wave International Inc.

量子コンピュータは「始まりの終わり」、つまりはテスト段階から事業化の段階にきています。

　私たちは2011年に128量子ビットをもった世界初の商用量子コンピュータを発売して以来、500、1000、2000とより多くの量子ビットを持った量子コンピュータを着々とリリースしてきました。このコンピュータには約20年前に東京工業大学の西森秀稔教授と門脇正史博士によって提唱された量子アニーリングという、新しいタイプの量子コンピュータアーキテクチャを採用しています。

　マシンを発売開始してから多くの企業がこのマシンを購入およびクラウドでの利用をしています。最初にD-Waveマシンを購入したのはLockheed Martin社と南カリフォルニア大学（USC）の情報科学研究所です。次はGoogle社とNASAエイムズ研究センターと大学宇宙研究協会（USRA）が購入し、3番目はLos Alamos国立研究所が購入しました。また、オークリッジ国立研究所、フォルクスワーゲン、豊田通商、デンソー、リクルートコミュニケーションズ、野村證券およびいくつかの大学を含む約40の組織がD-Waveと契約を結び、クラウド上で2000量子ビットを活用した研究に取り組んでいます。2019年現在、量子コンピューティング、とくに日本における量子アニーリングの関心と取組みは、世界のほかの国よりも速いペースで広がっています。D-Waveのクラウドの顧客の半数以上が日本の企業や組織です。

　現在、これらの顧客たちによって約100のプロトタイプアプリケーションが開発されています。そのうちの約半分が最適化、20％が機械学習、10％が材料科学およびその他の分野です。これらのプロトタイプアプリケーションのなかで、D－Waveマシンがパフォーマンスやソリューションの品質の点で従来のコンピューティングに近づき、ときにはそれを上回ることが示されています。

しかしながら、現在のD－Waveマシンで扱える変数の数は実用的な問題を実行することができるほど十分に大きくありません。例として、2017年にフォルクスワーゲンは北京のタクシーの経路最適化に1000量子ビットのD－Waveマシンを使いました。北京のタクシーのデータは約1万台分ありましたが、そのままではD－Waveマシンで解くのには大きすぎるため。従来コンピュータでうまく問題を分割することで、ダウンタウンから空港へ向かうタクシー約500台の問題に絞って計算をしました。扱える問題は、ハードウェアの進化のみでなく、このような従来コンピュータとのハイブリッド技術によっても増大していきます。

こういったD－Waveユーザーたちのプロトタイプアプリケーションの詳細はD－WaveユーザーカンファレンスQUBITSやLos Alamos国立研究所の「Rapid Response Project」、およびデンソーのアプリケーションに関するビデオからのプレゼンテーションを集めた以下のWebサイトを見るとよくわかるでしょう。ぜひ覗いてD－Waveマシンの可能性を感じてみてください！

D-Wave Users Group Presentations：
- https://dwavefederal.com/qubits-2016/
- https://dwavefederal.com/qubits-2017/
- https://www.dwavesys.com/qubits-europe-2018
- https://www.dwavesys.com/qubits-north-america-2018

LANL Rapid Response Projects：
- http://www.lanl.gov/projects//national-security-education-center/information-science-technology/dwave/index.php

DENSO Videos：
- https://www.youtube.com/watch?v=Bx9GLH_GkIA（CES – Bangkok）
- https://www.youtube.com/watch?v=BkowVxTn6EU（CES – Factory）
- https://www.youtube.com/watch?v=4zW3_IhRYDc（AGV's）

Part2
量子コンピュータで世界が変わる

Chapter 3
量子コンピュータで変わる車と工場の未来

自動車や工場は、現在のテクノロジーや価値観の変化によってそのあり方が大きく変わっていく時期にあります。これらの変革と量子コンピュータが組み合わさると一体何が生まれるのでしょうか？私たちの挑戦を踏まえながらご紹介します。

これまでお話ししてきた通り、世界中の人々が量子コンピュータの大きな可能性に向けてさまざまな実証実験を始めています。しかし、本当にその先に大きな市場があるのかは誰にもわかっていません。だからこそ、そこに大きな夢を見て挑戦をし続けているわけです。そんな挑戦者の一人として、著者・寺部が所属する自動車業界、製造業の世界をモチーフにした挑戦を紹介します。業界に明るくない方々のために、業界の動向から紹介いたしますので、きっと量子コンピュータ以外の知識も広がると思います。本章では、3・1節で自動車の未来を、3・2節で工場の未来を示していきます。

●3・1　量子コンピュータで変わる自動車の未来

●自動車の発展を支えるコンピュータ

自動車には、いろいろな計算をする多くのコンピュータが載っているということを聞かれたことがあるかもしれません。高級車では、なんと30個以上ものコンピュータが載っているのです。何に使われているかといえば、エンジン制御、スマートエントリー、カーナビ、自動ブレーキなどのシステムです。自動車の高機能化に伴い、コンピュータの数は増え、必要なCPUの処理能力は年々上がってきています。

最近でいえば自動運転の実用化に向けて、GPGPUと呼ばれる大量の信号処理を高速に扱えるような新しいプロセッサの搭載が検討されるようになりました。このように、革新的なコンピュータ技術が導入されることによって、車はどんどん高機能化し続けているのです。今後のコンピュータの進化によって車にはどんな未来が待っているのでしょうか。

●自動車業界は100年に一度の変革期
~自動運転の先にあるもの~

自動車業界は〝100年に一度の変革期にある〟といわれていることをご存じでしょうか。日本で乗用車が市販され始めてまだ100年ほどですので、100年に一度の変革というのは、乗用車が世間に初めて導入された時代ほどの大きな変革ということになります。この変革の大元になっているのは、電気自動車や

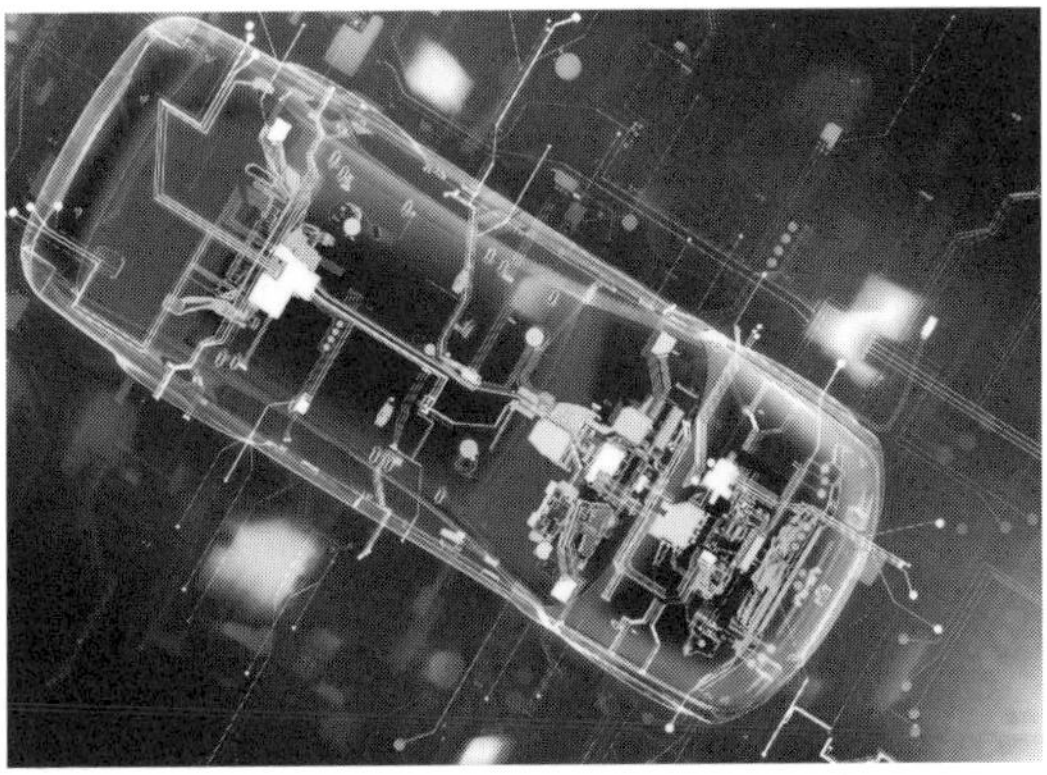

図3.1 コンピュータが増えていく車

コネクティッドカー、そして自動運転という、世間でもよく取り上げられているキーワードです。これだけ聞くと、「なんだ。よく聞く話じゃないか」と思われるかもしれません。しかし、これらは実は単なる技術の革新ではなく、市場全体が変わっていくような大きな変化なのです。

この市場の変革の大元はコネクティッドカー、つまりは車がインターネットにつながることが源泉になります。車がインターネットにつながると、車をサービスとして活用する世界がこれまでよりも広がっていくと

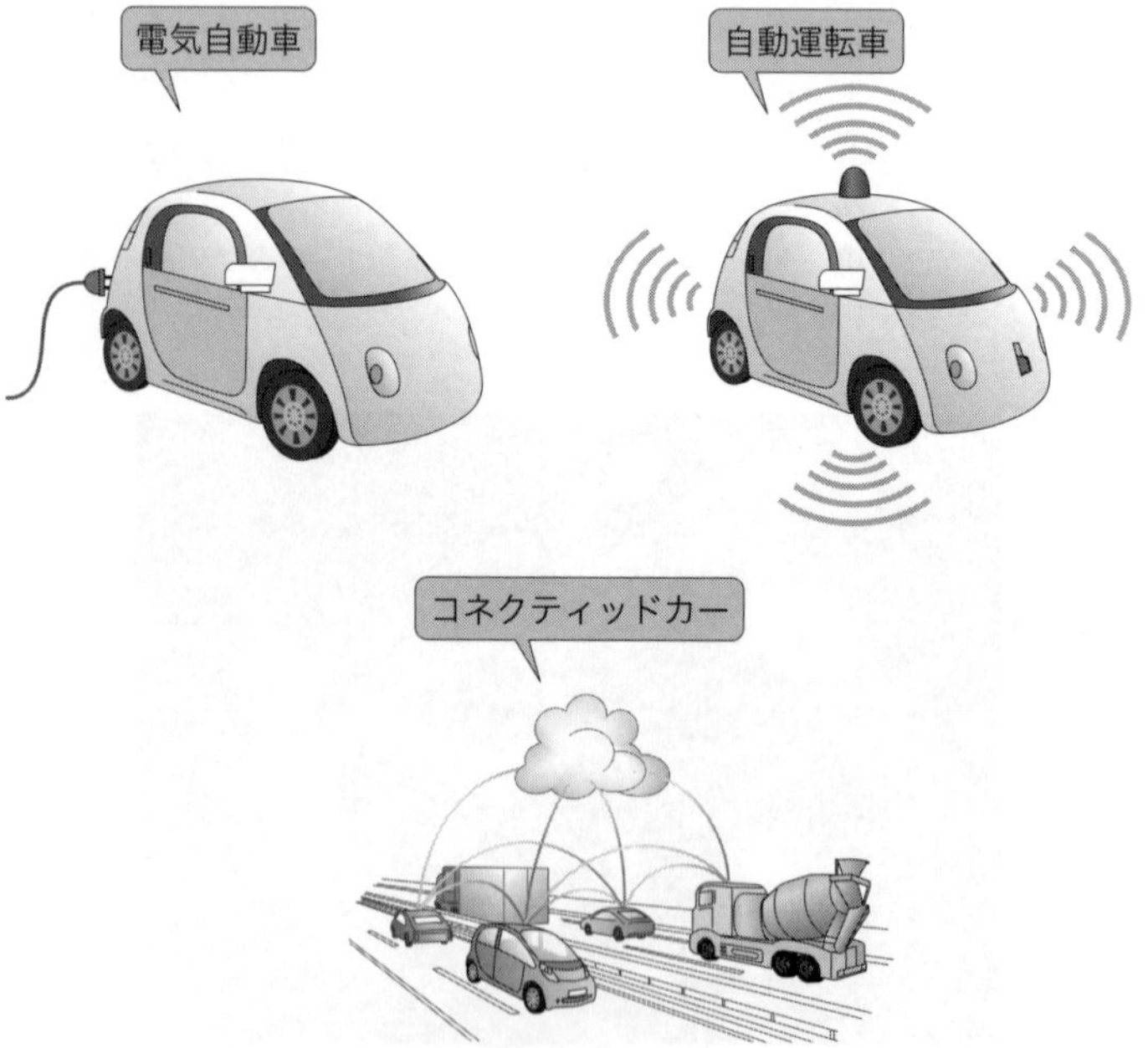

図3.2　自動車の変革

いわれています。

たとえば、自動運転＋コネクティッドカーを考えてみます。もし街中に人間が運転しない、自動で動く車が走り回っていたとしたらどうでしょうか。もしかしたらこれを使って、人不足の過疎地で人やモノの輸送サービスが可能になるかもしれません。

電気自動車＋コネクティッドカーの世界を考えてみます。日常的に街中を大きなバッテリーが走り回っているのです。誰かがこれを使って、電力の輸送サービスという新しい事業をひらめくかもしれません。

これらの例で示したように、自動運転車、電気自動車、コネクティッドカーというものは、車の価値を「モノ」から「モノ＋サービス」へと転換していくきっかけになるものです。噛み砕いていえば、車そのものを商品として捉えていた世界から、車そのものだけでなく、車をツールとして活用したサービスの市場の価値が大きくなっていくということです。２０１６年のパリ・モーターショーで、メルセデス・ベンツは、これら電動化、自動運転、コネクティッドの三つの技術にShared & Serviceを加え、ＣＡＳＥ（Connected、Autonomous、Shared & Service、Electricの頭文字を取っている）という言葉を使って彼らの中長期構想を発表しました。ＣＡＳＥが車の価値をサービス分野へ拡張するという主張です。これは今や車業界で広く認識される共通の考え方となりつつあります。

このサービス分野への車の活用はＭａａＳ（Mobility as a Service）と呼ばれ、自動車業界では大きな盛り上がりを見せています。サービス分野の勢いを示す事例として、UBER Technologies社があります。この会社は、タクシー配車のマッチングサービスを提供する会社なのですが、なんと創業たった5年半で時価総額がGeneral Motors社などの巨大な自動車メーカーを超えています。UBER Technologies社の事例は自動車業界に激震を走らせました。自動車を活用するサービス市場の大きなポテンシャルを感じさせたのです。

このサービスの世界は、車が無線でインターネットにつながる、コネクティッド化を源泉にして起こることを先ほど説明しました。コネクティッド化とは、車のIoT（Internet of Things）化を示します。

ここで、簡単にIoTについて解説しておきます。IoTとは、その名が示す通り、いろいろなものがインターネットでつながることを示します。身近な例では、エアコンがインターネットにつながることによって、外出先から家に帰る10分前にスマホを操作して家の冷房を起動し、家に着いたときには部屋が涼しくなっている、と

図3.3　UBER Technologies社の配車サービス

いうようなものです。

この仕組みを図3・4に示します。スマホからのエアコンの制御指示要求は、通信を介してクラウドサーバと呼ばれる中継地点に送られます。その後、再び通信を介してクラウドサーバからエアコンに制御の指示が行きます。

このようなIoTを構成するシステムをサイバーフィジカルシステム（CPS）と呼びます。スマホやエアコンのような指示を出したり制御されたりするものは実際の世界にあると捉えてフィジカル空間にあるといいます。対して、サーバ上のデータは、フィジカル空間をデジタル世界に転写した仮想空間と捉えてサイバー空間にあるといいます。

車の世界に戻れば、フィジカル空間にある複数の車や人から得られた作業指示などのデータがサイバー空間へ送られ、サイバー空間で何かしらの処理がされて再びフィジカル空間にある複数の車や人に

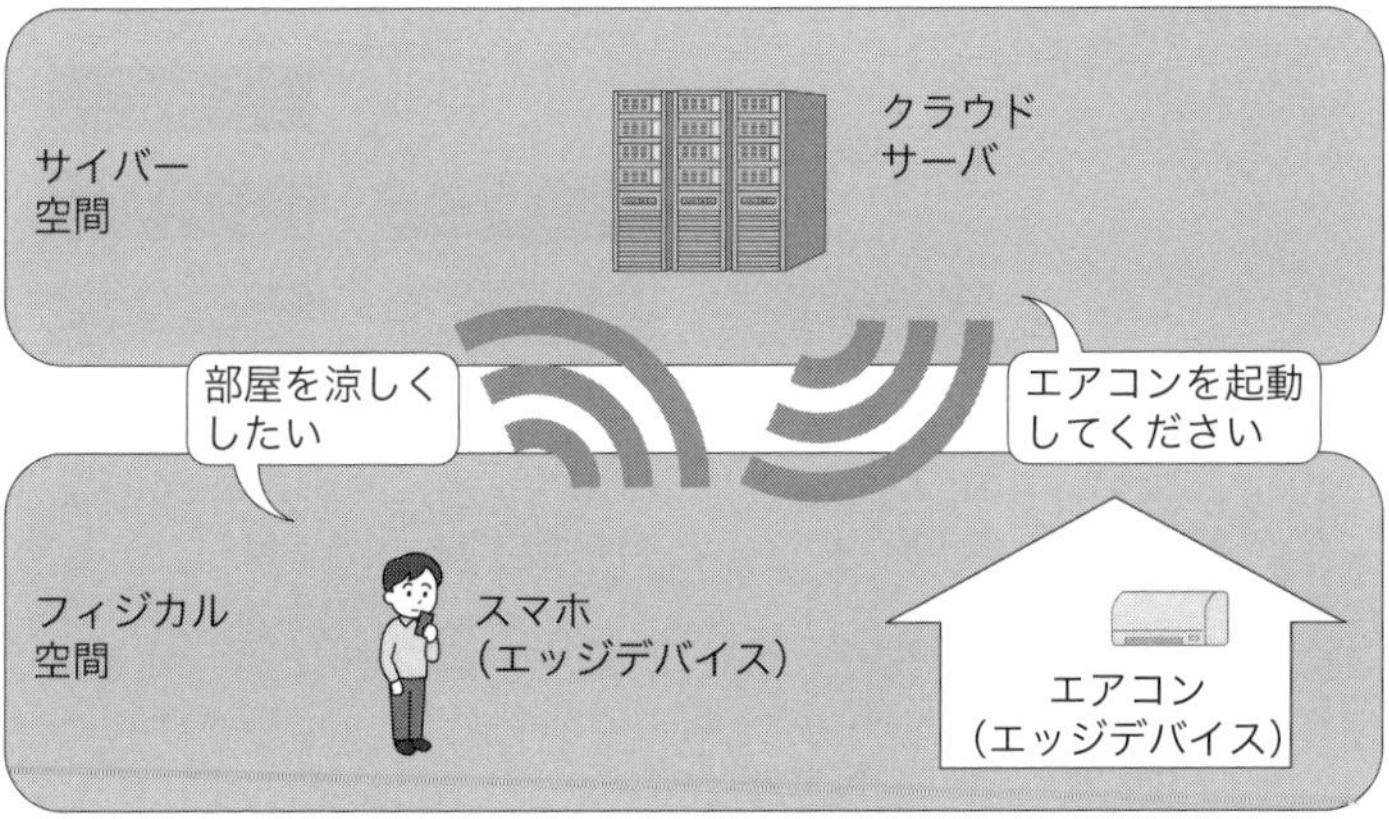

図3.4 IoTで創り出すサイバーフィジカルシステム（CPS）

返されていくのが車のＩｏＴの姿です。

　それでは、このＩｏＴはどのように進化していくのでしょうか。ハーバードビジネススクールのマイケル・ポーター教授は、彼の著書である〝コネクティッド時代の競争戦略〟で図のようなＩｏＴの機能のロードマップを示しました。ＩｏＴは段階的に進化していくといいます。まずセンサをさまざまな箇所に入れてデータを可視化するＳｔｅｐ　１モニタリングがあります。次に、データが取れるようになったらデータに応じてなんらかのアクションを行うＳｔｅｐ　２制御があります。その次に、単純な制御ができるようになったら、データに高度な処理をして、最適な制御を行っていくＳｔｅｐ　３最適化があります。最後に、高度な制御までできるようになったら、システムを自動化するＳｔｅｐ　４自動化があります。

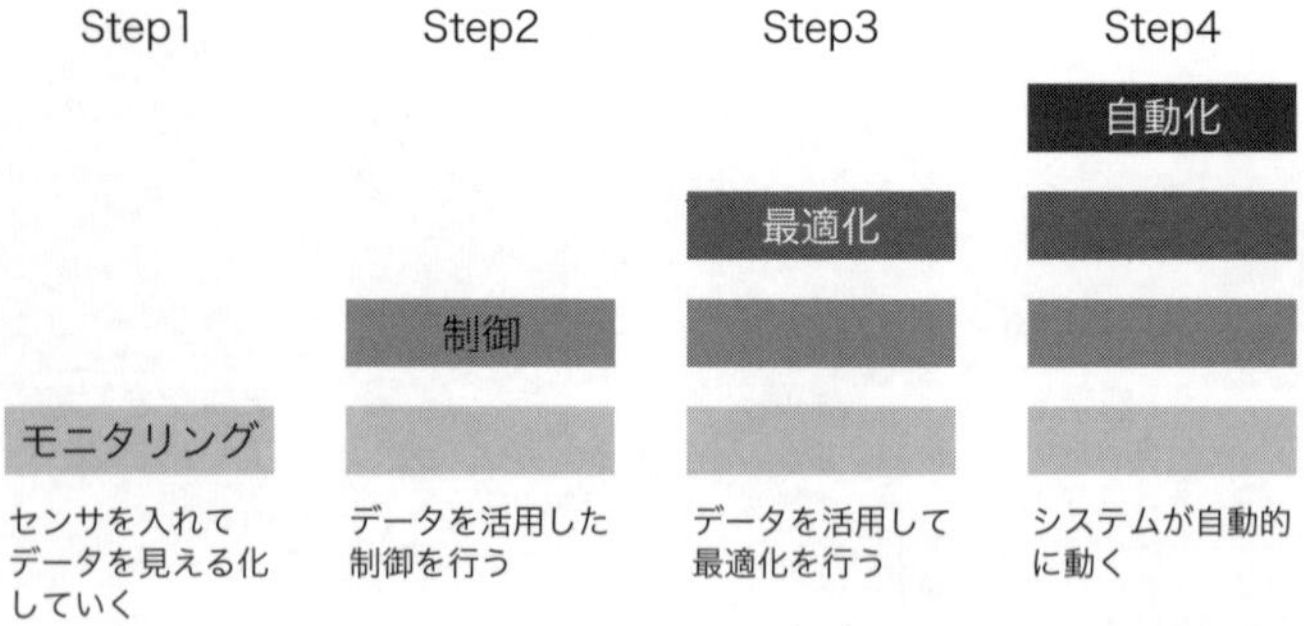

図3.5　IoTのロードマップ
出典：How Smart, Connected Products Are Transforming Competition, Harvard Business Review, Michael Porter
https://hbr.org/2014/11/how-smart-connected-products-are-transforming-competition

先ほど述べたような、車のＩｏＴの世界はどうでしょうか。車は、もともと大量のセンサが付いているセンサのお化けのようなものです。

たとえば、車のなかを見るセンサとして、速度やハンドル切り角、エンジンの状態監視を始めとしたセンサがついています。車の外を見るものとして、自動でワイパーを制御するために雨量を検知するレインセンサや、カーナビの画面の明るさを調整するために付いている日照度センサ、自動ブレーキをかけるために前方の歩行者や障害物を監視する前方カメラやレーザーレーダ、ミリ波レーダなど、多くの周辺情報のモニタリングが可能になっています。

先ほどのＩｏＴロードマップでいえば、車のＩｏＴはこれらのセンサ群を使ったいろいろなアプリケーションが提案され始めた、Ｓｔｅｐ２あたりにいそうです。

車のＩｏＴも近い将来、Ｓｔｅｐ３の最適化が価値を生み出す源泉になるでしょう。ここで〝近い将来〟と〝最適化〟というキーワードで思い起こされるのが、量子コン

図3.6　車のIoT

ピュータです。車のＩｏＴと、量子コンピュータがここでつながります。ＩｏＴでなら、車に載らない大きな図体をした量子コンピュータをクラウド上で使うことができます。それでは、ＩｏＴの事例としてタイのバンコクで筆者らが行っている渋滞解消の実証実験を例に見てみましょう。

●バンコクから渋滞はなくせるか
～量子コンピュータが空想を現実に～

世界の車両保有台数は年々増加しており、それに伴い渋滞は大きな社会問題となっています。世界有数の渋滞都市であるバンコクの例では、運転時間の57％が停車時間であり、１年で21億時間のロスを生んでいます。さらには渋滞によって緊急車両の到着が遅れることで人命の助かる可能性は大きく減少し、CO_2排出量が年１００万トン増加するなど、付随する大きな負の影響があります。そのため、渋滞を減らすことができれば、経済効果だけでなく、命や環境を守ることにもつながる可能性があるでしょう。デンソーと豊田通商、ＴＯＹＯＴＡ ＴＳＵＳＨＯ ＮＥＸＴＹ ＥＬＥＣＴＲＯＮＩＣＳ（ＴＨＡＩＬＡＮＤ）（ＮＥＴＨ）社の3社で渋滞解消を始めとした交通流最適化の実証実験に取り組み始めました。

ＮＥＴＨ社はバンコクでの渋滞緩和を目的に、高精度な渋滞予測情報を通知するアプリケーションであるＴ－ＳＱＵＡＲＥを提供しています。Ｔ－ＳＱＵＡＲＥはバンコク市内のタクシー、ト

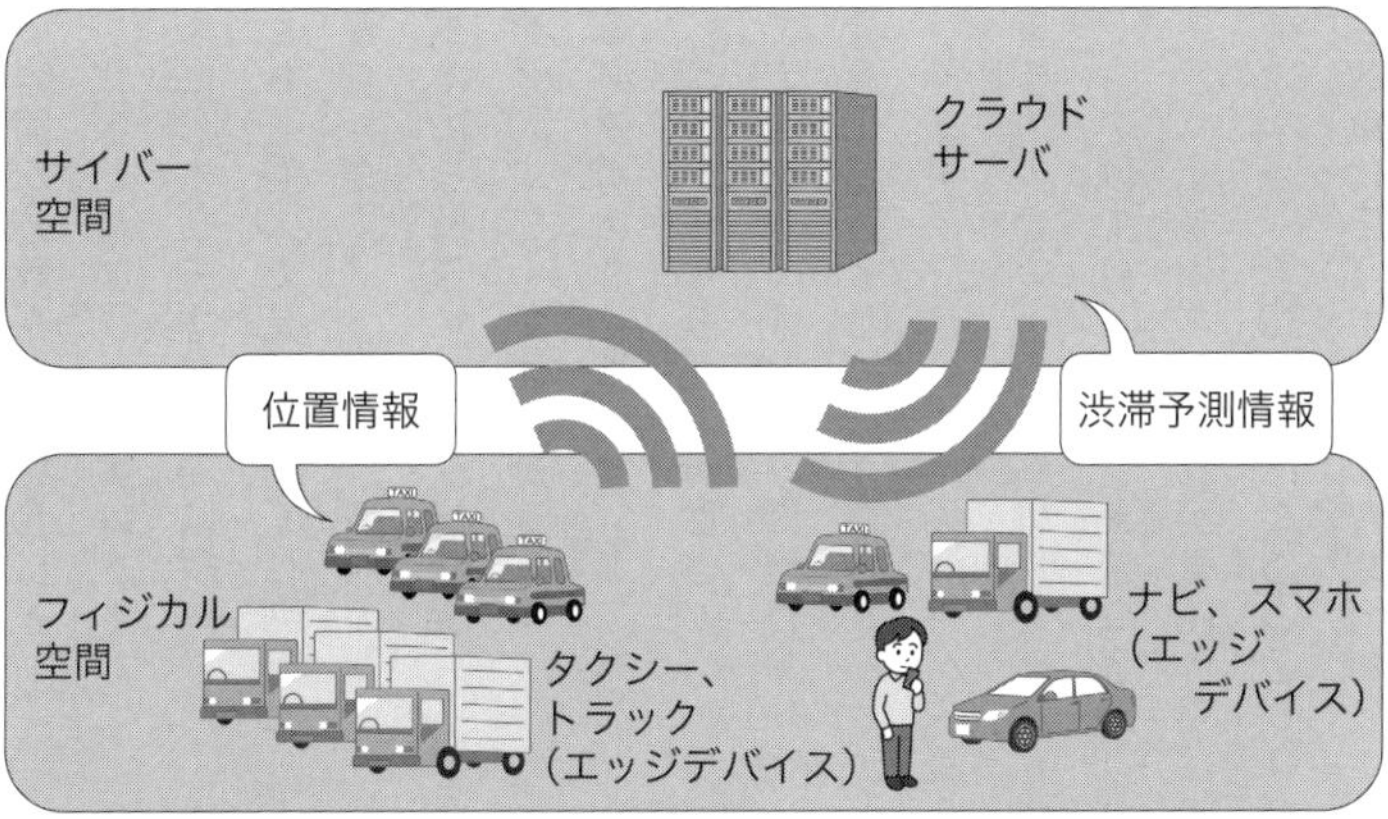

図3.7 渋滞予測アプリT-SQUAREのCPS

ラックといった商用車13万台に取り付けた専用の発信機をエッジデバイスとして時刻と位置情報をクラウドに吸い上げて活用しています。商用車は24時間、小道を含めたあらゆる道路を走り回るため、プローブデータとしての網羅率が非常に高く、さらにはT－SQUARE独自の解析技術によって高精度な渋滞予測が可能になっています。

この渋滞予測情報提供により、T－SQUAREはすでにバンコクの渋滞緩和に一定の効果を与えています。しかし、渋滞予測情報のみでは、渋滞があった場合にみんなが同じ方向に避けてしまい、避けた先がまた渋滞という、渋滞の連鎖を発生させる例も少なくありません。これは、個人個人がみんな自分が一番早く行きたいと考えるため、渋滞を避けて次に一番早く到着できるルートに自動車が集中するために起こります。一方で、〝自分が一番早く〟ではなく、〝みんなで早く行きたい〟と考え、各人の経路が分散された場合はどうなるでしょうか。実はケースにもよりますが渋滞は解消され、個人で見ても早くに到着できます。つまり、渋滞の根本的な解決には、交通状況を個人でなく全体で最適化する必要がありそうです。

街中の車の経路を分散させて渋滞をなくすという問題は最適化問題として扱うことができます。たとえば、各車両が3通りの経路候補を持つ場合に、各車の経路の組合せのなかで最も重複の少ない、つまりは最も渋滞が少ない組合せを求める問題として定義できます。

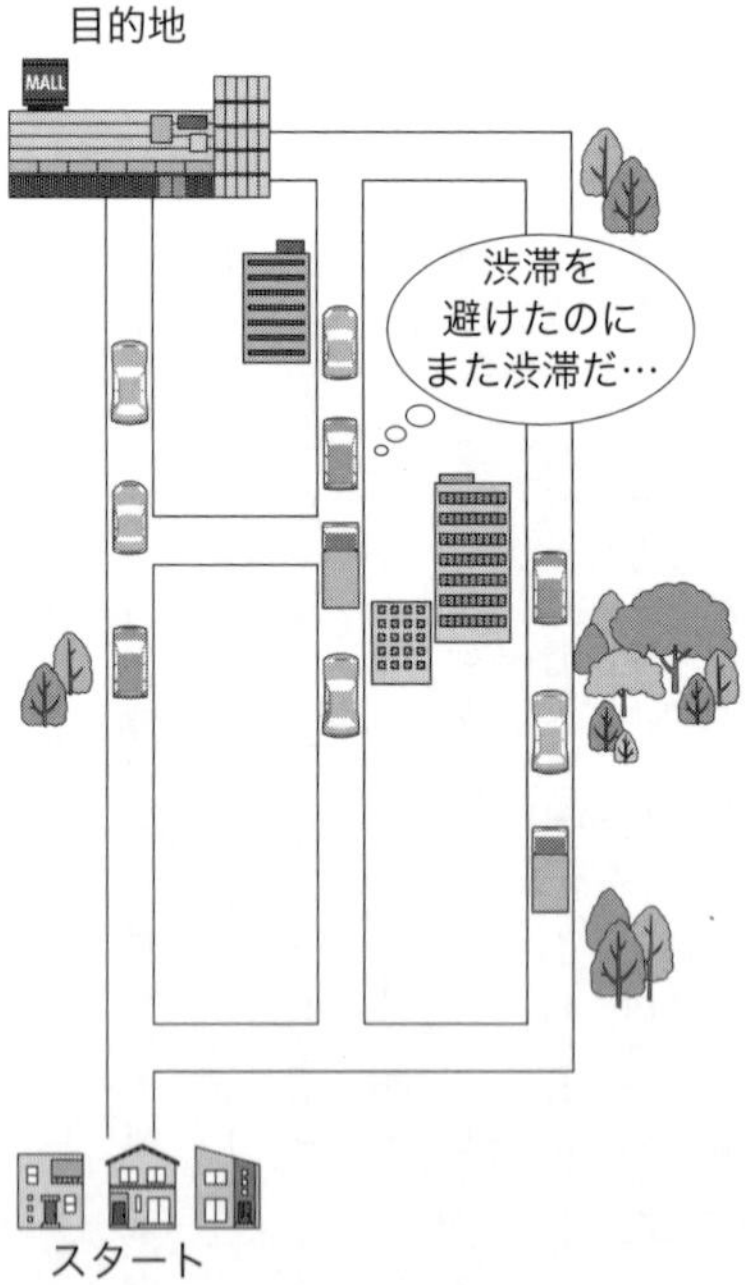

図3.8　渋滞の連鎖

この例では、車1台あたり3通りなので、車2台で9通り（3の2乗通り）の組合せを計算することになります。これが車10台では約6万通り（3の10乗通り）、車20台では約35億通り（3の20乗通り）、車30台ではなんと200兆通り（3の30乗通り）にまで膨れ上がります。このように、台数Nに応じて数字がN乗で増えていくことを指数関数的に増大するという表現をしますが、このような増え方をするものは計算量の爆発を引き起こします。

この渋滞解消計算をシミュレーションで行う場合、従来のコンピュータでは計算に下手をすると1か月以上もかかることがあります。これをもしも量子コンピュータを導入することにより1分程度で解くことができれば、これまでは単なるシミュレーションに留まっていた渋滞解消計算が実際に街中の車を制御して、渋滞の解消をできるシステムへと生まれ変わる可能性があります。

ここでは渋滞解消の例を示しましたが、これは渋滞解消だけの話ではなく、今まで計算時間がかかるために実現できなかった空想の世界を現実にするものが量子コンピュータだと捉えれば、途端に多くの可能性を秘めたものに見えてきます。私はタイでの実証実験を始めとした、さまざまな交通流の最適化問題に挑戦しています。

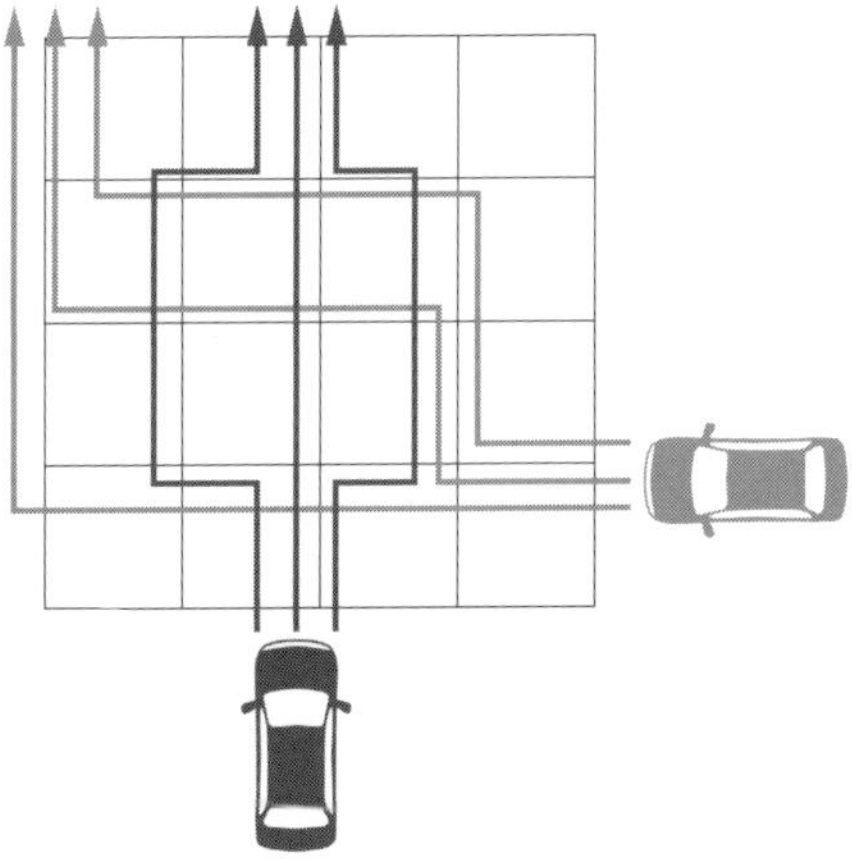

図3.9 経路の例

●未来の車のシステム

ここからは、未来の車に考えられるシステムとして、シェアリングエコノミーに端を発するカーシェア、ライドシェア、複数の乗り物を活用するマルチモーダルシステム、そして交通を誰でも楽しめるようにするラストマイル／ファーストマイルモビリティの世界を紹介します。また、現在、課題となっている物流量の増加についても触れていきます。これらは、どれも最適化の要素を大きく含むだけでなく、対象とする人や乗り物の数が増えれば増えるほど、より効率的な運用ができる可能性がある反面、計算量爆発を引き起こします。そのため、量子コンピュータが大きく寄与できる可能性があるものです。

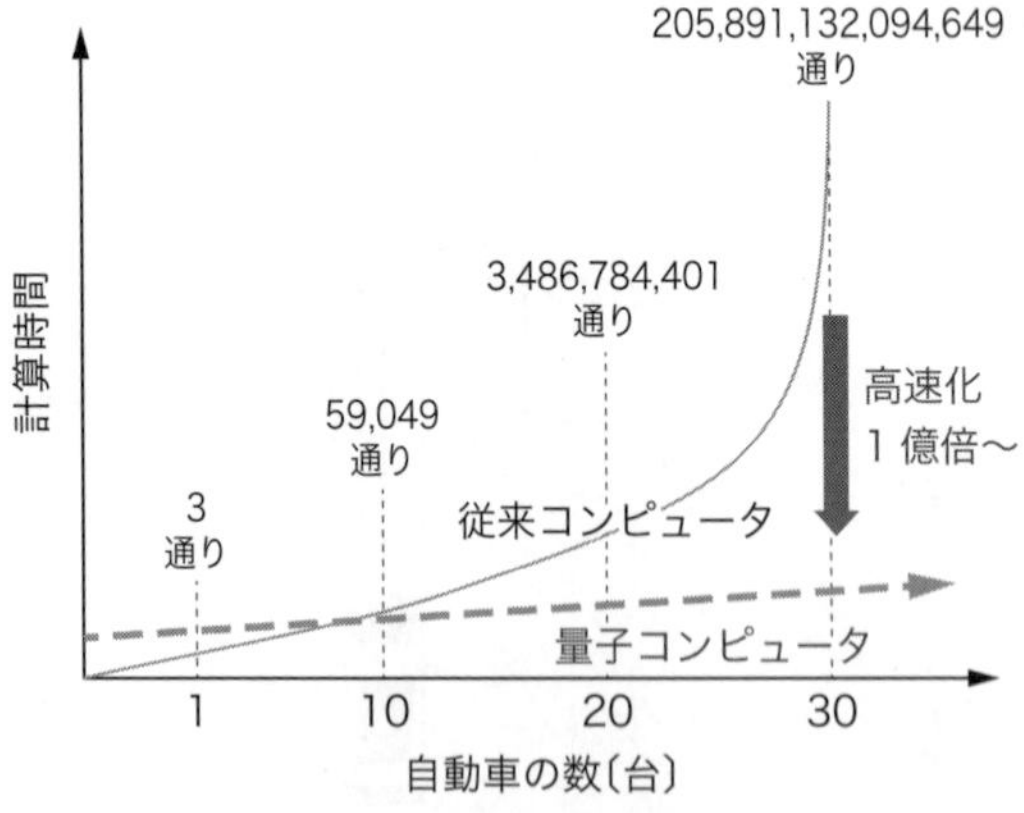

図3.10 渋滞解消問題での計算量爆発

●シェアリングエコノミーが起こす変革とカーシェアリング

世の中はモノを保有する時代からシェア（共有）する時代へ変わってきたといわれています。たとえばAirbnbと呼ばれる、一般人が空いた部屋を他人に貸し出す取組みや、メルカリのメルチャリなどの自転車を好きなときだけ借りられる仕組み、DeNAのAnycaと呼ばれる個人の車のカーシェアリングなど、次々と新しいサービスが始まっています。

このムーブメントの本質は、モノの稼働率の改善です。個人で保有されている自動車の稼働率は数%といわれています。車を片道1時間の通勤に使っていたとします。勤務地に到着して仕事をしている8時間の間は駐車場に止まったままです。家に帰ってからの夜の時間や寝ている間も車は止まったままです。そのため、このライフスタイルの場合は24時間中2時間しか車は稼働していないことになります。極論をいえば、もし2時間ずつ使う人12人でこの車をシェアすれば、保有コストは12分の1になる可能性だってあります。このような資産の有効活用の取組みは今後も拡

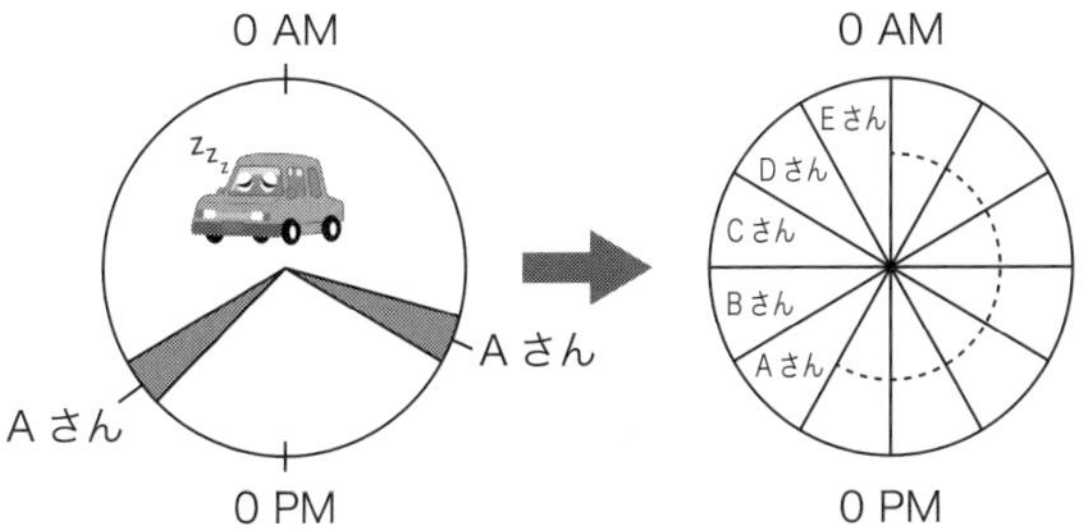

図3.11　カーシェアリング

大していくといわれています。この有効な活用もまた最適化であり、量子コンピュータで作れる未来があるのではないでしょうか。

●ライドシェアリング

車のシェアリングには、カーシェアリングのほかにライドシェアリングというアプローチがあります。ライドシェアリングは日本語でいう相乗りで、タクシーに乗る際に行き先が似たお客さんが同乗するイメージです。ライドシェアリングは当然ながら、ほとんどの場合は個人の最適ルートとは異なるルートを走ることになります。そのため、時間の面ではデメリットになりますが、費用負担がシェアされることで料金は安くなります。そして、シェアする人数が増えれば増えるほど、どんどん費用は安くなっていくのです。

このように、人や経路の要求のマッチングは、候補

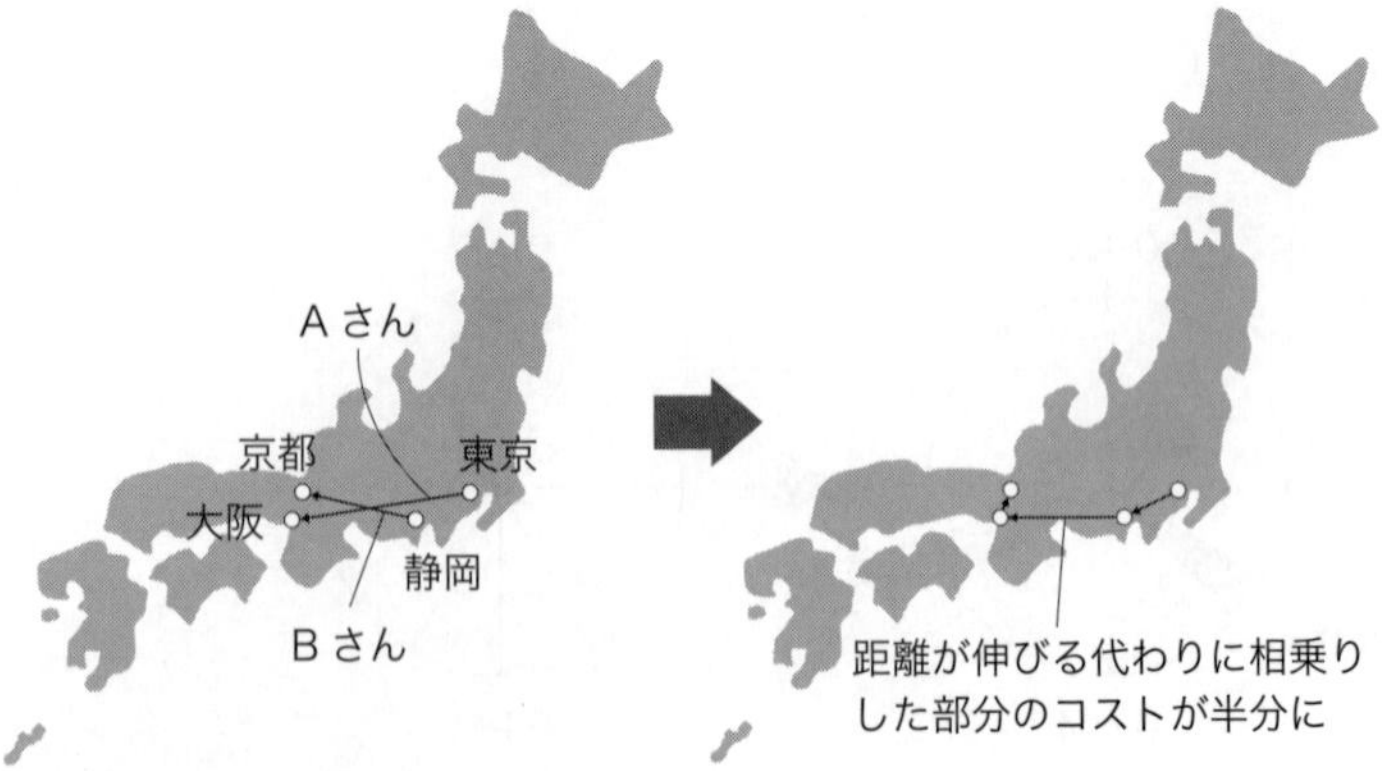

図3.12 ライドシェアリング

数が多ければ多いほど効率化を生んでいきます。その人の考え方によって、費用と時間をどうバランスさせたいかの最適値は異なります。個々人が満足できるような最適化をリアルタイムにすることができればどんどん良いサービスにできる可能性がありそうです。

●マルチモーダル

実はライドシェアリングというのは、バスや電車といった公共交通機関では当たり前の考え方です。みんなで移動を共有するからタクシーよりもずっと安いわけです。公共交通機関での移動を考えてみると、遠くに行く場合には乗り継ぎをすると思います。在来線の電車から新幹線に乗り継ぎ、降りた先でバスに乗るといった具合に。ライドシェアリングを突き詰めていくと、車だけでなく公共交通機関も活用した乗り継ぎの最適化をするアプローチに行き着きそうです。

こういった複数の乗り物を乗り継ぐシステムはマルチモーダルシステムと呼ばれ、北欧を中心にすでに運用され始めています。たとえば、ある地点からある地点へ行きたいとスマホのアプリでリクエストすると、そこに

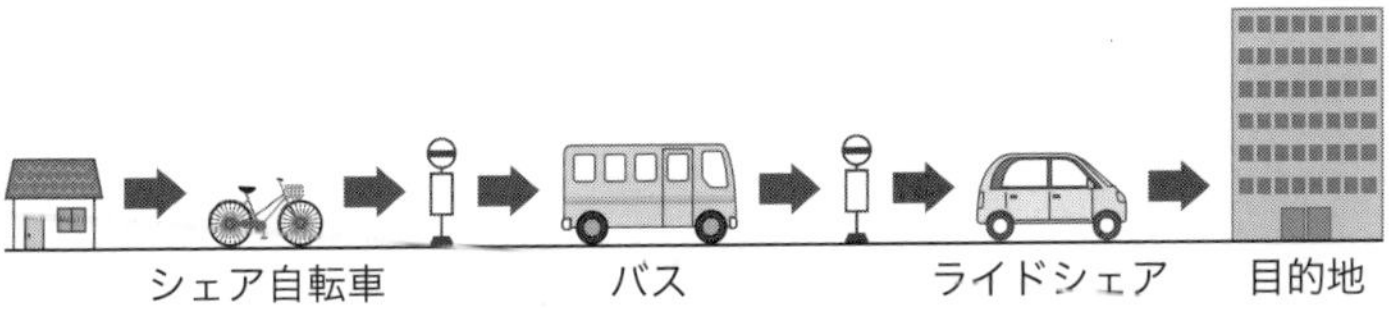

図3.13　マルチモーダルアプリ

行き着くまでの電車、バスなどが案内され、料金もまとめて支払うことができて大変便利です。

しかし、すでに運行されている多くのマルチモーダルのアプリでは、あくまで乗り継ぎの案内と支払いをしてくれるのみで配車をしてくれるわけではありません。そこで、乗り継ぎ先のライドシェアリングカーの到着タイミングや経路まで最適化してしまったらどうでしょう。こんな大胆なことが考えられるのも、もしかしたら量子コンピュータならではかもしれません。

●ラストマイル／ファーストマイル問題

日本では総人口に占める高齢者の割合が増加してきています。高齢者のなかには事故を恐れて自主的に免許を返納される方も多くいらっしゃいます。しかし、バスなどの公共交通機関の停留所から家が遠

図3.14　移動のラストマイル問題

い場合には、免許を返納してしまうと外出ができなくなってしまいます。これをラストマイル／ファーストマイル問題と呼びます。この言葉は、家から公共交通機関の停留所までの1マイルの移動が課題という意味です。しかし、毎回タクシーを使うのは高コストです。そこで、運転者が要らずに将来低コスト化の可能性もある自動運転車を活用する実証実験が始まっています。

こういった個々のニーズに合わせて車やバスが無数に走る時代になれば、運行コストの低減や待ち時間の短縮など、サービスの質向上に向けた運行計画の最適化が必要になっていくと考えられます。量子コンピュータはこのようなシステムを実現することで、あらゆる人に移動をする楽しみを提供していくキー技術になるかもしれません。

●物流

Ａｍａｚｏｎや楽天などのオンラインショッピングの増加によって、物流量は年々増大しているそうです。それに伴い、時間指定や再配達などの要求が増大することで配達員の方々の負荷は日に日に増しています。さらには時々刻々と変化する渋滞状況も配送の困難さを助長しており、配送の効率化は大きな課題です。

最近では、配送効率化を目指してドローンを活用した配送や、バスのなかに移動客と荷物を混在させた貨客混載と呼ばれる配送であったり、自動運転車での配送、個人の車を使った配送などさまざまな提案がされ始めています。

こういったさまざまな手段を用いながら、時間通りに配送を行えるような最適化を量子コンピュータで実現できれば、配送コストが大きく低減され、さらなる物流量にも対応できるようになる未来が創れそうな気がしています。

●今後の発展

ここまでに述べてきたように、さまざまな新しいモビリティサービスに量子コンピュータを適用できる可能性が生まれそうです。それでは、さらにその先の世界はどうなるのでしょうか。

2018年1月のCESや9月のITS世界会議を始めとした多くの場所で筆者は量子

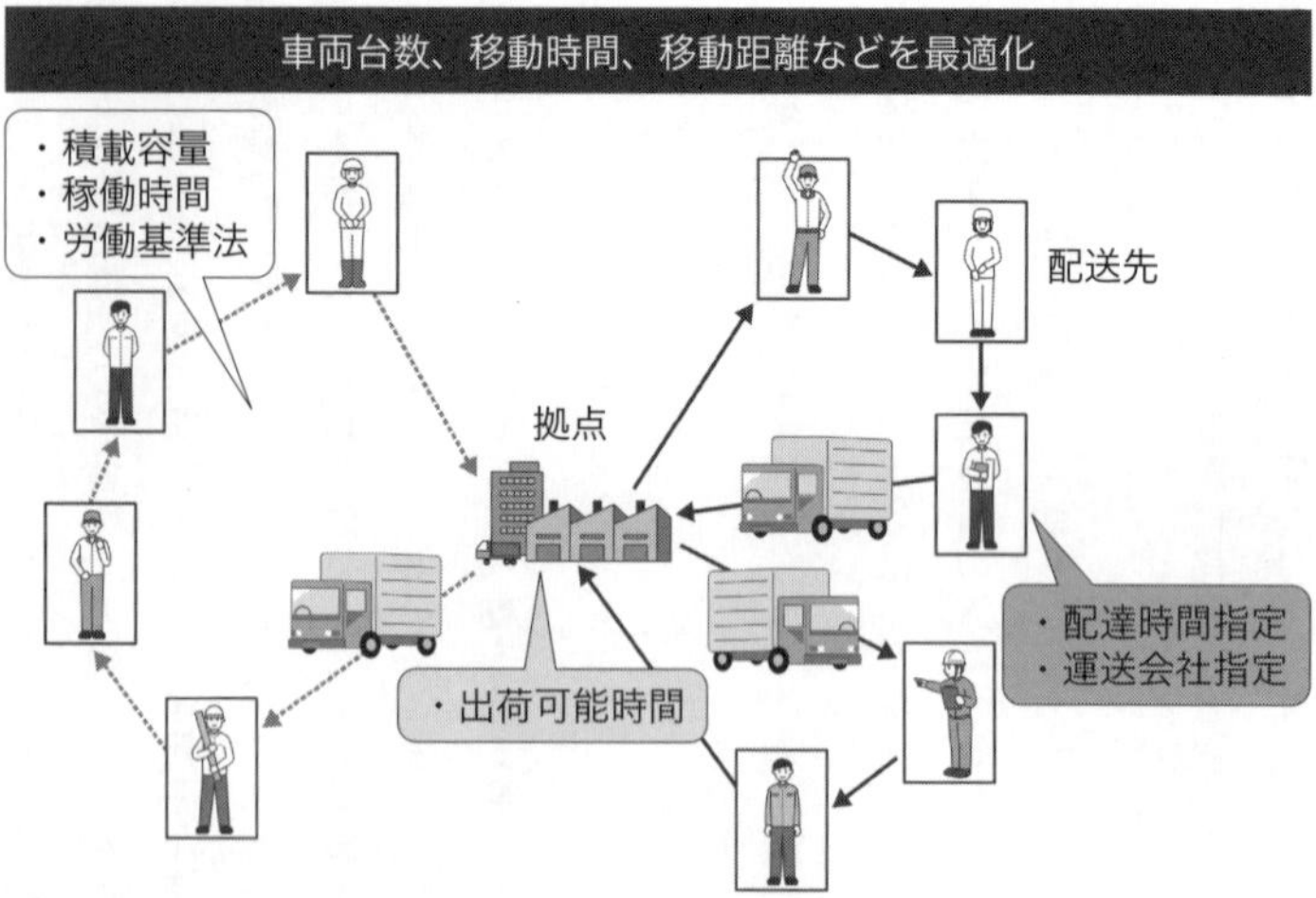

図3.15　配送計画問題

コンピュータが切り開く未来の可能性を発信してきました。その結果、アメリカやインド、シンガポール、韓国、オーストラリアなど、地域事情も多種多様な方々から多くの反響がありました。

たとえば、交通の最適化は都市のデザインから始まるため、ビルの配置や道の設計といった都市の最適化をできるのではないかという話がありました。これは、交通を一段上のレイヤで捉える非常に面白い発想です。渋滞を回避すれば食品の配送が鮮度を保ちながらできるようになるのではないかという話もありました。これは、渋滞がなくなった先の新しい価値を生み出す考え方です。単純に渋滞を回避するだけでなく、渋滞を回避する経路として、新しい発見や人が楽しくなるような体験ができるような経路を作ったら面白いんじゃないかという話もありました。これはユーザーエクスペリエンスに価値を見いだすという、世の中

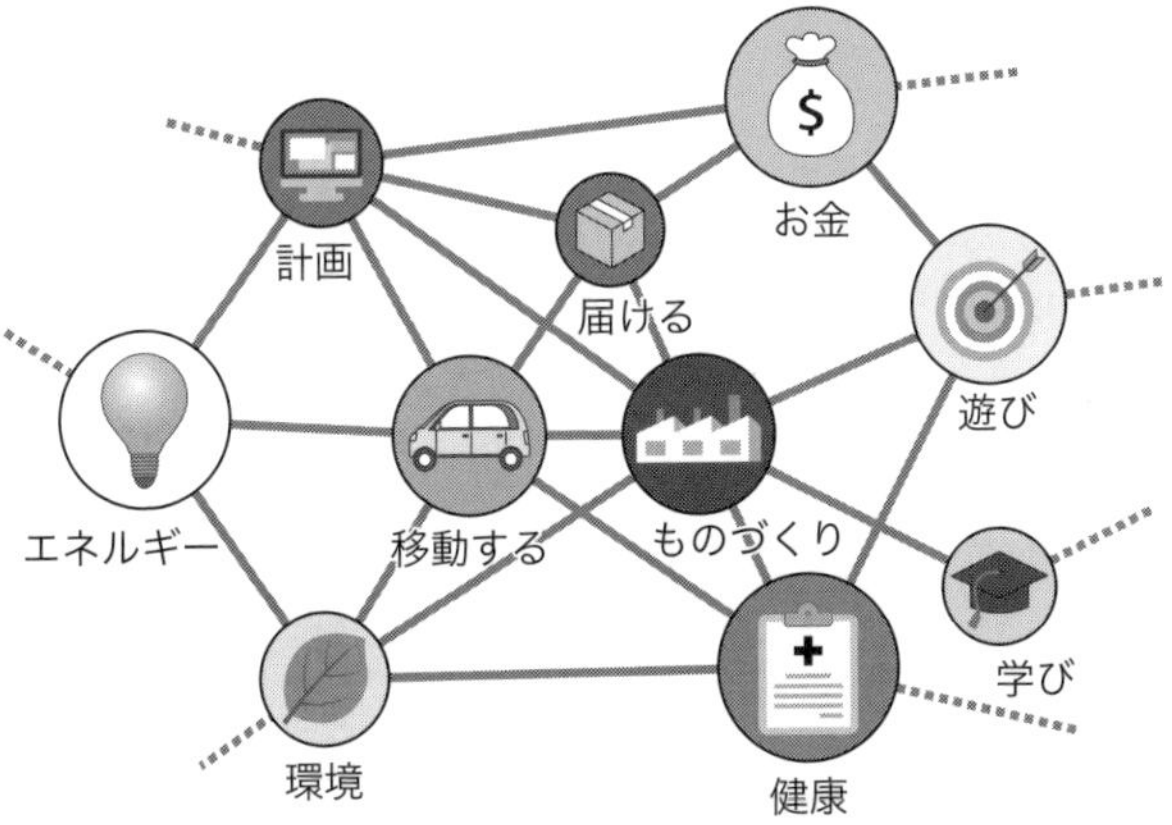

図3.16　量子コンピュータによってつながる未来

の潮流に合った新しい考え方です。

　このような議論が活発に行われ始めたことこそが、まさに量子コンピュータの可能性をさまざまな業界の人々が見たことによって生まれるイノベーションの始まりだと思います。ここから、私はあることを感じています。最適化とは、多くの価値が組み合わされてできていることです。たとえば渋滞一つにしても、都市を良くするための1パーツと捉えれば都市の最適化となるように、CO_2をなくして環境を良くするための1パーツと捉えれば、ほかの環境要因を組み合わせたシステムにもなるかもしれません。このように最適化の広がりは多面的です。今までのコンピュータの能力では、この多面的な世界の一部分しか扱えなかったかもしれません。しかし、量子コンピュータを手にした人類は、この多面的な世界への挑戦権を獲得したともいえそうです。以降でも紹介されるさまざまな取組みや、この本の読者の方々から出てくる発想との組合せによって、面白い世界が作られていきそうな予感がしています。

COLUMN

車に載らない量子コンピュータ

自動車業界にいる私が、量子コンピュータに出会ってまず始めに考えたこと、それはどうやったらこれが車に載るのか？ でした。

「少なくとも10年は車に載るサイズで実用的な量子コンピュータは登場しない」それが物理学者の回答でした。ゲート方式、アニーリング方式のどちらも、実はコンピュータの本体そのものは手のひらよりも小さいのです。それがなぜ高さ3メートルの大きな箱になってしまうのでしょうか。

それは現状の量子コンピュータは大規模に作れるものは全て超伝導という物質でできているからです。この超伝導という物質は、絶対零度と呼ばれる、マイナス273℃付近まで冷やさなければ動作しません。正確にいえば、もう少し高い温度でも超伝導にはなるのですが、ノイズを極限まで減らすためにさらに冷やす必要があるのです。

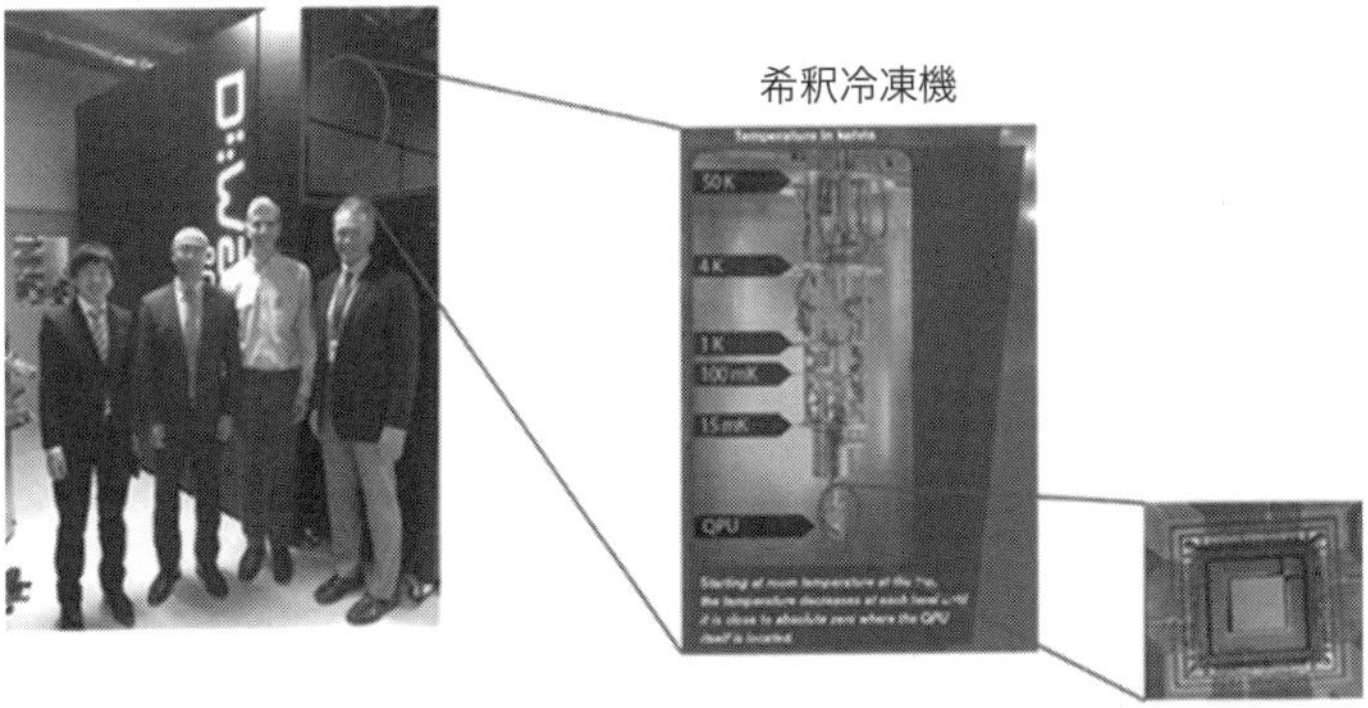

図3.17 アニーリング方式の量子コンピュータD-Waveマシンの大きさ

実は量子コンピュータの大きな黒い箱のほとんどは大きな冷凍庫なのです。車に載せるには、冷凍庫を小さくするか、超伝導以外で量子コンピュータをつくる必要があります。超伝導以外の常温で動作する量子コンピュータとして光を使ったものなどが研究されていますが、まだ原理実証段階であり、使えるコンピュータがリリースされるまでにはもう少し時間がかかりそうです。私たちが生きている間に、果たして車載量子コンピュータなるものが出てくるのでしょうか。

図3.18 量子コンピュータが載った未来の自動車!?

●3・2 量子コンピュータで変わる工場の未来

2018年9月にアメリカ・テネシー州のノックスビルで行われた量子アニーリング応用の国際会議QUBITS2018にて、私たちデンソーと東北大学は、工場のAGV（Automated Guided Vehicle）と呼ばれる無人で部品を運ぶ自動搬送車の稼働率を、リアルタイムに向上させるシステムを公開し、会場が騒然となりました。このシステムでは、D-Waveマシンを使いました。当時としては珍し

工場 AGV のデモ動画

図3.19 無人搬送車 AGV

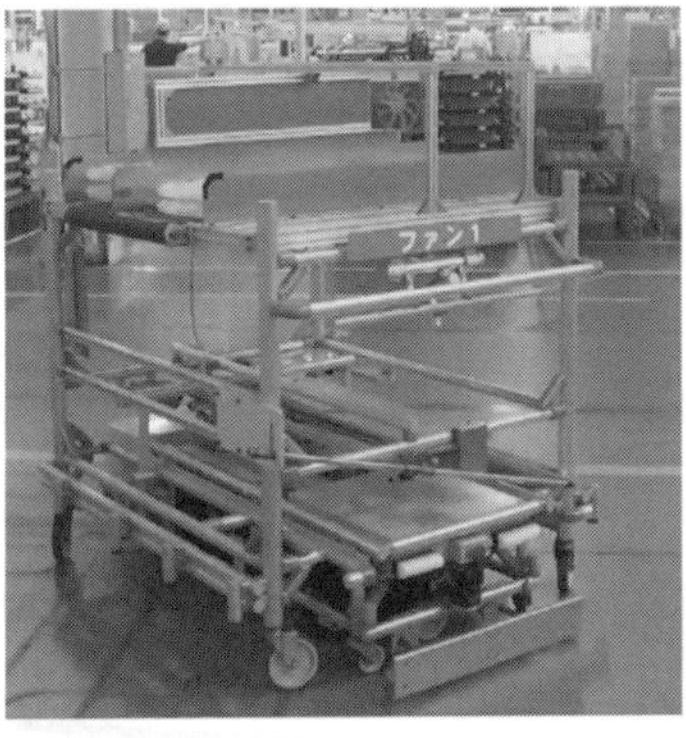

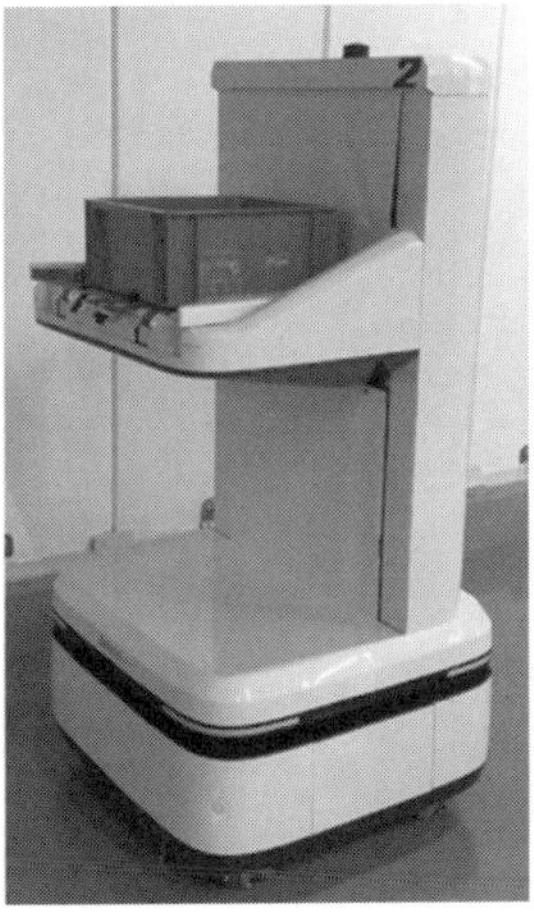

図3.20 部品を運ぶ無人搬送車の様子

い、量子コンピュータの実用化が目前であることを感じさせる、非常に現実味のあるデモンストレーションだったからです。動画を公開していますのでぜひ視聴してみてください。

現代の工場は、多くのロボットや機械が人と協調しながら生産を行う先端技術の塊です。そのなかの搬送を担うのがＡＧＶです。生産計画と協調しながら、複数のＡＧＶたちが仕事を分担し、日々、高度な制御によって動いています。工場の発展に伴い、ＡＧＶの台数は今後もどんどん増え、さらなる生産効率の向上が図られていくでしょう。実証実験に用いられたシステムでは、「ＡＧＶの線路」ともいえる、工場内の床に張り巡らされた磁気テープの上を10台のＡＧＶが走り回ります。こういった複数のＡＧＶが走り回るシ

図3.21　デンソー生産革新センターのメンバーと著者寺部
左から、西川氏、松石氏、中村氏、著者寺部、石原氏、萩原氏

ステムは、自動車工場を始め、食品工場や倉庫などでの工場内物流でよく見られる光景です。複数台のAGVが稼働するシステムでは、工場のなかにある交差点で渋滞が起こります。自動車が道路で引き起こす渋滞に近いイメージです。この工場内の渋滞解消に量子コンピュータが役に立つかもしれないのです。

実は、工場の世界は、以降で紹介していくような大きな変化の時代にあります。その変化のなかで、このようなたくさんの先進テクノロジーが工場を支える主力となっていくといわれています。そのなかで、量子コンピュータが生み出す未来の工場とはどんなものでしょう。本節は、デンソーで未来の工場づくりに挑戦する、生産革新センターの石原香、中村耕平、松石穂、西川修、萩原隆裕の5人との議論をもとに作成しました。

●工場は変化の時代

現在、工場は次ページの図3・22に示すような五つの要因が重なり、大きな変化が生まれようとしています。以降、これらを順に見ていきます。

変化の一つめは市場の変化です。今後、マスカスタマイゼーションと呼ばれる個々人の好みに合わせた商品が増えていくといわれています。たとえば、アディダス社のMi Adidasという個々人が靴をデザインできるサービスは、大きな人気を博しました（現在はサービス終了）。既製

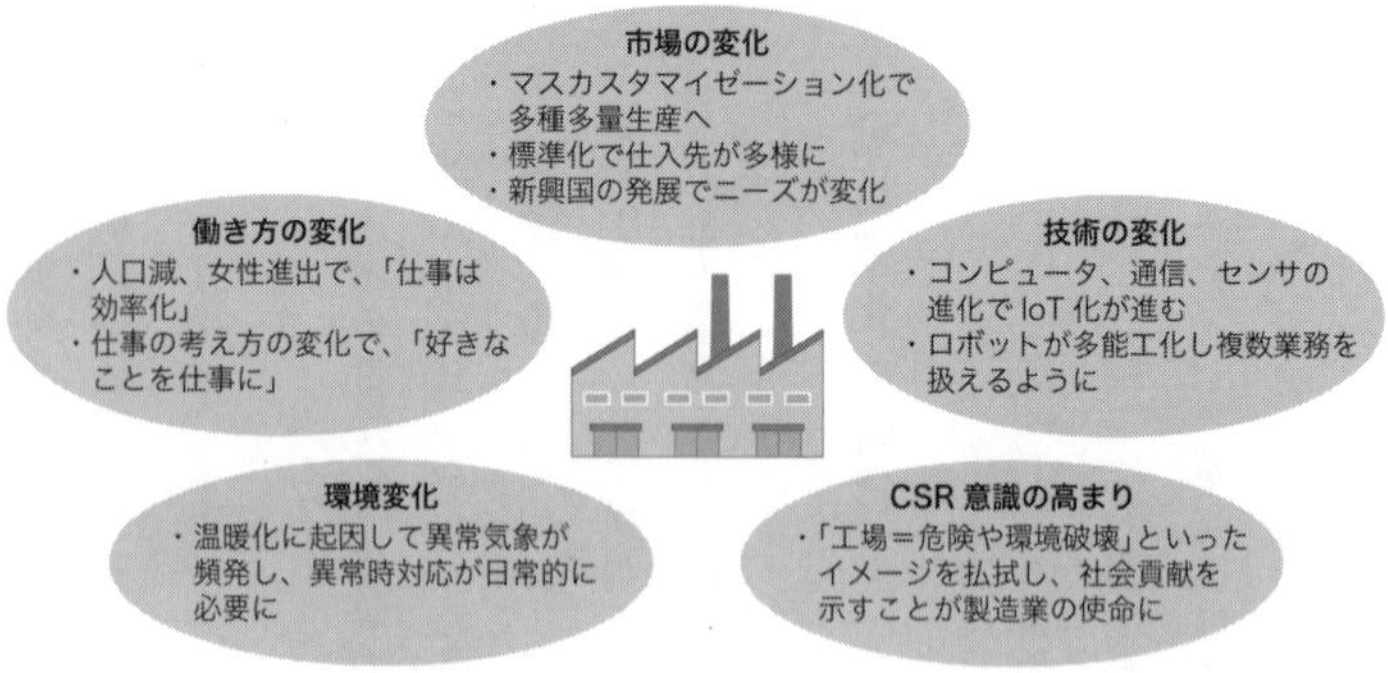
市場の変化
・マスカスタマイゼーション化で多種多量生産へ
・標準化で仕入先が多様に
・新興国の発展でニーズが変化
働き方の変化
・人口減、女性進出で、「仕事は効率化」
・仕事の考え方の変化で、「好きなことを仕事に」
技術の変化
・コンピュータ、通信、センサの進化でIoT化が進む
・ロボットが多能工化し複数業務を扱えるように
環境変化
・温暖化に起因して異常気象が頻発し、異常時対応が日常的に必要に
CSR意識の高まり
・「工場＝危険や環境破壊」といったイメージを払拭し、社会貢献を示すことが製造業の使命に

図3.22　工場を取り巻く環境の変化

品とほぼ変わらない値段で自分だけのデザインができたら、その商品を選びたくなりますよね。これからは少ない品種を大量に生産するのではなく、多品種を大量に生産する仕組みが必要になっていきます。

　また、市場の変化の要素としては部品の標準化があります。これは、さまざまな業界で進められています。古くはパソコン関連のインターフェースであるＨＤＭＩやＰＣＩなど用途に応じたさまざまな規格が標準化されました。自動車の世界でもＣＡＮやAutomotive Ethernetなどのインターフェース標準化が進んできています。過去の製造業はインターフェースが異なるさまざまな部品をすり合わせることが主でした。しかしこのようにインターフェース部が標準化されていればさまざまな部品を組み合わせることができますので、これまでより簡易にモノが作れるようになっていきます。そのため、多様な仕入先から部品を調達するような仕組みが必要になっていきます。

　そのほか、新興国の発展による新しいニーズの増大も、

工場の大きな変化となる可能性があります。自動車の例でいえば、インドでは信号の数が少ないなどの交通インフラの事情もあり、車の運転手は運転中にものすごい回数のクラクションを鳴らします。こういった国では耐久性の高いクラクションが必要になると考えられています。

以上のような要因で工場でつくるモノは変わっていきます。そして、つくるモノが変わるタイミングで工場の設備も変わっていきます。つまり、工場においては新しいやり方を取り入れるチャンスが訪れていることになります。

二つめの変化は、働き方です。これによって、工場のあり方が変わろうとしています。少子高齢化が進む日本では、「国をあげて働き手を増やすこと」「出生率を増やすこと」「生産性を上げること」に取り組んでいます。これまで以上に、女性やお年寄りを始めとした、さまざまな人が効率的に働けるようにすることが課題になっていくと考えられます。また、日本を始めとした先進国では近年、生活水準の上昇から給与よりも働く楽しさを求める人が増え始めているそうです。そのため、工場は労働者にとって楽しい仕事を提供するようにしていかなければならないのかもしれません。

三つめは環境の変化です。温暖化に起因する自然環境の変化によって、２０１８年は世界各地で記録的猛暑が記録されました。日本でも西日本豪雨で甚大な被害が及ぼされました。このような災害と、工場は切っても切り離せません。ひとたび豪雨が発生すれば、その地域の工場は止まってしまい、供給先や供給元を含めたサプライチェーンが停滞してしまいます。今後もこういった異常気象が頻発する状況が続いていくならば、異常事態にも速やかに対応することが工場の必須課題となっていくでしょう。

　四つめはＣＳＲ意識の高まりです。本書の冒頭に示したＳＤＧｓの例にあるように、世界が持続していくためには環境問題への対応はこれまで以上に社会的関心の的になっていきます。著者のアメリカの友人によれば、精肉業者が動物に酷い扱いをしているというような企業の活動指針への反発から、肉を食べずにベジタリアン化する人々も少なくないそうです。日本でも、社会的共感を得ることが企業活動の存亡に直結するような社会になっていくことは十分にありえるのです。

　最後の五つめは技術の変化です。ドイツ政府はＩｎｄｕｓｔｒｙ４・０というコンセプトを２０１１年に発表しており、そのなかでＩｏＴが生産を劇的に変えていくことを示しています。Ｉｎｄｕｓｔｒｙ４・０の名前の由来は第４次産業革命です。「機械」「電気」「コンピュータ」に次ぐ技術的な革新がＩｏＴであるという考え方です。日本でも２０１６年に政府が発表したＳｏｃｉｅｔｙ５・０で、ＩｏＴが工場を含めた社会を大きく変革していくことが述べられています。ＩｏＴ以外には、ロボットの進展もあります。センシング技術や制御技術、機械学習などの進化を背景に、単純作業だけではなく、複雑な作業を複数こなせるようなロボットも次々と登場しています。工場で動くアームロボットがコーヒーを入れ、将棋を指し、医療にも使われようとしているのです。

　これらの工場の環境変化が示すのは大きな可能性です。世の中のニーズが変わるタイミングで工

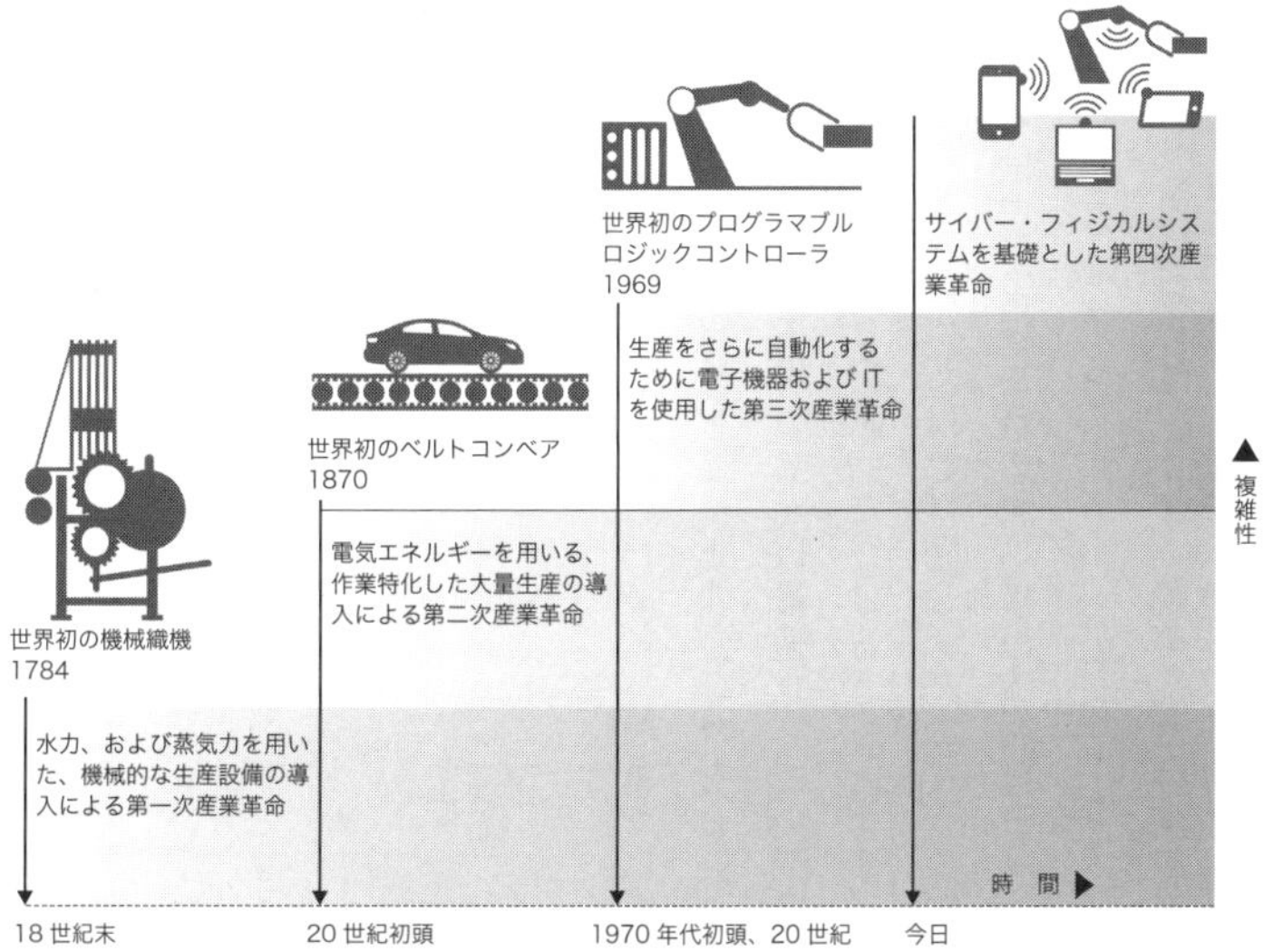

図 3.23　Industry 4.0
（出典：Industrie 4.0：Cyber-Physical Production Systems for Mass Customization, DFKI）

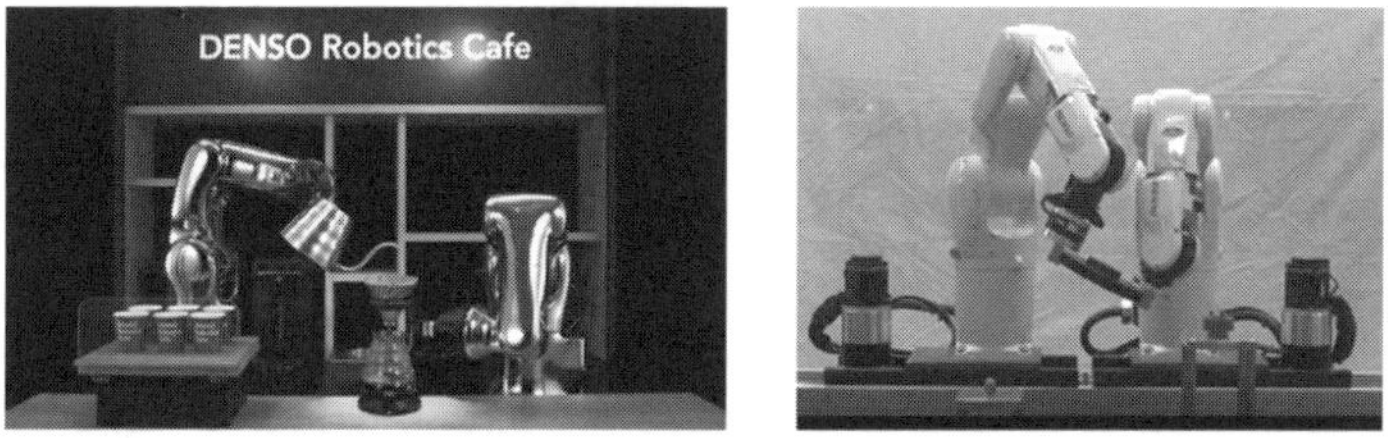

コーヒーを入れるロボット　　部品を掴むロボット

図 3.24　ロボットの進展
写真提供：デンソーウェーブ

場は変わる必要があるため、新たなシーズ技術が入った革新的な工場が今後登場していくと考えられます。すでにIoT、機械学習という新しい技術が入り始めた工場に、量子コンピュータはどのように参入していくのでしょうか。

●工場が目指すもの

工場になじみのない方のために、簡単ではありますが工場の概略を述べます。これをお読みいただければ、工場のなかは最適化したい問題だらけなんだ、と実感いただけると思います。

工場の全体像はしばしば図3・25のような二つのフローで表現されます。横の流れは日々のモノの流れを表しており、これはサプライチェーンと呼ばれています。縦の流れは生産準備の流れであり、これはエンジニアリング

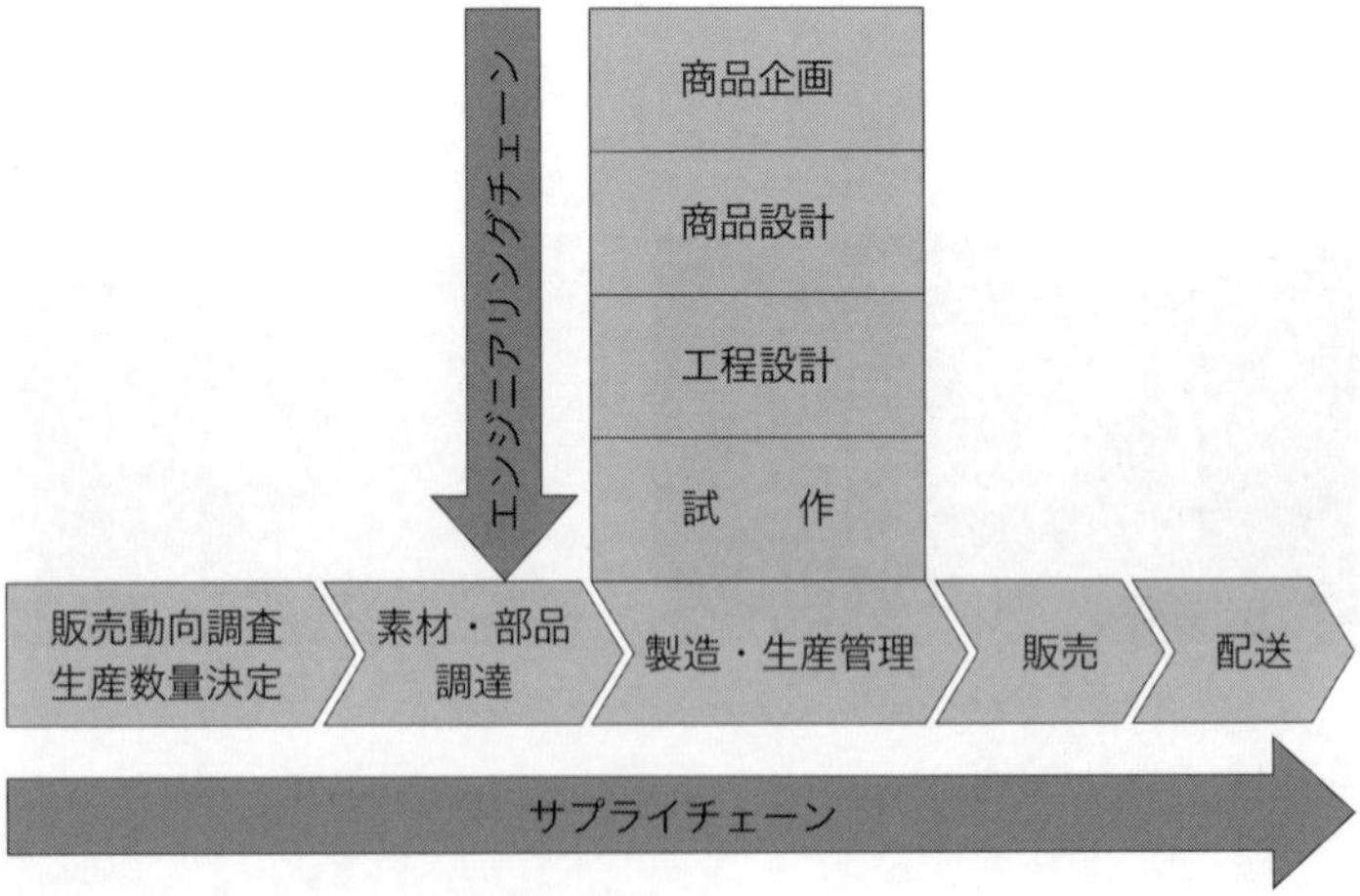

図3.25　エンジニアリングチェーンとサプライチェーン

チェーンと呼ばれています。

サプライチェーンは、「販売動向調査による生産数量決定」や、「仕入先からの素材や部品の調達」「製造」「生産管理」「販売」「配送」といった日々の生産のオペレーションを示しています。日々の生産を計画通りに行っていくことが工場の大きな目標です。しかし、日々の生産では、計画時には完全には予測できないような事態が数多く発生します。たとえば、内的要因だけで考えても、

・作業員の能力のバラツキ
・体調の変化
・設備のトラブル

など、さまざまな理由が生産の遅れる原因となります。

外的要因としては、

・交通渋滞によってトラックによる配送の遅れ
・需要変動による突発の生産依頼
・天候災害で一部の工場が稼働停止することによるサプライチェーンの急な変更

などがあります。このように、内的要因、外的要因の多様な因子によって生産遅れが発生していきます。このような不測の事態に対応するには中間在庫を持つことで対応する方法もあります。しかし、中間在庫を持ちすぎることは余剰を抱え込むリスクと在庫管理の大きなコストを発生させてし

まうので、極力減らしたいものです。不測の事態への対応遅れは非効率な生産を引き延ばすことになるため、これが瞬時に最適化できるようになれば、生産効率の向上にもつながります。

エンジニアリングチェーンは、「商品企画」に始まり、「商品設計」、「工程設計」、「試作」のあとに「製造・生産管理」に落とし込みます。製造・生産管理は先ほど説明したサプライチェーンのなかにあるものと同一ですので、二つのチェーンがここで合流します。実は、工場での生産効率のほとんどは、サプライチェーンではなく、より上流のエンジニアリングチェーンで決まるといわれています。いかに製造しやすい商品の設計および工程の設計にしておくかを疎かにすると、下流であるサプライチェーンでは挽回が難しくなるというわけです。

商品の設計では必要な機能、制約を満たしながら、使う部品の種類や形状などを生産しやすいように最適に選択していきます。工程の設計では、生産効率が上がるように生産スピードの高速化と必要なリソースの最小化を行います。生産スピード向上に向けては、加工方法の選択や、人とモノがスムーズに流れるような設備配置を最適化する必要があります。リソースの最小化に向けては、作業員や設備の数、必要な工場の面積の絞り込みを行っていきます。このようにエンジニアリングチェーンのなかにも多くの最適化が必要なのです。

ここまで示してきた課題は図3・26のように二つの観点で整理できます。生産目標通りの理想的な生産をゼロ点とした場合に、不測の事態によって引き起こされる生産遅れというマイナスをゼロにする、つまりは究極の生産効率を目指すアプローチが一つめです。もう一つは働く環境を良くしたり、働く人々が楽しくなったりといった、生産効率を超えたさらなる付加価値を提供するというゼロからプラスを創るアプローチです。これら二つの観点はサプライチェーン、エンジニアリングチェーンのどちらにも存在します。以降、マイナスからゼロ、ゼロからプラスの二つの観点で、量子コンピュータで起こり得る世界を見ていきます。

● マイナスをゼロにする。究極の生産効率を目指して

生産効率の向上は工場の永遠の課題といっていいほど重要なテーマです。生産効率の向上とは、生産数量を上げつつも、使用するリソースを低減し、余剰な中間在庫

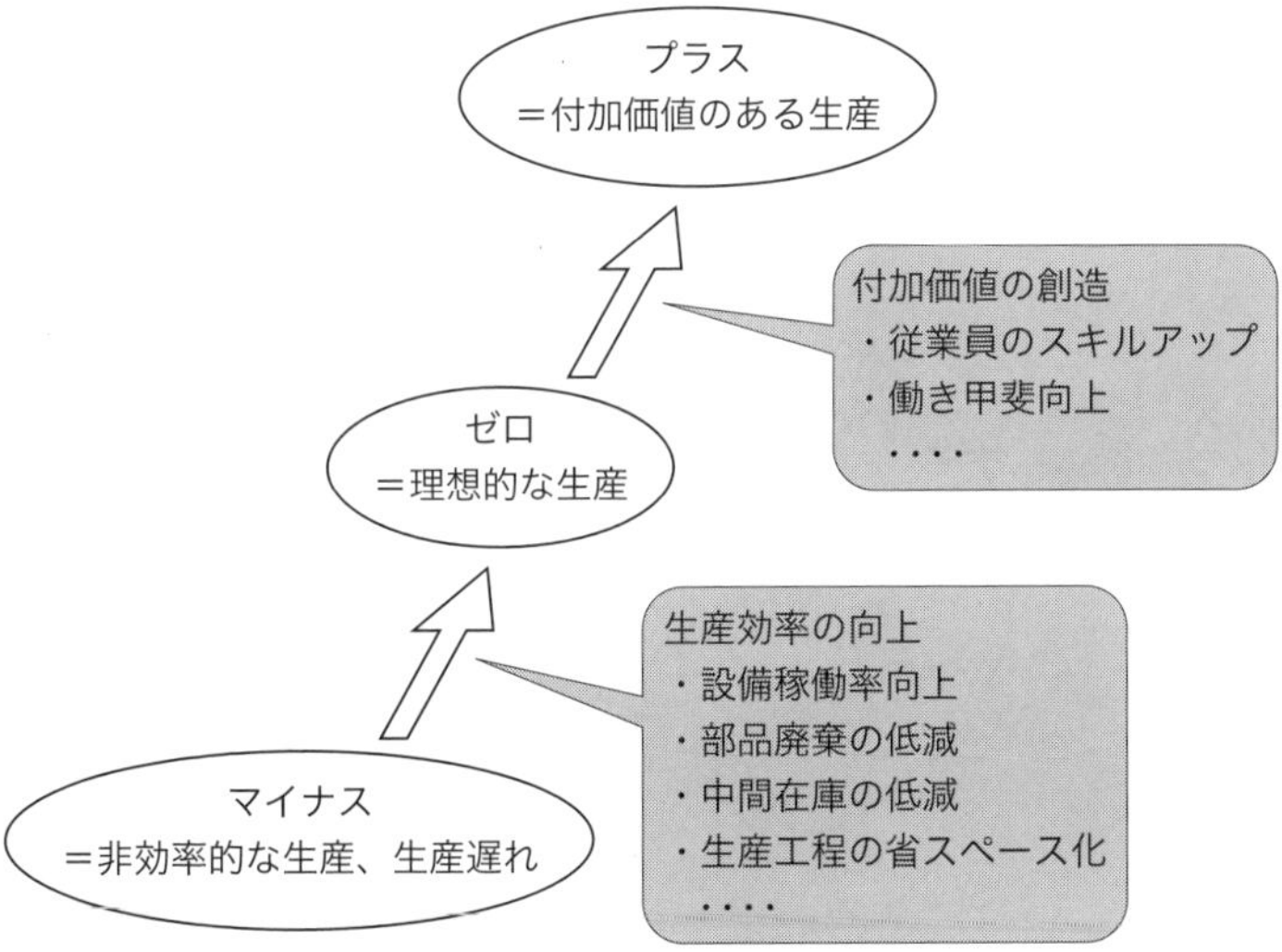

図3.26 工場の目指すもの

を減らしていくことです。図3・27に示すように①工場のなかのライン単体で行うもの、②複数ラインや工場内物流を含めた工場全体で行うもの、③工場外の物流や他社工場を含めたサプライチェーン全体で行うもの、それら全般にまたがり④人に着目して行うものの四つに分類できます。

　これらのなかで量子コンピュータによる最適化の加速によって起こり得る世界の変化を表3・1に示します。これらは、網羅的に導出したものではなく、あくまで一例であることにご注意いただきたいです。実際の工場の生産効率向上のアイデアはこれ以外にも無数に存在しています。以降で、表3・1に示した例を具体的に述べていきます。

①工場のなかのライン内での最適化

まずは製造ラインのなかに閉じた世界を見てみま

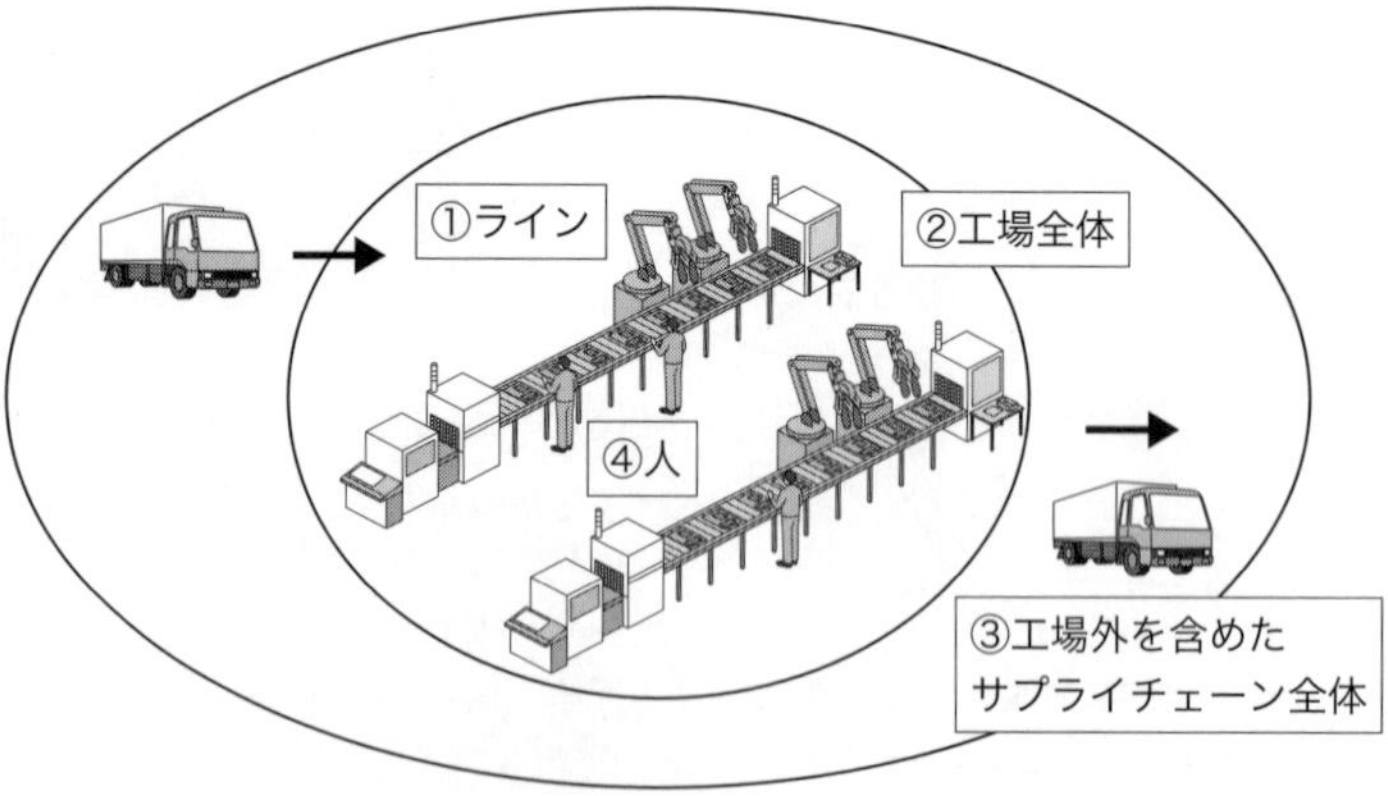

図3.27　生産効率向上の範囲

しょう。

生産効率を向上させるためには、生産設備や作業員の負荷率を向上させる必要があります。負荷率というのは、どれだけ暇な時間がなく仕事をこなすことができているかの割合です。負荷率は、たとえば前工程で遅れが発生した場合に、後工程で本来するはずであった仕事がなくなることで下がっていきます。

負荷率を改善する方法として、作業員の場合、生産遅れが発生している作業工程を熟練の作業員がヘルプに行くことで遅れをリカバーすることがよく行われています。これは多能工化と呼ばれる、一人の作業員が複数のタスクをこなせるような能力を身につけることで達成されます。

最適化箇所	量子コンピュータで起こり得る世界の変化
①工場のなかのライン内	多機能なロボットが製造物に応じて、臨機応変に仕事を分け合い、生産速度を向上
	設備や部品の配置が最適化され、人・モノの流れを高速化
	製品全体で仕様を満足するような部品の組合せ選定で、廃棄部品を低減
②工場全体（複数ライン＋工場内物流）	設備故障や生産遅れなど状況に応じて製造の流れを変えることで、製造遅れを低減
	積み荷の順序を最適化することで搬送車の台数削減や作業効率を向上
③工場外を含めたサプライチェーン（工場＋工場外物流）	複数の工場を跨いだ搬送や生産スケジュールの最適化で物流コストや中間在庫を低減
④人	突発休や体調不良などの状況変化に対応した人員配置の最適化で、製造遅れを低減
	世界中の知識を活用して瞬時に異常を発見

表3.1　マイナスからゼロへの挑戦

この考え方をロボットに当てはめてみます。大量生産する際の典型的なライン設計では、1台のロボットはとにかく決められた作業を繰り返し続けます。カーエアコンの製造現場を例にすると、同じ製造ラインにさまざまな種類のカーエアコンが流れてきます。納入する自動車メーカーごとにも異なりますし、車種やグレードによっても異なります。たとえば、図3・28の左は中型車向けカーエアコン、右は大型車向けカーエアコンの例ですが、風量などの空調性能や静音性、エアコンの吹出し口の数といった仕様が異なります。共通部品は多くあるものの、使用する部品の種類や数は異なります。

これらの違いによって、ロボットごとの仕事量が異なるため、図3・29左に示すように特定のロボットの工程で渋滞が発生してしまいます。もしこのロボットを多能工化したらどうなるでしょうか。図の右に示すようにロボットが状況に応じて作業分担を変えること

図3.28　カーエアコンのバリエーション
左は中型車向け、右は大型車向け

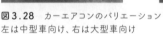

によって渋滞を解消できる、つまりは生産スピードを上げたり生産設備を減らしたりできる可能性があります。もちろん、高速な最適化技術があってこそできることです。

ここまでは日々の生産の現場での最適化の話でしたが、製造工程を設計する段階でも最適化は大きな役割を担います。ここで工程のレイアウト設計を例に示します。たとえば、複数の部品棚から部品を集め、複数の生産設備で順に組み立てていくことを考えます。図3・30の左に示すように部品や設備の配置によっては作業者や搬送車が長い経路を通らなければなりません。ここで、図の右のように部品の配置を最適化することによって、作業者や搬送車の動線が短くなり、作業効率を向上できます。

別の観点では、工程全体の設置面積を減らすような配置の最適化を行えば、限られた工場内のスペースを

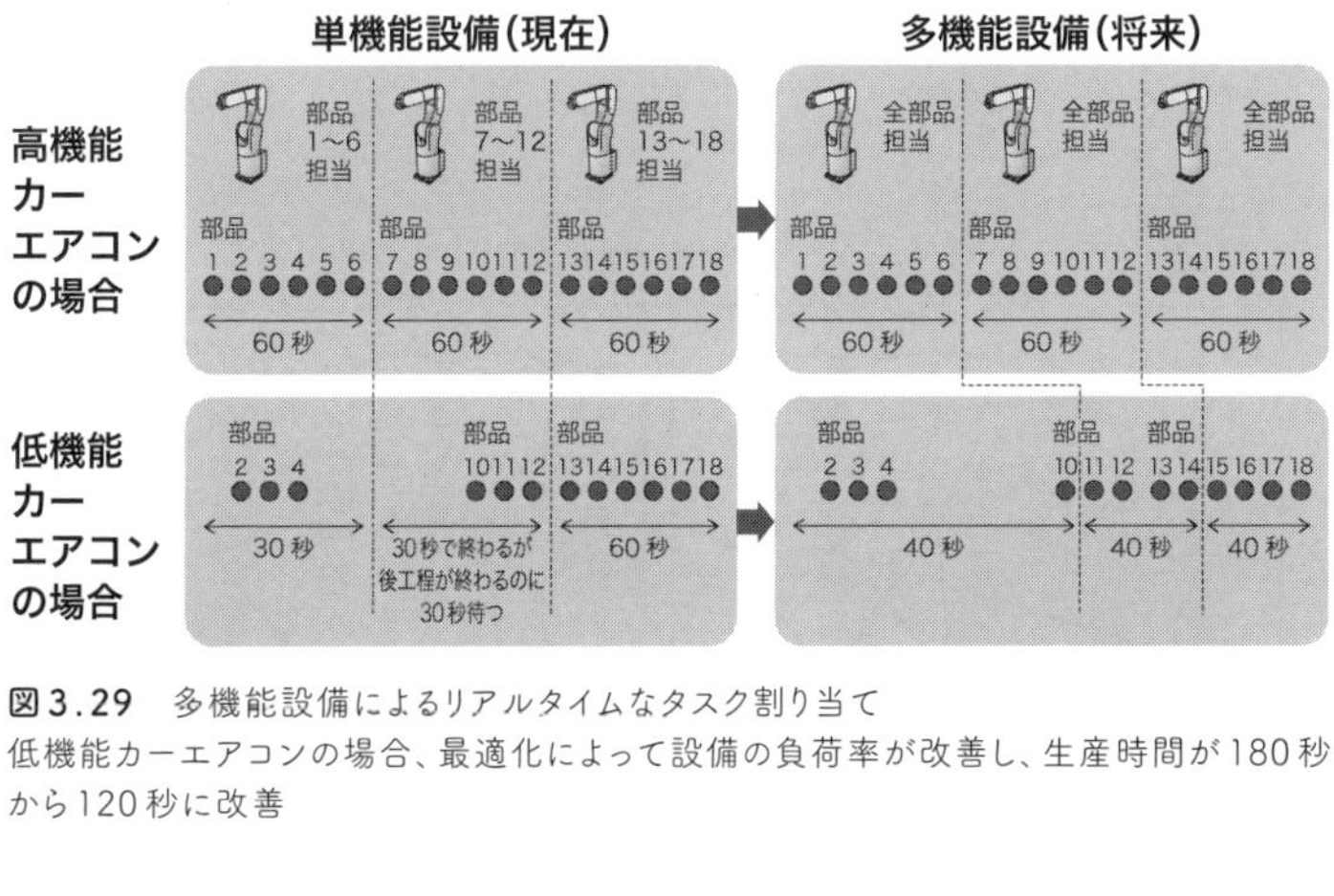

図3.29 多機能設備によるリアルタイムなタスク割り当て
低機能カーエアコンの場合、最適化によって設備の負荷率が改善し、生産時間が180秒から120秒に改善

有効に活用できるようになります。また、作業員どうしがコミュニケーションしやすい工程の配置にすることで、連携をスムーズにすることも可能です。こういったさまざまな観点でたくさんの部品、設備の配置最適化を行うことは、一筋縄ではいかない、なかなか大変な最適化問題になります。

製品そのものの設計についても、最適化の余地があります。現在の自動車は3万点ともいわれる膨大な部品から成り立っています。これらのほとんどは部品個別でサイズの公差などが要求仕様内に収まるよう、厳しい基準で製造されています。公差に収まらないサイズの部品は、不良品として廃棄されることになるので、厳しい要求を満たすための高精度・高額な設備で製造を行うことになります。それでは、部品製造の世界に全体最適化という概念を導入したらどうなるでしょうか。

図3・31に示したのが従来、個別の自動車部品に要求されるイメージを示したものです。部品1、2、3の三つを組み合わせて製造する製品があったとします。この製品が守らなければいけな

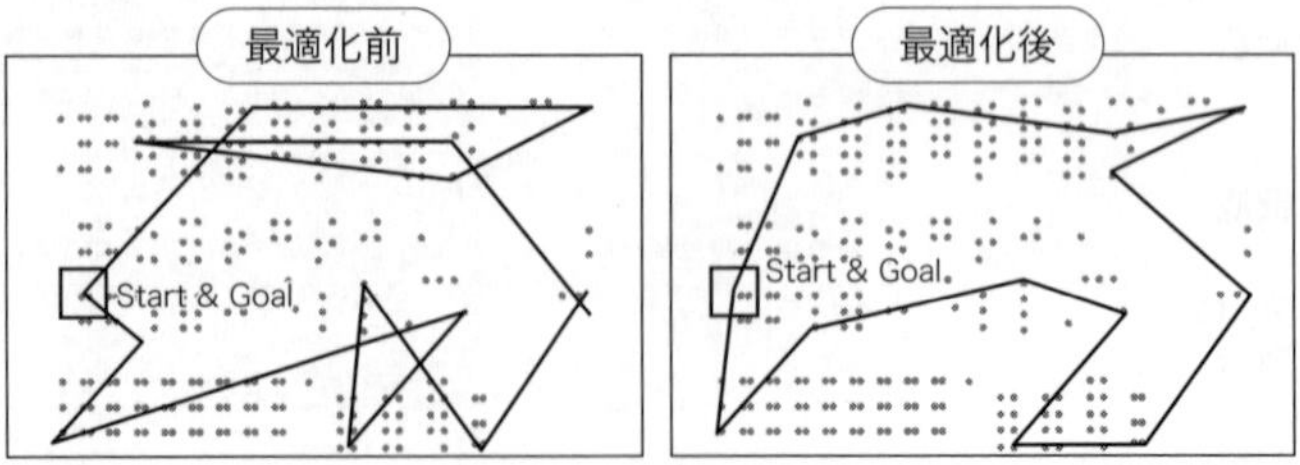

図3.30 レイアウトの最適化
最適化前はごちゃごちゃとしていた動線が最適化後は搬送時間が短縮

い高さの公差は±3ミリメートル以内です。この場合、部品ごとに要求される仕様はそれぞれ高さの公差が±1ミリ以内と設定すれば、必ず組み付け後に公差が±3ミリ以内に収まります。この例では図の製造例に示した部品のうち二つは不良品として排除されることになります。

ここで全体最適化の考え方をしてみましょう。実は下段の部品はうまく組み合わせれば製品全体として公差を±3ミリ以内に収めることができるため、全て良品として扱うことができます。このように、部品のうまい組合せを見つけ出すことで、製造コストを低く抑えるだけでなく、廃棄を減らして環境にやさしい工場を実現できる可能性があります。この例では高さのみを取り扱っているため、量子コンピュータを使うまでもない簡単な問題にみえますが、実際

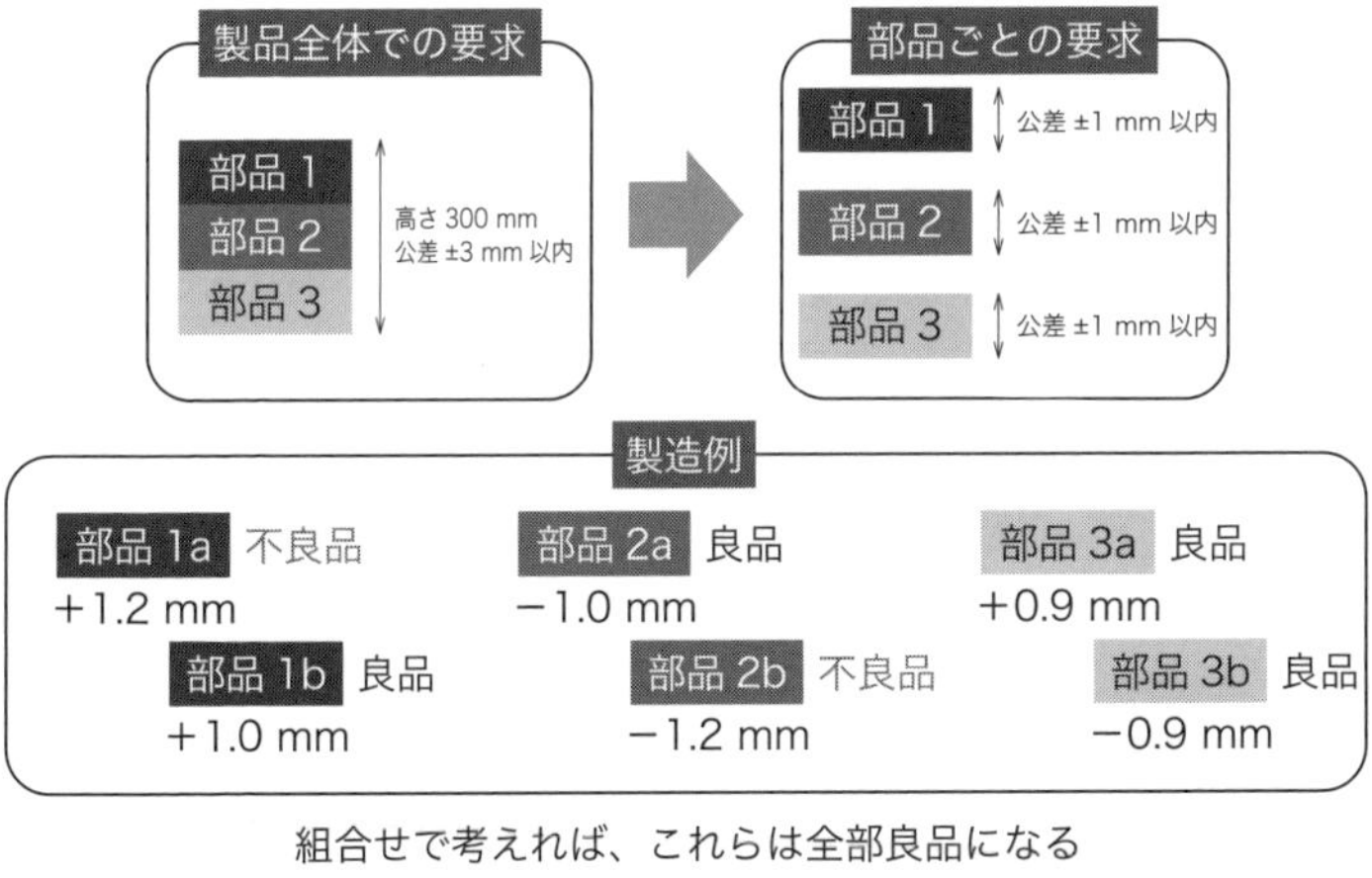

図 3.31　部品設計の最適化

には公差要求は「縦」「横」「奥行き」を始め部品のさまざまな箇所に課されるため、大変複雑です。そのうえ、部品点数が数十個も組み合わせられる場合にはリアルタイムでの計算はより難しくなっていくでしょう。

②工場全体での最適化

日々の生産において、設備故障や作業員の体調変化、悪天候による物流の遅れなど、事前には予測が難しいような状況変化によって生産が遅れていくことを先に述べました。それでは、ＩｏＴ化によってこれらの状況をリアルタイムに把握しながら生産計画を最適化し続けることができるようになったらどうでしょうか。

もしも量子コンピュータで究極的に最適化が速くなる世界が来たならば、製造の流れを動的に変更できるジョブショップ型のラインをつくることによって、生産効率を向上できます。それでは、従来のフローショップ型ラインとの比較を図3・32に示します。どちらも複数ラインが並列した構造になっていますが、違いは設備の間で

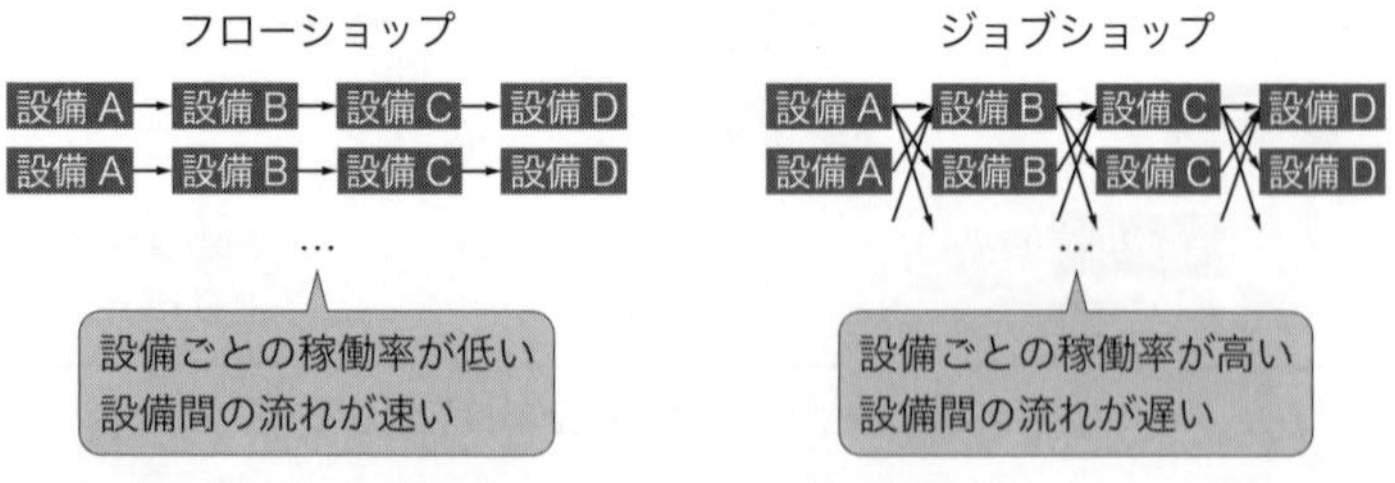

図3.32　フローショップ型ラインとジョブショップ型ライン

ほかのラインへ行き来するパスがあるかないかです。

フローショップ型では、ラインのなかで設備ごとの作業時間がほとんどの場合、同一ではないため、必ずどこかにボトルネックが発生して設備の負荷率が100%になることはありません。また、1か所でトラブルが発生するとそれ以降の生産が停滞してしまい、リカバーが難しくなります。

そこで考えられるのがジョブショップ型です。これは、複数ラインの工程間を搬送によって行き来を可能にするものです。ジョブショップ型は、工場全体での必要な生産数量に合わせて各工程の設備台数を設定することができ、設備台数を最小化することができます。

たとえば、図3・32で設備Bでの生産時間が設備A、C、Dでの生産時間より短い場合、設備Bの数を減らすことが可能です。また、設備が停止した場合は、ほかの設備で流動させることも容易にでき、生産の大停滞を起こしにくい特徴があります。しかし、この方法では二つの課題が発生します。工程間の搬送時間の増大とリアルタイムな生産スケジューリングです。

工程間の搬送時間は近年、無人搬送車やリニア搬送設備などの技術革新で大きく改善されつつあります。生産スケジューリングについては、既存のコンピュータでは数時間もかかってしまう最適化問題の計算です。したがって、夜間にあらかじめ計算しておくなら問題ありませんが、状況に応じてリアルタイムに計算する必要がある場合には成立しません。ここで量子コンピュータが活躍できる可能性があります。これは言い換えると、最適化を高速にできる技術はジョブショップ型のようにモノの流れに自由度を持たせる、つまり、より汎用化されたラインにおいて生産性向上を提案できるわけです。

量子コンピュータは工場の物流の効率化にも寄与できると考えています。冒頭で紹介した、無人搬送車ＡＧＶの渋滞解消の例もそうですが、図３・33に示すような積み荷の最適化によってＡＧＶや搬送トラックの台数削減が可能になります。たとえば、生産ラインから次々と流れてくる部品はそのままトラックの荷台に山積みにしていくと隙間が多くなってしまいます。この隙間がなくなるような積み方をしたらトラックの数を減らせそうです。さらには、隙間がうまく埋まるような順番で生産スケジュールを変えていけば、さらに生産効率は上がっていきます。また、視点を変えて物流業者の立場から考えると、取り出しやすい順番に積み荷をしたり、重いものから積んでいく積み荷の仕方をしたりすることで、作業効率が上がっていきそうです。

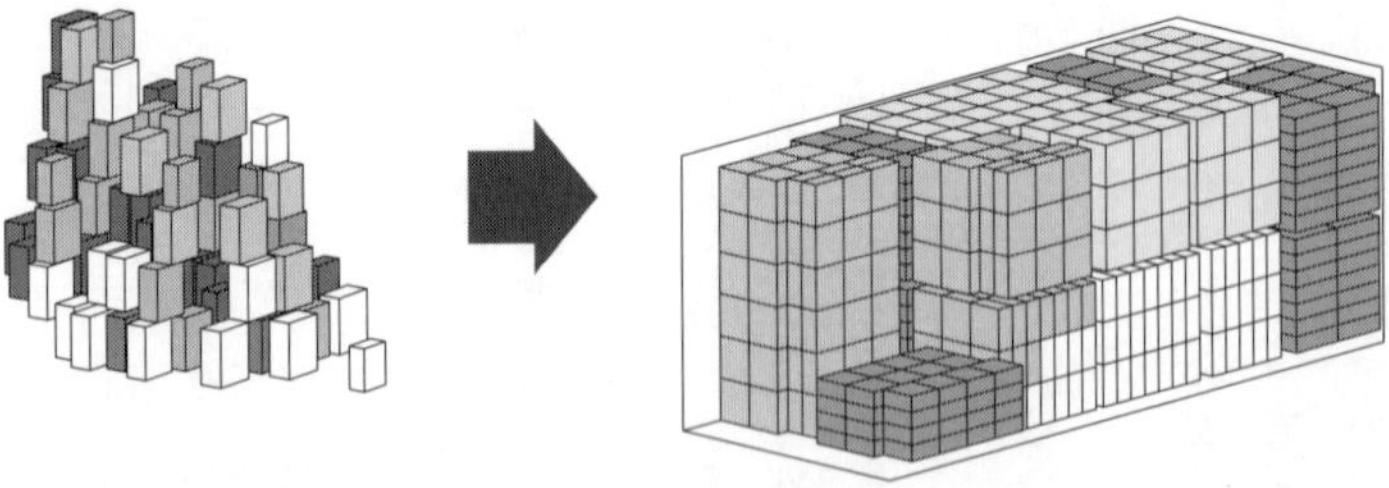

図3.33 積み荷の最適化

③サプライチェーン全体での最適化

工場単独でなく、サプライチェーンの視点でみても物流には大きな改善の余地があります。今までの物流は工場間を1対1で搬送するものが多かったのですが、ミルクランと呼ばれる、複数の工場間を跨いだ方式を採用すれば、最適化の余地はさらに増えていきます（図3・34）。

たとえば、お昼までに発送が必要な部品があるものの、お昼までに運べる別の部品がそんなに多くなかった場合、トラックはスカスカの状態で発車するため、運送で大きなムダが発生します。また、工場ごとにトラックを用意する場合、荷物を運んだ帰り道は荷台が空のまま移動するムダも発生します。そういった場合でも複数工場で生産スケジュールを同期させることができれば、ほかの工場の荷物を余った部分に積むことができ、そのようなムダを減らし

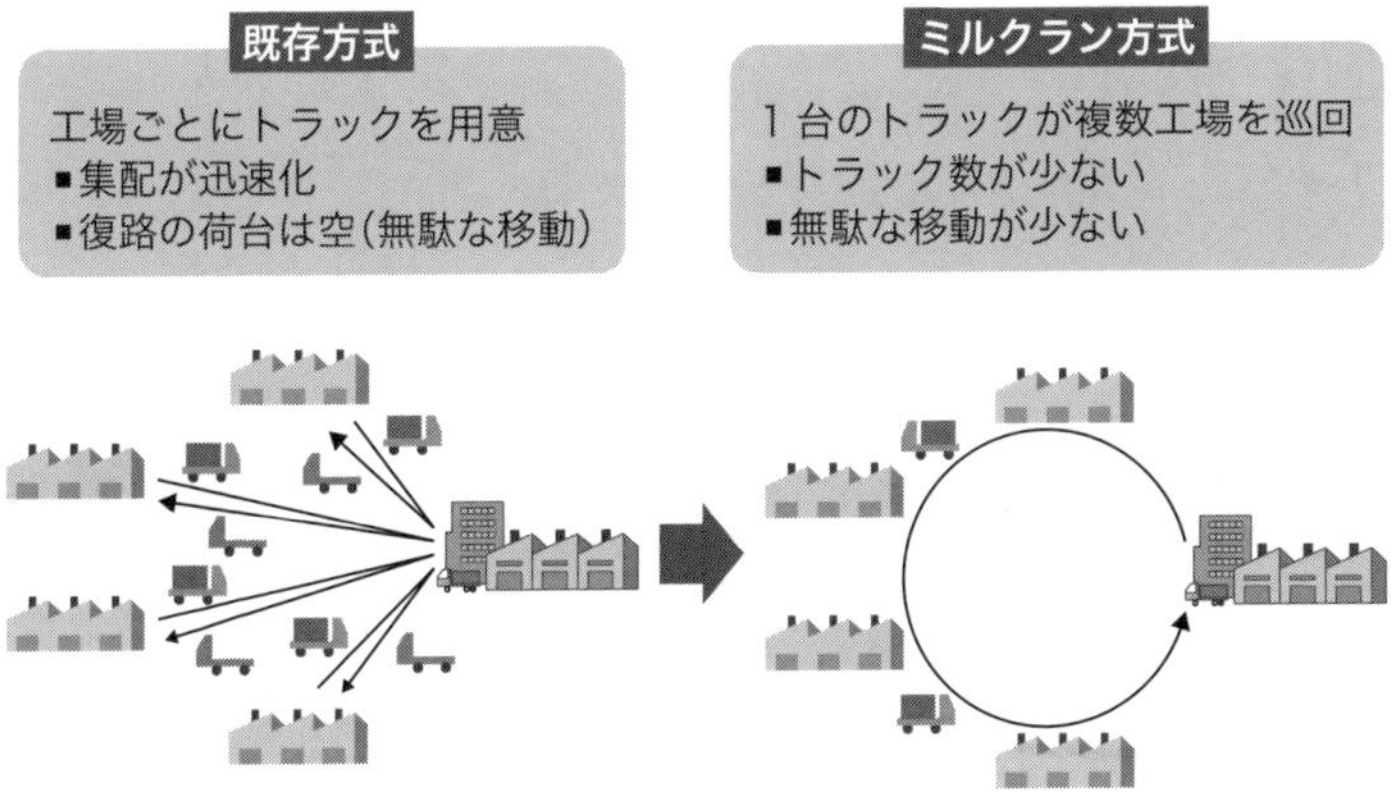

図3.34　企業を跨いだ物流経路の最適化

て効率化することができます。

生産スケジュールを複数の工場を跨いで最適化することによって、物流の効率化以外にも中間在庫削減のメリットが生まれます。製造業にとって、中間在庫を減らすことは非常に重要です。中間在庫は、生産遅れや追加発注など需給の変動を吸収するために製造工程間で確保するもので、そのままコストに跳ね返ります。

図3・35にサプライチェーンでの中間在庫のバランスを示しますが、1次請け、2次請けと、どんどん最終顧客から遠くなるにつれ、変動が大きくなるため、中間在庫量は増えていきます。もしもサプライチェーン全体で生産スケジュールを最適化することができれば、中間在庫量を大きく減らすことにつながるかもしれません。

このように、生産効率を向上するという観点だけでも工場には多くの最適化問題があります。ここまで示した例は単独で最適化したいわけではなく、複数の例の組合せで最適化したい場合も多く、最適化問題としてはさらに複雑です。工程設計のように数時

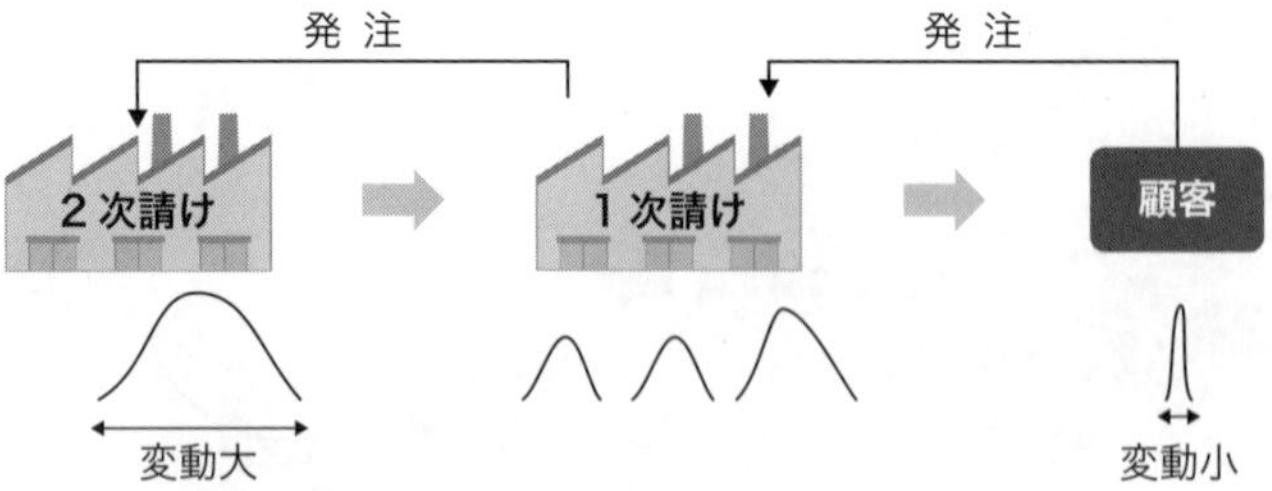

図3.35 中間在庫量の変動

間程度、計算に時間を費やしても良い場合であっても、最適化したい対象が多くなってくると従来のコンピュータでは下手すれば数週間も計算に時間がかかってしまうことがあります。そのため、これまでは泣く泣く最適化の対象を絞って計算せざるを得ませんでしたが、対象を絞った分、最適化の効率は落ちてしまいます。つまり、最適化計算を加速することには大きな意味があるのです。

また、日々、起こる変化にリアルタイムに応答したい場合は、秒単位での計算が求められるので、こういった問題の場合はある程度、規模が小さい場合であっても高速化が必要になります。そのため、工場における量子コンピュータの活用は、無限の可能性を秘めているのです。

④人に関わる最適化

工場では時々刻々と変化が起こっていることや、それに対して生産スケジュールをリアルタイムに最適化して

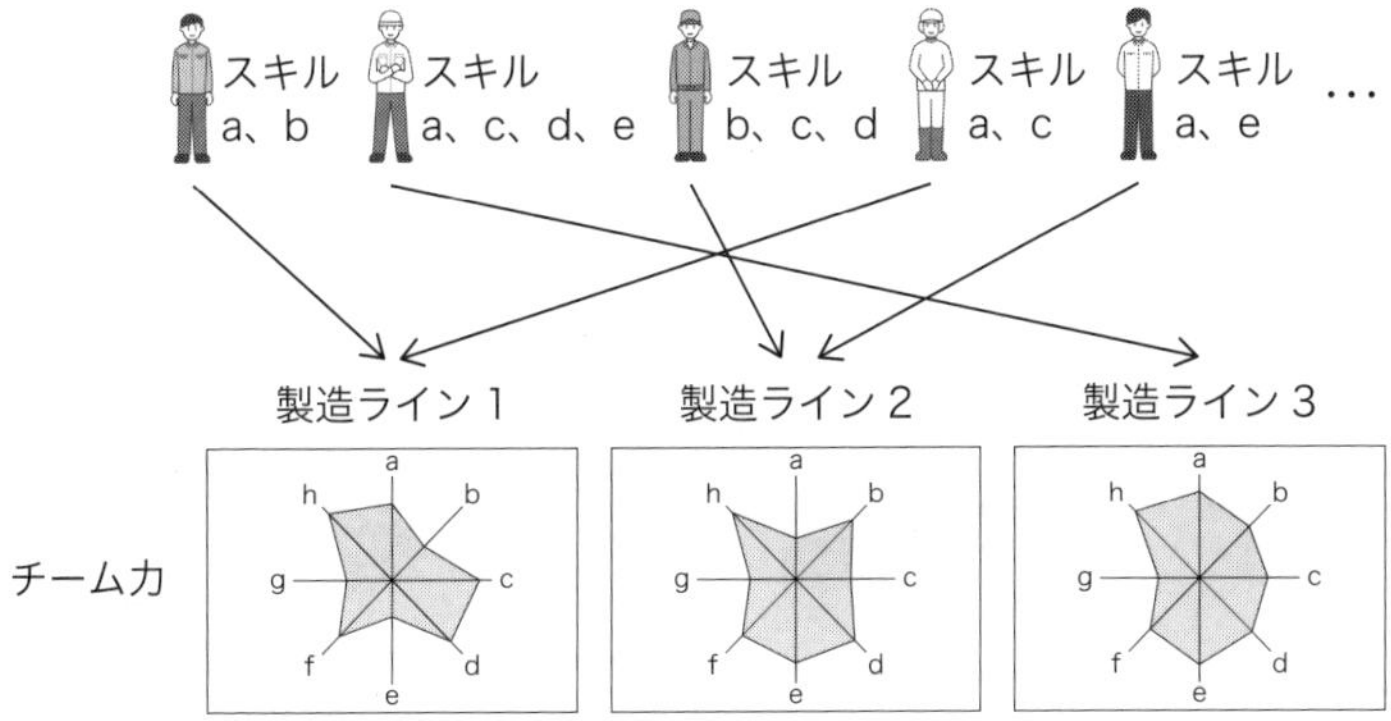

図3.36 リアルタイムなチーム再編成

いく例について述べました。それでは人の仕事の割り当てについても同様にリアルタイムに最適化することはできるのでしょうか（図3・36）。

　実は状況に応じて仕事の割り当てを変えることは容易ではありません。なぜなら各人がもっているスキルは均一ではないため、必要なスキルをもったメンバーの組合せを最適化しなければならず、大変な計算になります。ここに量子コンピュータが使われることで、そのときどきでメンバーを変えながら最適な生産を続けられる未来もあるかもしれません。

　人に関わる最適化として、世界中の知識を活用することも考えられます（図3・37）。工場は多くのベテラン職人さんたちに支えられた匠の世界です。たとえば、些細な事象から故障につながるような設備の異常を発見して対処するなど、ノウハウがたくさんあります。そういった個々の匠のスキルであったノウハウを

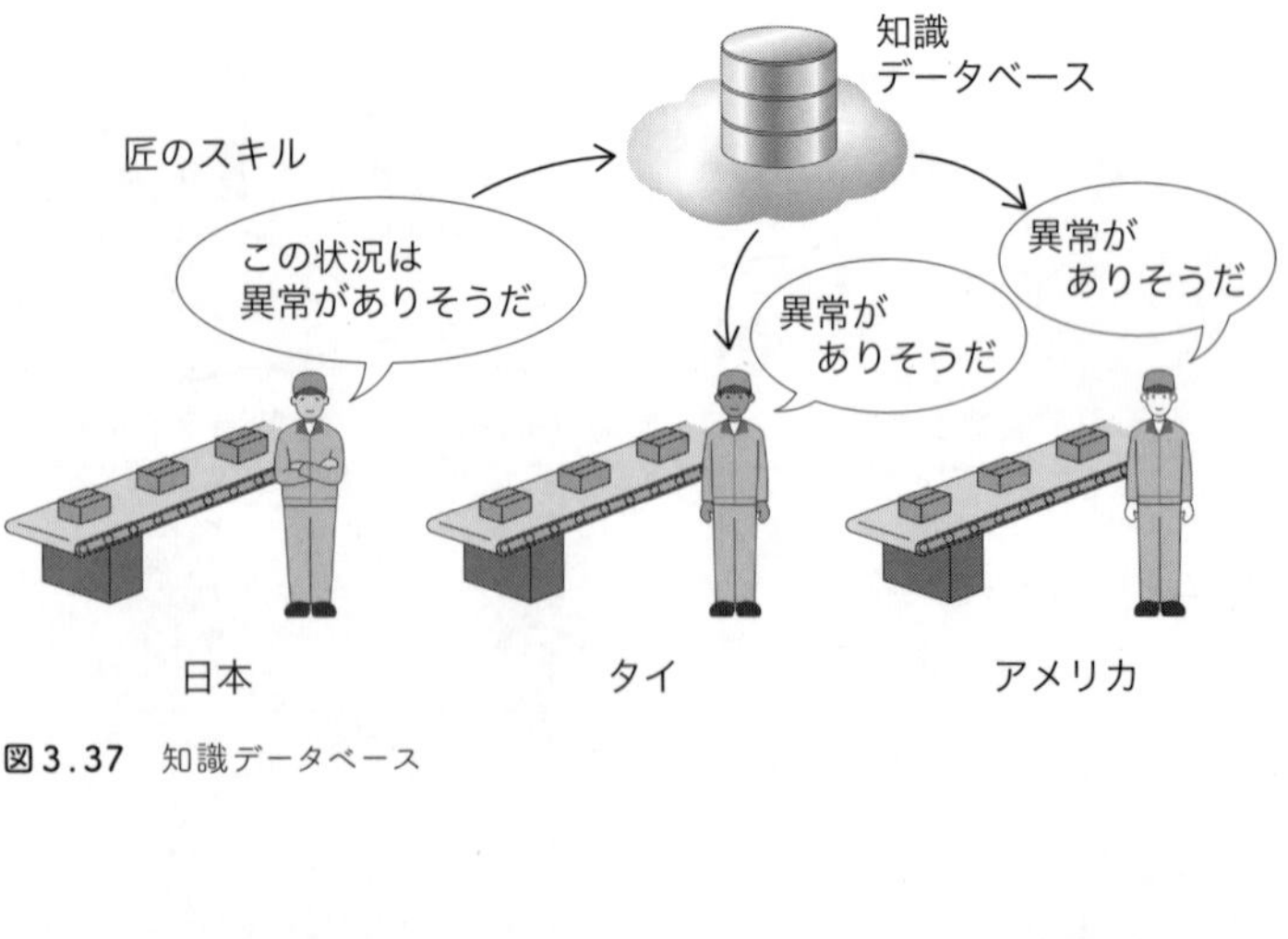

図3.37　知識データベース

IoTで現場からリアルタイムに吸い上げ、世界中の工場の仲間たちとで蓄積・更新し続けることができたらどうでしょうか。これまでよりも圧倒的なスピードでスキルの向上が図られていきそうです。

デンソーでは、現場の管理情報を始め、ウェアラブルデバイスなどから得られる働く人の言動まで自動的にデータ収集する仕組みを構築しています。ここで得られたデータをAIによってタグ付けやクラスタリング（クラス分類）をして、ノウハウとして溜めつつあるのです。この得られた膨大なノウハウと、現場で起きている事象から、今とるべき最適な行動を選択するのに、量子コンピュータが活用されたらどうでしょうか。たくさんの人が集まって議論しなければ見つからなかったような解決策が、瞬時に見つかる世界が来るかもしれません。

●ゼロからプラスを創る。付加価値を生み出す工場

工場の環境が、現在大きく変化していることを本節の冒頭で述べました。また、その変化に対し、生産効率向上の側面で量子コンピュータが活躍できる可能性についても述べました。それでは、これからの工場は、生産効率以外の側面では付加価値をどのように生み出していくのでしょうか。従業員がイキイキと成長し続けられる工場という観点で考えてみます。

高い生産効率を維持しながら、従業員が楽しく働けて、成長し続けられるような工場があったら

どれだけ良いでしょう。従業員は二人として同じ人はいません。楽しいと感じられることも違えば、スキルや人との相性も異なります。成長するにしても、褒められて伸びるタイプ、叱られて伸びるタイプ、自主性を重んじてほしいタイプ、いろいろと指示をしてもらいたいタイプとさまざまです（図3・38）。

　しかも、こういった人の特性は同じ人であっても日々の気分によって異なってきます。同じことを毎日やっていると最初は楽しかったけどつまらなくなってしまったり、スキルが向上してきてほかのことに挑戦したくなったり……。

　そんななかで、生産効率を維持する

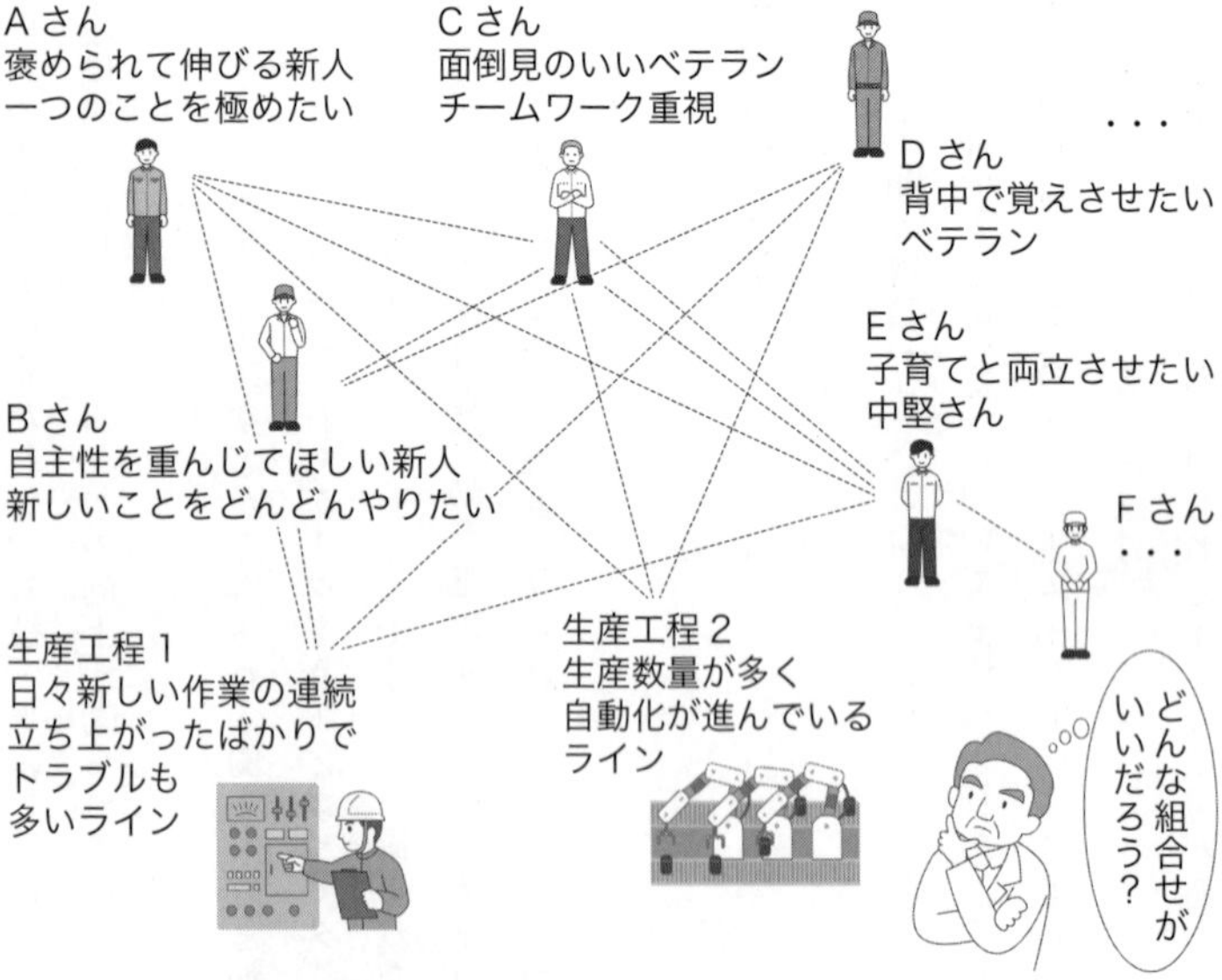

図3.38　チーム編成の最適化

のに必要なスキルをチーム全体で満たしつつ、より楽しく成長できる業務の割り当てを、日々行っていくというのはなかなか面白そうな最適化問題です。これは、工場のみに限定しない応用の広がりがありそうです。

さらに工場で難しいのは、工場にいるメンバーは毎日同じではないということです。病欠の人がいたり、有給休暇の人がいたり、新人が入ってきたりなど。こういった仕組みの実現には、単に最適化計算を量子コンピュータで速くすれば良いというだけではありません。人間特性の研究が必要になります。

最近では工場IoTの進展もあり、作業者の脈波から体調を読み取ったり、人の動いた軌跡を取得したりと、いろいろなデータが世の中で取られ始めています。いずれ、「疲れてきたなあ」と思った途端にワクワクする仕事を次々と割り当てられていくような、楽しい工場が登場するかもしれません。

●これからの工場

工場の世界には、本節で示したように今すぐ最適化したいことも、将来最適化したいこともたくさんあります。そして、工場の世界は非常に大きな市場のスケールアップも期待できます。たとえば無人搬送車のシステムに量子コンピュータが導入されれば、無人搬送車を活用している世界中の工場に波及していくことでしょう。

　また、工場の世界で最適化技術の導入が進めば、実は世の中の工場以外のシステムへの広がりもありそうです。無人搬送車は見方を変えれば工場内に限定された自動運転車と捉えることができます。つまり、量子コンピュータで工場から渋滞をなくすシステムは、いずれ世の中の自動車をコントロールして街から渋滞をなくすシステムへと昇華していくかもしれません。

　さらに、人がイキイキと成長し続けられるようなチーム編成や仕事の割り当てなどは工場に限った話ではなく、あらゆる職場に適用していけそうです。このように量子コンピュータが工場を変え、工場から世の中を変えていく未来がいずれやってくるかもしれません。その意味で、どんな世界に広がっていく可能性があるのか、次の4章ではさまざまな業界の方の考える未来を見てみましょう。

本章のまとめ

○自動車、工場ともに大きな変革期にある

－市場の変化：電気自動車や自動運転車の登場、多様なニーズへの対応など

－技術の変化：コネクティッド化、ＡＩ、通信高速化など

○量子コンピュータ×コネクティッドによって、状況変化へのリアルタイムなアクションが期待される

－自動車：街中のモビリティ（自家用車、タクシー、トラックなど）を制御し渋滞解消や相乗り、乗り継ぎ、配送の効率が上がる

－工場：日々の想定外（設備故障、体調不良など）をリアルタイムに解決し、生産性が極限まで向上する

○実際の交通サービスや工場のデータを活用した量子コンピュータの実証実験が加速し始めている

Part2
量子コンピュータで世界が変わる

Chapter 4
量子コンピュータで世界を変える企業が描く未来

さまざまな業界をリードする方々に、教えていただきました。
それでは、量子コンピュータが切り開く世界を見にいってみましょう。

この章では、量子コンピュータで世界がどう変わっていくのかを見ていきます。さまざまな分野の第一人者の方々と、夢を膨らませながら未来像を作成してみました。業種は製造業から通信・電力インフラ、交通サービス、金融、マッチング、コミュニケーションなどさまざまです。インタビューさせていただいた方々のなかには、すでに量子コンピュータを活用してバリバリに研究されている方もいれば、ちょっと触り始めてみた方、今回初耳で「何それ」という方々もいます。

各社共通で語られていたのは、各業界で量子コンピュータによってある日突然に時代が転換していく可能性です。ぜひ彼らの描く未来の世界を眺めながら、皆さんの周りの世界はどう変わるのか想像してみてください。皆さんの普段の暮らしや仕事が変わる姿が見えてくるのではないでしょうか。インタビューは、各業界に明るくない方々のために、それぞれがどんな業界かというところからわかりやすくご紹介いただきましたので、きっと量子コンピュータ以外の知識も広がるのではないかと思います。

「13の企業が描く未来」

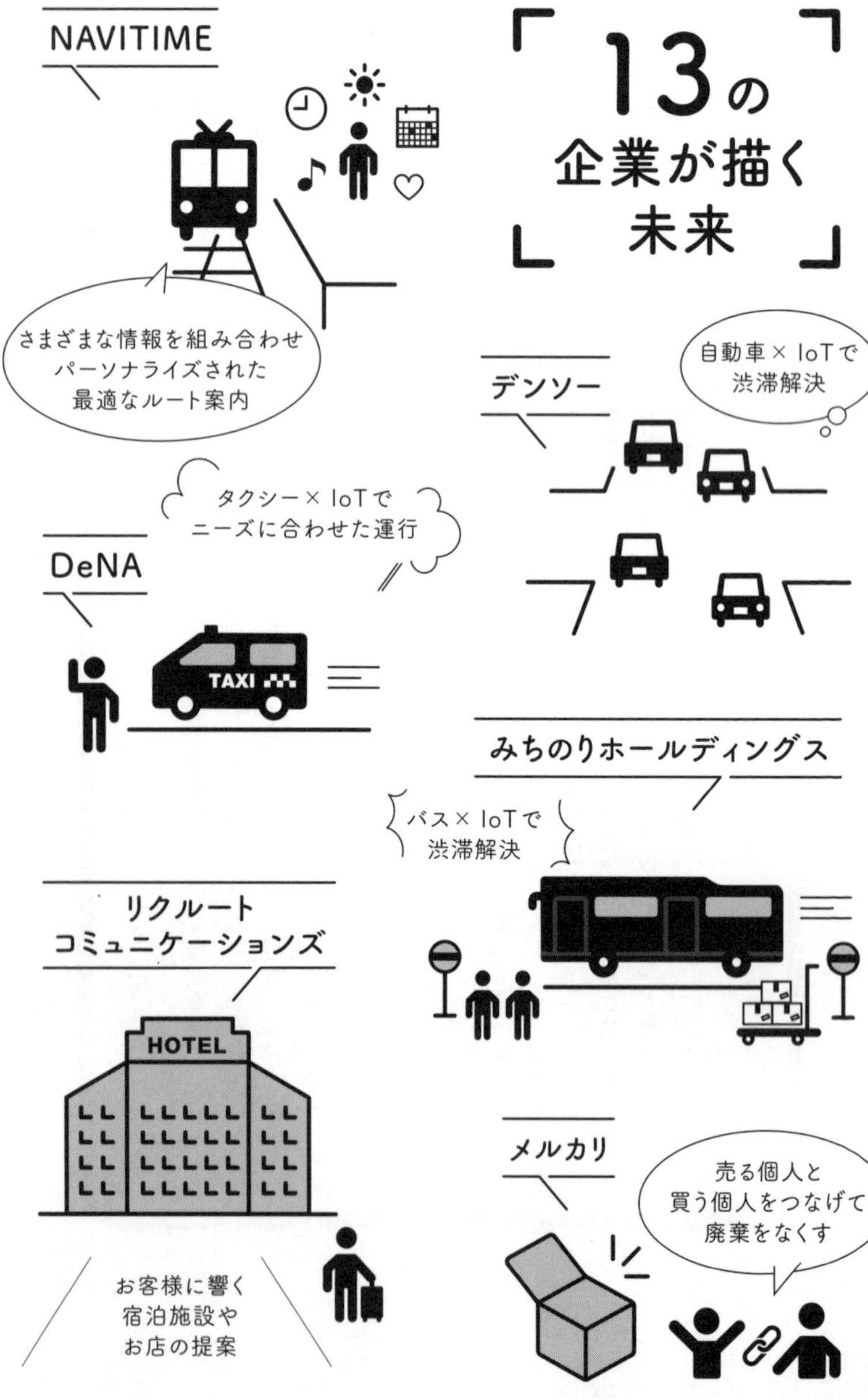
NAVITIME
さまざまな情報を組み合わせ
パーソナライズされた
最適なルート案内
デンソー
自動車×IoTで
渋滞解決
タクシー×IoTで
ニーズに合わせた運行
DeNA
TAXI
みちのりホールディングス
バス×IoTで
渋滞解決
リクルート
コミュニケーションズ
HOTEL
お客様に響く
宿泊施設や
お店の提案
メルカリ
売る個人と
買う個人をつなげて
廃棄をなくす

シナプスイノベーション
工場の生産効率を
最大化する
デンソー
京セラ
コミュニケーションシステム
通話の品質を
向上
京セラ
新しい
材料をつくる
勝てる投資をする
野村アセットマネジメント
Jij
宇宙の真理を
探索する
世界中の人と人、
人と情報・サービスとの
距離を縮める
LINE
野村ホールディングス
みんなが幸せな
企業結婚（M&A）
をつくる

Interview

株式会社リクルートコミュニケーションズ

「新しい出会いをテクノロジーで支える会社」

リクナビやホットペッパー、SUUMO、じゃらん、ゼクシィなど幅広い分野でクライアントとユーザーとの「マッチング」を創り出しているリクルートグループ。グループを横断する機能会社として、そのマッチングをマーケティング・テクノロジーや広告制作、流通などで支える会社がリクルートコミュニケーションズです。とくにICTソリューション局ではデジタルマーケティングと呼ばれるデータを活用したマーケティング手法によって、クライアントとユーザーの喜びを最大化するための基盤づくりに取り組んでいます。

株式会社リクルート
コミュニケーションズ
シニアプロデューサー
金田将吾さん

株式会社リクルート
コミュニケーションズ
棚橋耕太郎さん

株式会社リクルート
ライフスタイル
西村直樹さん

”量子コンピュータで新たなマッチングが生まれる“

世界的にも早い段階からアニーリング型の量子コンピュータを活用したアプリケーションの研究に取り組んでいる、金田さん、棚橋さん、西村さん。２０１７年にはこの分野の国際会議ＡＱＣ（Adiabatic Quantum Computing Conference）で初めてとなる日本開催をスポンサードするなど、精力的に活動しています。デジタルマーケティングにおいて量子コンピュータで実現したい世界とは一体どのような世界なのかについて、リクルートコミュニケーションズの皆さんに語っていただきました。

【デジタルの先に、リアルやバーチャルの世界が広がる】

金田さん　リクルートグループのビジネスの多くはリボンモデルと呼ばれる、ユーザーとクライアントが出会う場を提供し、双方のメリットを最大化することで成り立っています。

十数年前までは、情報誌がこのマッチングの機会提供の主を担っていました。読者の皆さんもゼクシィなどの情報誌やHot pepper、Townworkなどのフリーペーパーを、コンビニエンスストアや駅などで見かけたことがあるのではないかと思います。それが最近では、スマートフォンの普及などにより、デジタルメディアの重要性が増してきています。

私たちの取り組むデジタルマーケティングは、そんなデジタルメディアでのマーケティング手法です。情報誌は基本的にクライアントからユーザーへの情報が一方通行になりますが、デジタルメディアでは双方向にすることができます。

たとえば、ユーザーの過去のアクションデータをもとにして、ユーザーの趣向に合いそうなおすすめの飲食店や物件などを提案することによって、自分がまさに求めていた情報に出会っていただくというようなレコメンデーションを行っています。

情報誌ではユーザー一人ひとりに合わせて提供する情報をカスタマイズすることは困難でしたが、デジタルメ

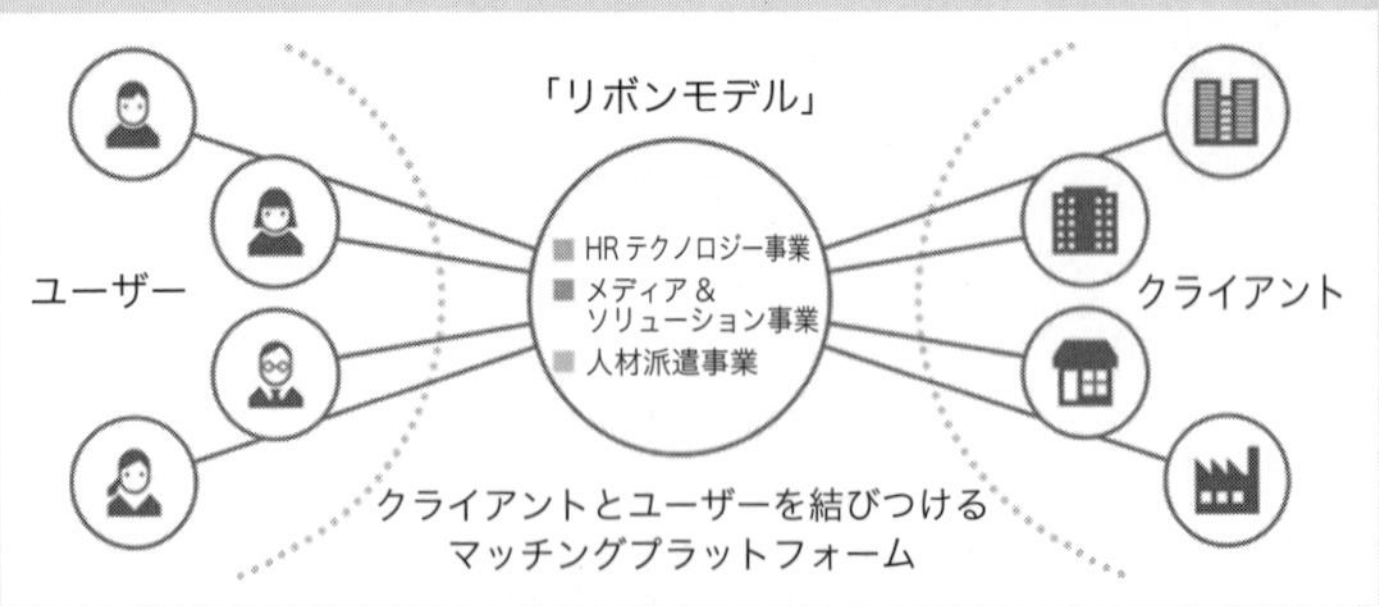

図1 リボンモデル

ディアなら可能になります。このように、マッチングの手法は大きく変化していますが、まだまだ進化の余地があると思っています。たとえば、デジタルメディアとリアルなエクスペリエンスとでは残念ながら提供できることにギャップがあります。このギャップを埋めるためにテクノロジーを活用してリアルなエクスペリエンスを提供することが可能になるような進化が考えられます。

普段何気なく利用している飲食店や、ホテルを探すことができるデジタルメディアでも、一人ひとりのユーザーが望む情報を提供するためにデジタルマーケティングに関わるテクノロジーを進化させ続けなければならないと考えています。

デジタルマーケティングを進化させるために、量子コンピュータをどのように利活用していこうと考えているのでしょうか。量子コンピュータプロジェクトをリードする棚橋さんに語っていただきました。

【量子コンピュータがマッチングを加速する】

棚橋さん　デジタルマーケティングの根本にあるのは、新しい出会いを創出するためのマッチング技術です。どのタイミングで、どの人に、どんな情報を出すと出会いの最適化ができるかを追求していくことです。しかし、月間数十億回のアクセスログから分析するのは、膨大な最適化計算になります。そのため、現在は、現実的な答えをある程度の妥協をしながら計算しています。この複雑な計算があっという間に終われば、欲しい情報にもっと効率的に出会うことができるようになります。

私たちはそんなマッチング技術の進化のために、日々新しいテクノロジーについての勉強会を開催しては新しい技術を取り入れていました。勉強会は有志による研鑽の場として定期的に行っているのですが、あるとき、その勉強会で一人のメンバーがもち出した話題がアニーリング型の量子コンピュータでした。私も学生のころにその原理となる量子アニーリングの理論を発明者である東京工業大学の西森秀稔先生のウェブサイトで見て興味をもっていました。当時はSFのような未来の技術だと思っていたので、もう使えそうなレベルのマシンがD-Wave Systems社によって世の中で販売までされていることに驚きました。そして、今では、私はこのマシンがマッチング技術を大幅に進化させることができるのではないかと考え、計算を高速化できる可能性に期待しています。

棚橋さんは量子コンピュータがマッチングを劇的に加速していくような未来を見据えて研究に取り組んでいます。では、実際にアプリケーションを実証してみて、どんな手ごたえを感じているのでしょうか。アプリケーションの実証を担当されている棚橋さん、西村さんに語っていただきました。

【量子コンピュータでもっとニーズに合わせたおすすめを】

西村さん　私が実証したのは旅行サイト「じゃらんnet」での宿泊施設の提案の最適化です。実は宿泊施設の検索結果には、似たような候補を並べないほうがユーザーが選択する確率が高いといわれています。

たとえば、宿泊施設をユーザーからの人気順に表示したとします。出張するビジネスマンなどが宿泊施設を探したところ、そのエリアで人気の高価格帯のおしゃれなホテルばかりが出てきて肝心のビジネスホテルを見つけられない場合や、その逆に旅行者にビジネスホテルばかりが提案されてしまって高級な宿や素敵なホテルが見つけられずに機会を損失してしまうといった場合がありえます。

そこで、多様なニーズに合わせた候補を提案しなければならないと考えています。ニーズをマッチさ

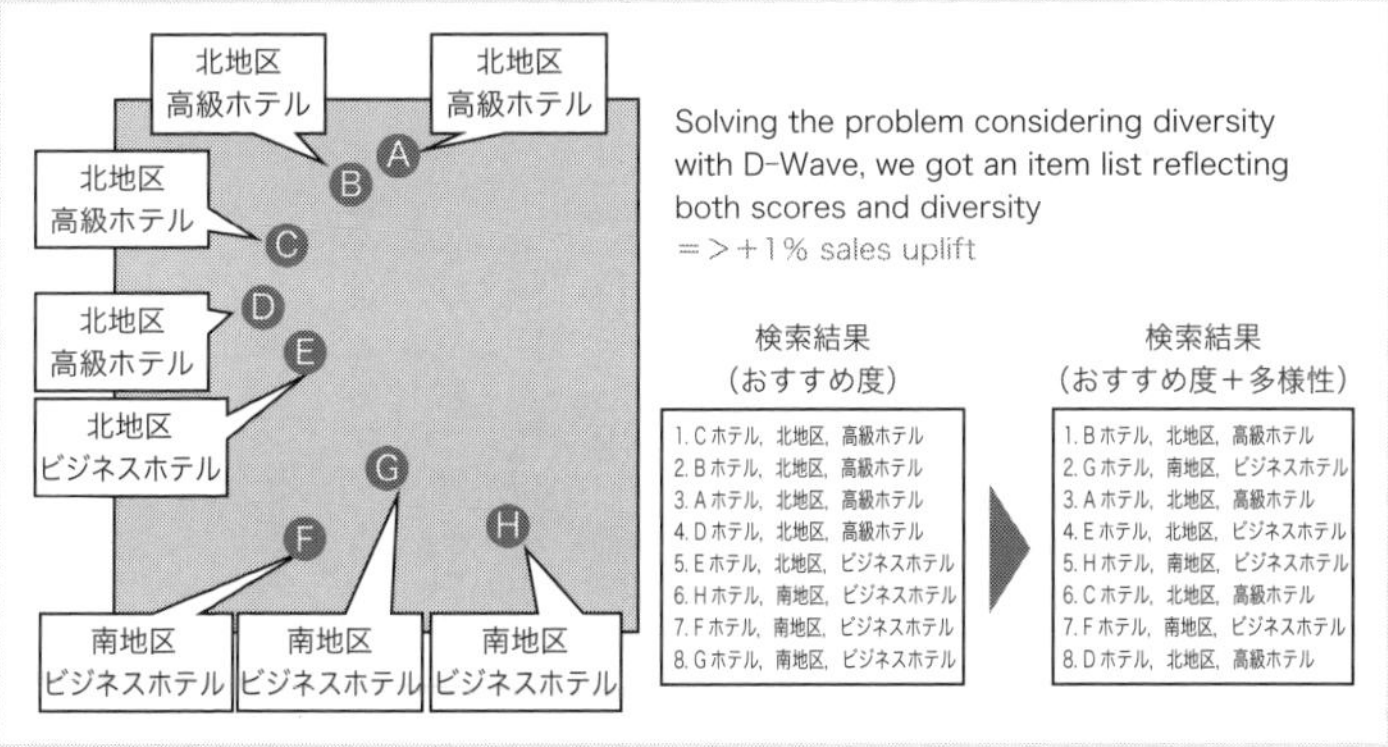

図2　ホテルのマッチング

せるためには、宿泊施設の種類、場所、価格帯などの因子を分析に用いる必要が生じます。宿泊施設どうしでどれだけ似ているかは、過去にあったほかのユーザーの閲覧履歴から分析します。同じユーザーが毎回閲覧している宿泊施設は同じ傾向であると考えたのです。

この分析結果をもとに種類が異なるものを並べるのですが、組合せも多く、従来の古典コンピュータで行うと大変時間がかかる分析になります。もしこれを超高速で分析できれば、ユーザーによりよい提案ができるのではないかと考え、D-Waveマシンを使って実証実験をしてみました。その結果、うまく宿泊施設の場所と種類が分散した検索結果の並びをつくることができ、約1%の売上げ向上につながる試算となりました。これは、将来活用していけそうな手ごたえを感じています。

【量子コンピュータでAIが速くなる】

棚橋さん　デジタルマーケティングでは機械学習の手法もよく使われます。機械学習は過去のデータから傾向を学ぶ「学習」のフェーズと、学習した結果を用いて実運用のなかで答えを出す「予測」のフェーズがあります。機械学習では汎化性能と呼ばれる、学習していない状況に対していかに精度よく予測できるかの指標が重要です。しかし、たくさんのデータを学習していると、データのどこを見て予測すればいいのかがわからなくなり精度が悪化する、過学習という問題があります。

そこで、私はD-Waveマシンを活用して、必要な情報（機械学習の世界で特徴量と呼びます）を絞り込むということをやってみました。これは、図3に示すように「情報がたくさんある場合でも、実はユーザーが望む情報を識別するには限られた情報だけで十分なので減らせばいいのではないか。それによって予測誤りが減るはずだ」という仮説を立てました。

D-Waveマシンを実際に使って仮説検証した結果、必要とされる情報を最小限にしつつも、予測の精度が高いモデルを作成することができました。必要とされる情報が少ないことは、予測を行うための計算量が少なくなるため、予測のスピード向上につながります。

ユーザーのニーズに瞬時にお答えする必要があるデジタルマーケティングにおいて、これは重要なことです。このように、量子コンピュータはデジタルマーケティングを進化させるための機械学習に使えるのではないかと考えています。

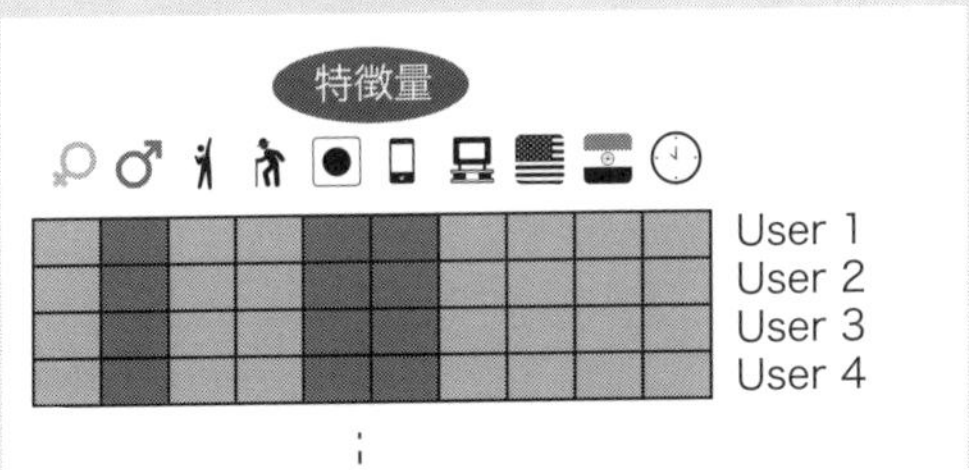

図3 機械学習での特徴量の選択

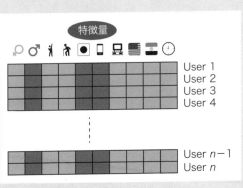

西村さん、棚橋さんは積極的な実用化視点の取組みで量子コンピュータ応用研究の世界をリードしています。そんな実用化を見据えた場合の課題についてお二人に語っていただきました。

棚橋さん　私は、応用先や実現技術がまだ不明瞭なこの世界では、**競争よりも共創が大事**だと思っています。そのためには、まずはいろいろな方々にこの分野に入ってきてもらうことが必要です。そこで、参入のハードルを下げる意味で２０１８年にＤ－Ｗａｖｅマシンを始めとしたアニーリングマシンをより簡単に使うためのツール「ＰｙＱＵＢＯ」を自ら開発して世界に公開しました。

ＰｙＱＵＢＯはデンソーを始め、さまざまな企業や研究機関でも活用され始めています。Ｄ－Ｗａｖｅマシンを使うための量子アニーリングの技術は、初めて使う人にはわかりづらい部分があるのですが、ＰｙＱＵＢＯによって初めての方でも手軽にプログラミングができるようになります。これによってアプリケーション実証や技術開発が進んでいくことで、実用化を早める一助になると思っています。

西村さん　私は、量子コンピュータを活用したサービスが安定的に供給されるためには冗長性や保守性が課題であると考えています。量子コンピュータがトラブルで動かなくなってしまった場合に、もう1台に切り替えたり、すぐにメンテナンスできるような仕組みをもっておくことが必要です。

また、即時性の高い分析を利用する時代になった際には、今はカナダにあるマシンをクラウドで利用しているために発生する、通信の遅延時間《レイテンシ》の問題があります。量子コンピュータが数十マイクロ秒で計算を終えるのに対して、通信で数秒かかってしまうのは大変もったいないことです。

これらの解決にはまだ時間がかかると現時点では考えていますが、国際会議などで研究をリードしている世界のトップの方々と議論すると、実用化に向けて着実に動き始めていると感じます。

Interview

京セラ株式会社

「材料から世界を変えていく会社」

京セラコミュニケーションシステム株式会社

「ICTや通信エンジニアリングで企業や社会を支える会社」

京セラといえば、国内で知らない人はいないほどの有名企業ですが、その始まりはセラミックという材料です。材料技術をコアに、今や半導体から車載機器、携帯電話、ソーラーパネルに医療機器など幅広く世の中へ提案し続けている会社です。

京セラコミュニケーションシステム（KCCS）は、京セラグループのなかでシステムインテグレーションなどを行うI

京セラ
基盤技術研究部
増子貴子さん

京セラ
研究開発本部
小澤太亮さん

京セラコミュニケーションシステム
研究部
大友雄造さん

京セラコミュニケーションシステム
研究部
近藤郁美さん

CT事業や、携帯電話無線基地局の設計・施工・運用・保守などを行う通信エンジニアリング事業などを展開し、企業の課題解決や社会の発展に貢献している会社です。

> ”90%が失敗でもいい。量子コンピュータで
> 変わる世界に挑戦しよう！“

【新しい技術で、新しい世界を創り出す挑戦】

4人の研究者に突如本部長から降りてきたミッション。

「量子コンピュータで時代が変わろうとしている。何か新しいことができないか？」

「量子コンピュータって何!?」と戸惑うなか、4人が東北大学量子アニーリング研究開発センターの門を叩いたことが挑戦の始まりでした。そんな4人に共通するのは新しいことが大好きであることです。

始めに、KCCSでAIの活用検討を行っている大友さんと近藤さんに描いている夢を語っていただきました。

【通信の品質を向上】

大友さん　KCCSは通信エンジニアリング事業において、携帯電話の電波状況の改善を行っています。私たちは量子コンピュータを携帯電話の無線基地局の最適化に使えるのでは？　と思いました。

携帯電話の基地局って、見たことありますか？　ビルの上や鉄塔などについているんですが、多くはよく見ると三方向にアンテナが付いていてそれぞれ電波を飛ばせるようになっています。この基地局を経由して携帯での電話やインターネットができるようになっているんですね。

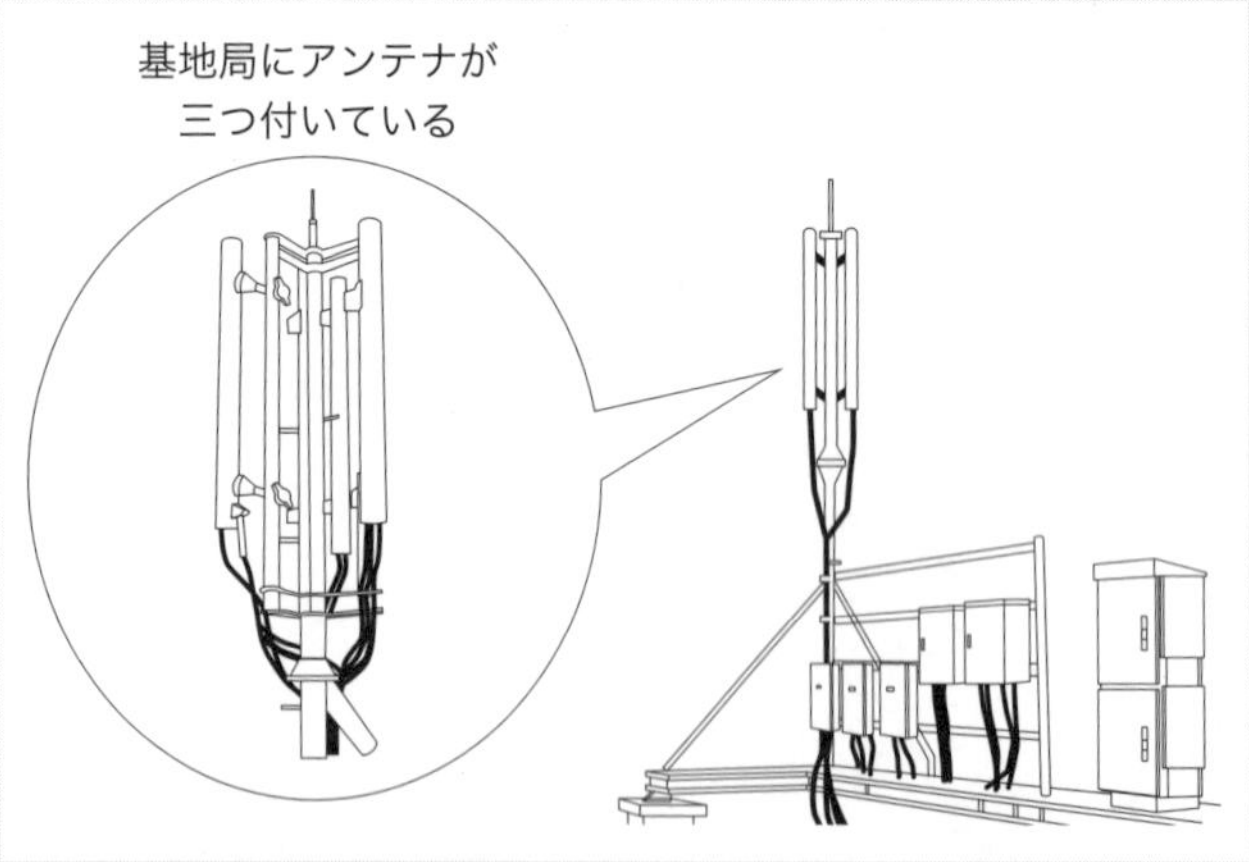

図1　基地局の図

この基地局って日本にどれだけあるかご存じですか？

なんと全てのキャリアを合わせると約57万局もあります。しかも年々数は増加しているんです。なぜ増えているかといえば、スマホやIoTなどの普及で急速に通信需要が増加しているのと、ビルなどが建ったりすると今まで届いていたエリアに電波が届かなくなってしまうため、新しい基地局を立てたり今ある基地局を調節したりする必要があるからなんです。

しかし、これには問題があって、実は基地局を増やしたり調節するたびに通信障害の可能性が出てきてしまうんです。携帯電話って、基本的には近くの基地局にあるアンテナと通信をしているのですが、どのアンテナと通信しているかを把握しないといけないんですね。図2の例だと、Ａさんのところに三つのアンテナから電波が入っており、どれとつなぐかを決めて通信を行います。このように複数アンテナからの電波を受信してしまうのは、つながらない場所をなくすなどの理由で基地局をたくさん設置しているためで、ほとんどの場所で複数アンテナからの電波が受信できています。ただ、それぞれのアンテナが何のルールもなく適当な周波数域やタイミングで電波を発信してしまうと、最悪の場合、干渉してしまって通信ができなくなってしまいます。

携帯電話がどのアンテナとつながっているかを見分けるために、理想としてはアンテナごとに別々の周波数域・タイミングにすればいいのですが、そうするとたくさんの周波数域が必要になりますし、現実的ではありません。それを解決するためにＬＴＥでは各アンテナを三つのグループに分け、さらにそのなかで細かく168個に分け合計3×168=504個のIDに分類し別々の周波数・タイミングで通信するようなルールが世界的に決まっています。

たとえば、図2のAさんでは携帯電話が三つのIDを見分けます。そのとき、ID：73番と通信を行っていたとしたら、そのほかのID：158番やID：264番の通信は捨てるようにします。携帯電話側から考えると、このIDが被っているとどのアンテナの信号を受けているのかわからなくなってしまうので、IDは絶対に被ってはいけません。また、グループも被ると電波干渉が起こってしまうことがあるため、できるだけ避ける必要があります。

携帯電話はいろいろな場所、いろいろな人が使いますのでどんな場所でもIDとグループが被らないような通信網を構築する必要があり、

図2 複数の基地局

そのために基地局のアンテナの振り分けを適切にしないといけないんです。この基地局のアンテナ振り分けの課題は、絶対被ってはいけない504個のIDの振り分けと、被りを最小限にする3個のグループの振り分けの二つになります。とくにグループの振り分けを量子コンピュータで解くことができるんじゃないかと思ったんです。振り分けができるようになれば、干渉が少なく、よりつながる通信網を作ることができるようになります。

具体的に見てみましょう。基地局に三つのアンテナがついている場合、被らないよう別々のグループにするのですが、振り分け方は3の階乗で6通りあります。基地局が複数ある場合どのようになるか考えてみると、それぞれのグループが重なる場所ができるだけ少なくなるように基地局ごとにうまく割り振ってやらないと

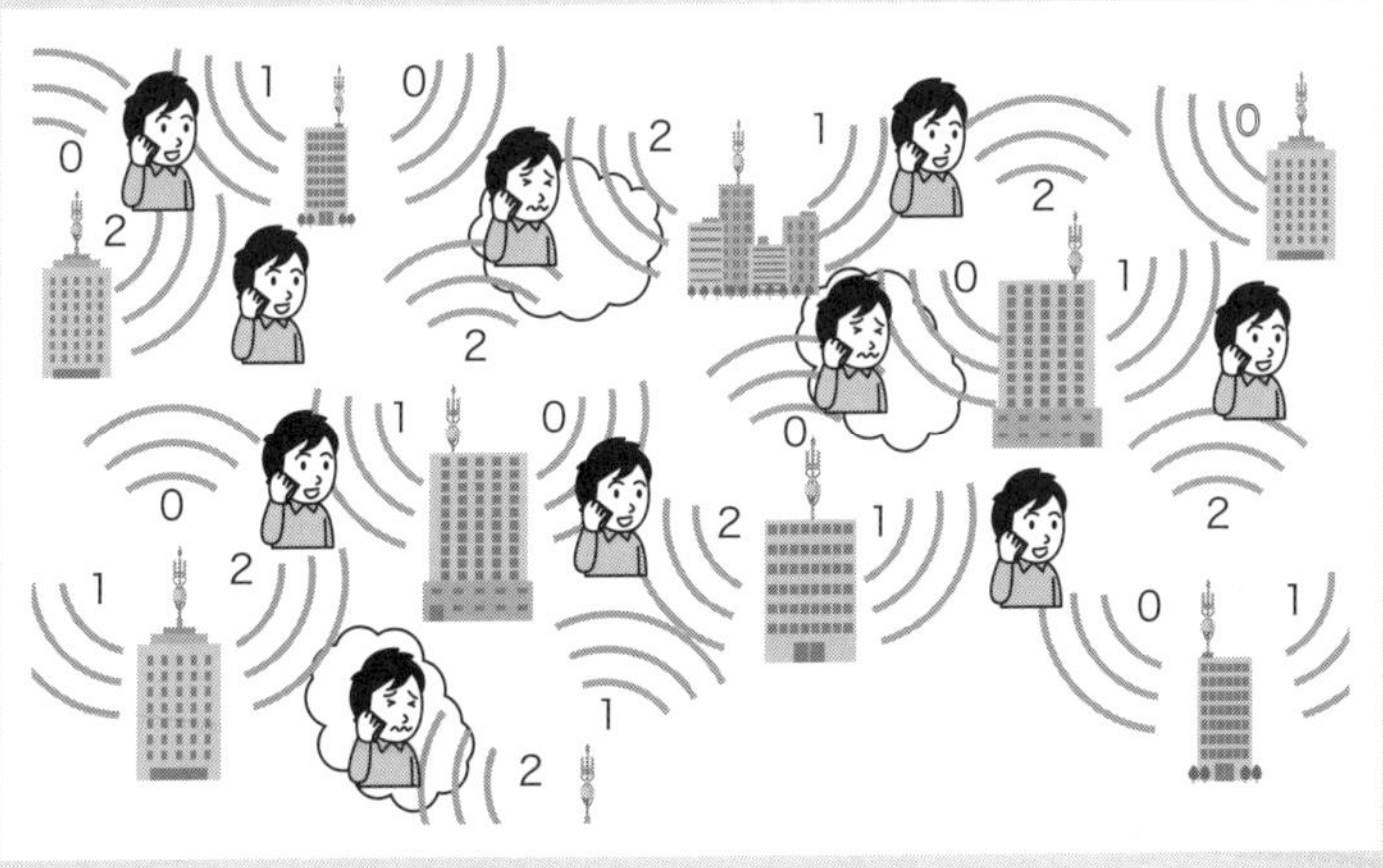

図3 グループが被ると干渉が起こる

いけなくなります。もし、基地局数をnとすると組合せが6のn乗通りあります。

全ての基地局を計算すると恐ろしい数字です。たとえば、基地局数のnを10にしても6千万通りあって、1000基地局にすると10の778乗通りです。こんな問題、普通のコンピュータじゃ到底計算できませんので、量子コンピュータが使えたら、基地局が今後増えていくなかでも安心して携帯電話を使えるようになるんじゃないかなって思います。

なんと、普段何気なく使っている通信はこんな苦労によって支えられていたのです。このような通信インフラを支えるために量子コンピュータを使うというアイデア。ただのアイデアには終わらせずに、それを膨らませて、早速取り掛かっている大友さんと近藤さんの挑戦に期待が高まります。

近藤さん　さらにいえば、これって実は計算上よいパターンでも実際にはダメなパターンがあったり、現場のノウハウを必要とすることがあります。一つの最適解を求めたいというよりは、よい解の候補をたくさん求めて、そこから現場で選べるようにしたいんです。そこでアニーリング方式の量子コンピュータなら、よい解を高速にたくさん出せるサンプリングという使い方がありますので、最適化以外の面でも注目しています。

量子アニーリングというと組合せ最適化問題を高速に解くという宣伝文句に注目しがちですが、

その真髄は、重ね合わせの状態から取り出される無数の良好な結果のサンプリングにあるということは2章で紹介した通りです。流行り文句に踊らされずに、適切に技術のアドバンテージを活かして、いち早く実用的な問題に応用をしている大友さんと近藤さん。これが京セラグループの研究開発力とさまざまな分野に広がっていく原動力なのではないか、と感じました。

続いて、京セラでソフトウェア研究をされている小澤さんに語っていただきました。

【電力を安心に】

小澤さん　私はバーチャルパワープラント（VPP）と呼ばれるインターネット上の仮想発電所への活用に期待しています。高度なエネルギーマネジメント技術により、家庭やオフィス、工場などに設置される蓄電池や再生可能エネルギー発電設備など、分散して存在するエネルギーリソースを遠隔・統合制御し、あたかも一つの発電所のように機能させることで、需給調整に活用する取組みです。

京セラは、国の実証事業に参画し、一般家庭に設置した蓄電システムの充放電を遠隔制御・管理する技術の研究を進めています。バランスをうまく調整するために、供給が多い場合には、たとえば個人の電気自動車のバッテリーや家庭用蓄電池などに溜めておき、需要が多い場合には溜めた電力を放電します。また、需要がそれでも過多の場合には使用者側にインセンティブを渡して使用を控えてもらうことでもバランスを取ることができます。

こうすることで、皆さんがより安心して電力を使うことができるようになるんですね。電源が分散できれば、災害時の電力供給も安定しますから。しかも、電力会社もピーク時に合わせて無駄に大きな設備を保持する必要がなくなるため、電力が安くなります。こういったVPPと呼ばれる仕組みは電力自由化や分散化が早くに進んでいたアメリカ、フランス、イギリスでは次々と登場していて、日本でもこれから増えていくと思います。

このVPPの需給バランス調整も最適化問題です。多くの電源を結ぶほどに全体で効率化できるのですが、最適化問題としても解くのが難しくなっていきます。そこで量子コンピュータの登場ですよね。時事刻々と変化していく需要や電源の状態を瞬時に最適化してくれる、そんな世界を創れたらと思います。

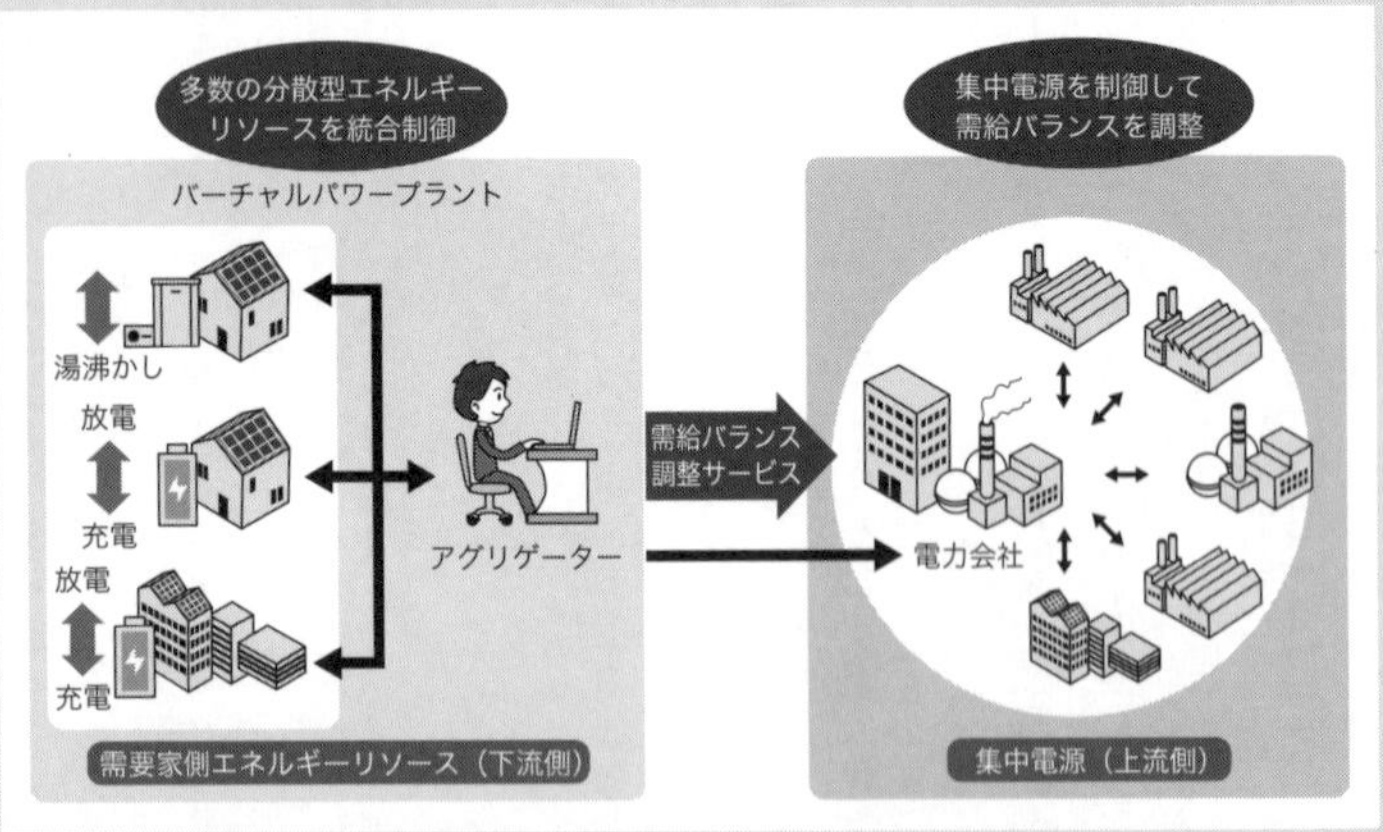

図4　需給バランスの調整

小澤さんが狙っている応用例は、電力供給の安定化。社会的に重要な課題の一つです。その際に重要なキーワードは個別の最適化ではなく、全体の最適化です。その目的のために量子コンピュータを利用した組合せ最適化問題の解法に注目しているようです。

次に、京セラで材料研究をされている増子さんにお話を聞いてみました。

【新しい材料が生まれる】

増子さん　私は量子コンピュータを材料開発に使えるのではないかと考えています。普段の仕事では新材料開発のためにスーパーコンピュータで材料シミュレーションをしています。シミュレーションですので、もちろん実験の結果を再現しないことがしばしばありますが、それはシミュレーションモデルが適切でないことが一つの原因です。

私たちは理想的な構造や状況を仮定してシミュレーションモデルを作ります。しかし、実際に製品に使われる材料分子には混入物や欠陥があるため綺麗な構造でない場合が多く、さらに、現実的な温度による効果を考慮すると材料分子はさまざまな状態をとるため、複数の状態を考えなければならないことがよくあるのです。

それではどうしたらいいかというと、あらかじめ混入物や欠陥を想定したさまざまな原子の配置をたくさん用意するといったように、取りうる可能性が高い複数の状態を準備し、それら全てに対してシミュレートして結果を考察します。しかし、あらかじめさまざまな混入物や欠陥を想定した原子配置の組合せを人間が全て確認し、準備することは非常に大変な作業です。その配置の候補探索に量子コンピュータを活用したらどうか、というアイデアをもっています。

これは、量子コンピュータを最適化の計算に利用するのではなく、多くの候補を出力するサンプリングに使うということです。「量子コンピュータはスーパーコンピュータを超える」というような記事も見ますが、実際にはそれぞれの得意領域があります。そのため、探索のための量子コンピュータとその評価のためのスーパーコンピュータというように両者のよさを発揮するような使い方をした方がいいのではないかと考えています。量子コンピュータを組み合わせた材料開発はチャレンジングな課題ですが材料探索のスピードを引き上げて、開発にかかるコストを下げることも見込んでいます。

量子コンピュータは万能ではないので、得意なところから使ってみようという発想で、増子さんは新たな材料開発に挑戦しています。そして、材料そのものの開発だけでなく、ものづくりの現場に

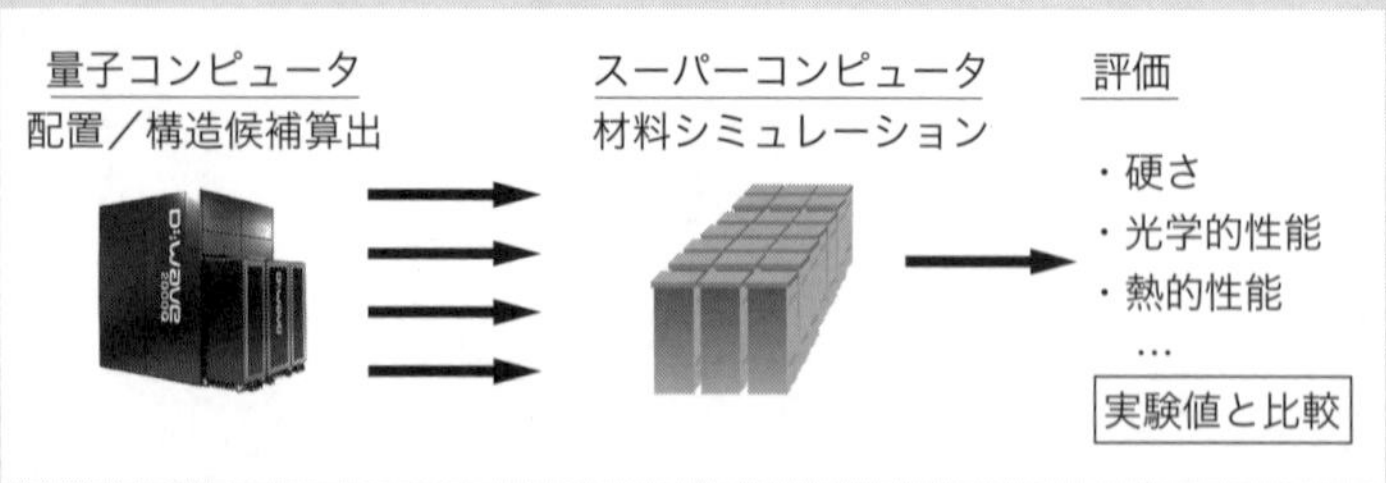

図5　量子コンピュータを活用した材料シミュレーションの候補算出

潜む組合せ最適化問題を現場サイドから引き出して、さまざまな応用例も検討しているようです。

増子さん　ほかには、光学レンズの設計も、実は組合せがたくさんある最適化問題です。凹レンズ、凸レンズをどう組み合わせるか、それぞれの位置、曲率および材料などはどうするかなど無数に組合せがあります。これまではベテランのノウハウで時間をかけていい組合せを探し出していましたが、これが量子コンピュータでできるなら面白いです。

増子さんは、ハードウェア設計という観点での活用の可能性に注目しています。今回の光学レンズ設計はその一例にすぎず、きっとたくさんの可能性があるだろうと増子さんは語ります。量子コンピュータが革新を起こしたあとのハードウェア設計の世界はどうなっていくのでしょうか。材料開発、ものづくり、それらを製造する際のプロセスの最適化についても応用を考えているようです。

増子さん　現在もうすでに一部の製造工程で、人工知能技術を駆使して、どのタイミングでどの生産を行うのかを管理し始めています。そういった意味で、組合せ最適化問題に定式化をしたあと、どの順番で加工や製造ラインを動かすと効率的だよ、という結果が量子コンピュータから出れば、比較的早い段階で現場に実装することが期待できます。

Interview

株式会社メルカリ

「新たな価値を生み出す世界的なマーケットプレイスを創る会社」

世界でのダウンロード数が1億以上を超えるほど人気のフリーマーケット（フリマ）アプリを提供するメルカリ。2018年に上場した日本発の数少ないユニコーン企業（評価額10億ドル以上で設立10年以内のベンチャー企業）として世間から大きな注目を集めました。世の中の誰かにとって不要なモノを、必要な誰かの手に渡るように橋渡しすることによって、モノの価値が何世代にもわたって循環していく。そうすることでメルカリは世の中から廃棄を減らす社会貢献をしています。そんなメルカリによる量子コンピュータを活用した取組みを伺いました。

株式会社メルカリ　シニアリサーチャー
永山翔太さん

株式会社メルカリ　取締役 CPO
濱田優貴さん

”量子コンピュータが眠った売買体験を増やす“

メルカリが量子コンピュータに注目し始めたきっかけの一つに、創業者である山田進太郎さん（現・会長兼CEO）が、著者である大関の著書『量子コンピュータが人工知能を加速する』を手に取ったこともあるそうです。一般の人々にとってなじみが深くなってきたメルカリと、まだまだ世間にはなじみの薄い量子コンピュータ、一体この二つの接点はどこにあるのでしょうか。始めに、濱田さんがメルカリが目指していることと、課題を語ってくださいました。

濱田さん　皆さん、メルカリって使用されたことはありますか？（ここで全員が手をあげる）ありがとうございます（笑）。

始めに簡単なサービスのご紹介から始めます。メルカリはモノを売りたい人、買いたい人をうまくつなげるC2C（Customer to Customer：顧客対顧客）のフリマアプリです。お客様どうしがつながる際に、不安を感じやすいお金のやりとりの部分をメルカリが仲介することによって、安心に売り買いができる仕組みです。

　皆さんのお手元にある要らなくなったモノは、皆さんのなかでは価値がなくなったことになりますが、ほかの誰かにとっては価値のある場合があります。つまり、価値のないモノに、移動によって価値を生み出すということをメルカリはしています。

　たとえば、メルカリでトイレットペーパーの芯が売れた、という話があります。売り手からしたら捨てるはずであったものが、買い手からしたら工作に使えるから価値があるということです。こうやって『世の中から価値がないとみなされて廃棄されてしまうものを減らしたい』これが私たちの想いです。

　では、中古品を購買するという行為はどのように促されるかですが、シンプルにいえばお客さんと中古品との接点を増やすことによってなされま

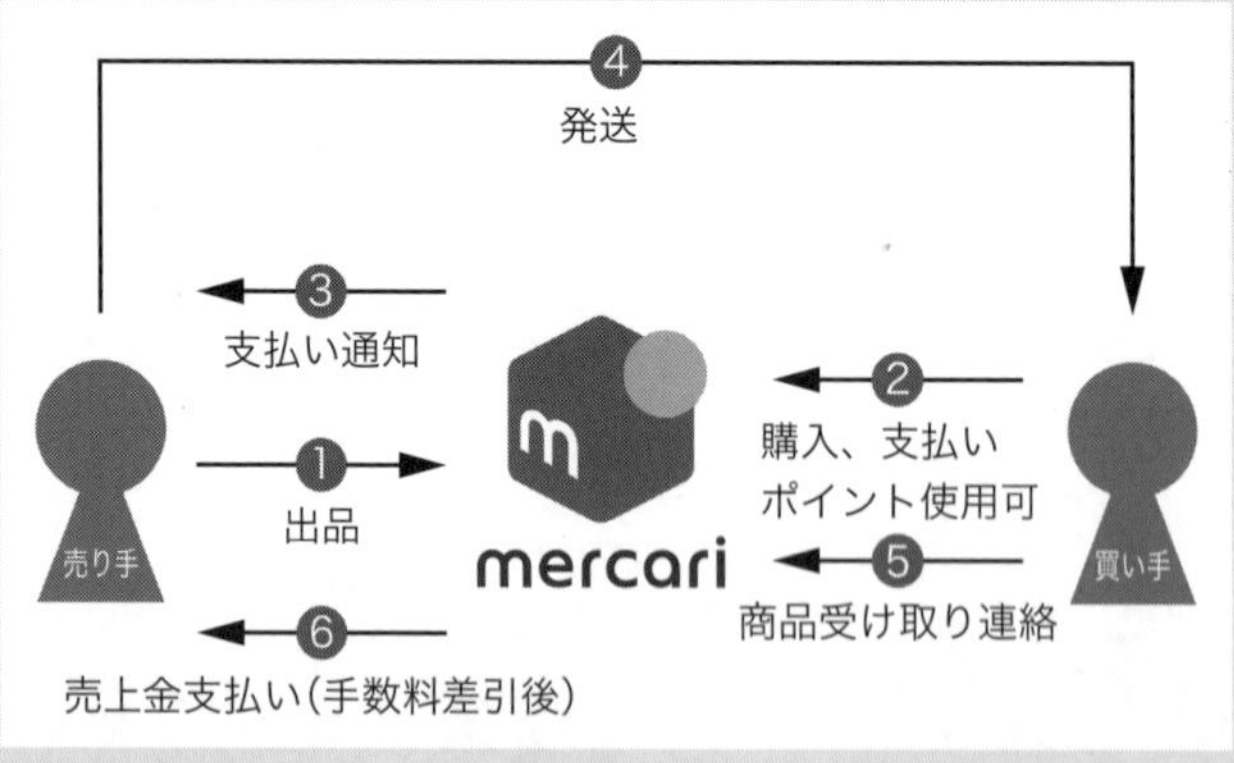

図1　メルカリのサービス

す。

車の例でいえば、中古車屋さんは世の中にたくさんありますよね。それによってお客さんたちは中古車に触れる機会が増えた結果、いい車に巡り合えれば購入に至るというわけです。

それでは車以外はといいますと、リサイクルショップは世の中にたくさんありますが、置いてあるものはお店ごとに多種多様であるため、なかなか欲しいものに巡り合えないことがあります。先ほどのトイレットペーパーの芯の例でも、なかなかそれを置いている業者さんも、買いにくるお客さんも多くはないでしょうから、うまく巡り合うことができません。

そこでインターネットの力を使って、買いたい人と売りたい人をつなぐ機会を私たちは増やしているのです。そのため、これからさらにこのサービスを浸透させ、廃棄を減らしていくためには、より一層、この機会を創り出す必要があります。なかでも、買うほうよりも売るほうが心理的なハードルが高いことが弊社でのこれまでの経験からわかっているので、ユーザーにとってより「売りやすい環境づくり」が重要になります。

著者の周りでも、「売ることが楽しい」とハマる人が続出のメルカリですが、その楽しさの背景にはこのような「売りやすくする努力の積み重ね」があったのです。そして、メルカリの量子コンピュータへの挑戦はこの「売りやすくする」という課題からつながっていきます。

濱田さん　量子コンピュータがあったら描ける未来像として、**配送を減らす、売値の精度を上げる、たくさんのデータを扱う**、という三つを想像してみました。

【配送が減って、売りやすく買いやすく、滑らかな売買に】

現在の売り買いのケースを複数見ていますと、配送のコストを減らしていけそうなケースに気づきます。

たとえば、沖縄の人が東京の人からiPhoneを購入している一方で、同じような状態のiPhoneを東京の人が沖縄の人から買っていることがあります。こういった場合、全く同じiPhoneではないにしろ、沖縄の人どうし、東京の人どうしで取引ができたら、ユーザーにとってより「嬉しい」ことがあります。近距離間での取引が成立することで配送のコストを下げることができますし、到着までの時間面でも得すると考えられます。

世の中で考えても配達業者さんの人手不足は大きな課題となっていますので、少しでも負担を減らすことができるかもしれません。そして、先ほどの売りやすさの話にもありましたが、しっかりと梱包して配送業者さんやコンビニへ持っていくということも売りやすさの阻害要因の一つですので、近所で手渡しするほうが楽というような人でも活用してくれるようになればと思います。

このように人だけでなく配送も含めたマッチングをしていくことも、計算コストのかかる最

図2　距離を考慮した需給マッチング

適化問題になります。量子コンピュータで、完全に最適でなくとも、いい解を高速に得られればとても役に立つと思います。

【売れる価格のアドバイスの精度が向上し、売買が加速】

現在、私たちのサービスでは、これからモノを売る人に、売れそうな価格の提案を行っています。これは、売りたい人がアップロードした画像から売りたいものを推定し、過去の取引成立データをもとに機械学習で提案価格を決めています。提案価格の精度が上がって、たとえばこの価格なら3分で売れる、となればもっと売買の効率は上がっていくと思います。

２０１７年にMercari Price Suggestion Challengeと題して売れる価格の推定のコンペをＫａｇｇｌｅというコミュニティで開催してみました。Ｋａｇｇｌｅというのは、世界の40万人のデータサイエンティストが集まり、データ解析のコンペが日々開催されているコミュニティです。私たちが開催したコンペの結果では、世界からたくさんの方々が参加して競い合った結果をもってしても、機械学習より人のほうがまだまだ精度はよいという結論でした。

もし量子コンピュータが実用可能になったら、機械学習の精度をもっと上げてくれるよう期待しています。写真をアップした瞬間に売れるような気楽さが生まれれば、さらに売る人が増えていくと思います。

【いろいろなデータがつながり、新しい価値が生まれていく】

私たちは、「mercari R4D（アールフォーディー）」という社会実装を目的とした研究開発組織を2017年に立ち上げています。R4Dは、研究（Research）と四つのD、設計（Design）・開発（Development）・実装（Deployment）・破壊（Disruption）を意味し、スピーディーな研究開発と社会実装を目的としています。このなかに量子コンピュータもテーマに含まれているのですが、それ以外ではXR（AR、VR、MR）活用、ブロックチェーン活用、衛星データ活用ということをやっています。

なかでも衛星データは、処理するべきデータ数が多く解析が大変ですので、量子コンピュータと相性がよいかもしれません。たとえば、衛星データから地球上の気象や土壌の状態を推定することが可能になるかもしれません。実はそういったデータと購買行動に相関がある、というようなことがわかれば、何か新しいサービス展開もできるかもしれません。このように、これからも新しいデータは増えていくと思いますので、量子コンピュータへの期待も高まりますね。

さらにいえば、量子コンピュータによって売る人と買う人のマッチングが究極的に進むと物々交換の世界となり、お金の登場機会が減ることになるかもしれません。お金はもともとは物々交換の流動性を高めるために生まれました。いったん価値を貯めておくことで、時期に関係なく価値を交換できるためです。お金の登場機会が減っていけば、当然お金のやりとりにかかる手数料が減っていきますので、さらに売買へのハードルが下がっていくと思います。

メルカリでは、現場から集まるたくさんの情報から日々、お客さんたちがより楽しく売買をできるように取り組んでいます。そして、それは目の前のお客さんたちだけを見ているのではなく、長期の視点をもって技術から新しい社会を生み出す取組みをしています。

そんな技術の視点で、量子コンピュータ研究に取り組んでいる永山さんにお話を伺いました。永山さんは慶応義塾大学在学時よりゲート型量子コンピュータ・量子インターネットに取り組まれている研究者で、２０１８年よりメルカリでアニーリング型量子コンピュータの研究もしているそうです。

永山さん　今はまだ始めたばかりのリサーチ段階です。これから世の中の技術とベンチマークをしながら、アニーリング型の量子コンピュータは何が得意なのかを見極めていきたいと思っています。

企業のなかで研究をすることのよさは、ビジネスを見据えることで、新しい研究課題が出てくることです。量子コンピュータの応用の世界はまだこれからですが、ＡＩがある分野で人に近い性能を実現して一気に普及したように、量子コンピュータが世の中の何かしらのしきい値を超えたときに一気に普及していくと思います。

そんな時代にいち早くサービスに適用できるようにすることも、企業における研究者の役目だと思っています。

Interview

野村ホールディングス株式会社
野村アセットマネジメント株式会社

「金融の力で豊かな社会の創造に挑戦し続ける会社」

野村ホールディングスは、世界で30か国以上に事業展開し、社員の42%が海外人員であるグローバルな投資銀行グループです。野村ホールディングスとそのグループ会社である野村アセットマネジメントでは、２０１８年から量子コンピュータを活用した実務課題の解決に取り組んでいます。金融業界では「クオンツ」と呼ばれる高度な数学や統計学、情報科学を駆使する金融のデータサイエンティストたちが古くから活躍していますが、近年、金融機関を取り巻く環境は大きく変わってきているといいます。金融の今、金融の未来について今回、お話を

野村ホールディングス
金融イノベーション推進支援室
林　周仙さん

野村ホールディングス
金融イノベーション推進支援室
瀧川孝幸さん

野村アセットマネジメント
資産運用先端技術研究部
阿部真也さん

野村アセットマネジメント
資産運用先端技術研究部
田所祐人さん

お伺いしました。

”金融がもっと身近になっていく社会、量子コンピュータはそうした社会形成の基盤となる可能性がある“

私たちの豊かな社会を支えてくれる金融の世界に、新たな技術でイノベーションを起こすことを目指している林さん、瀧川さん、阿部さん、田所さん。ＡＩの活用はもちろんのこと、その先の世界として量子コンピュータに着目しているそうです。

始めに瀧川さんが語ってくださったのは、今、金融業界に起こっている変化です。

瀧川さん　金融業は情報産業そのものだというと驚かれるでしょうか。たとえば、株式という金融商品一つ取って考えてみても、ある会社がいつ発行した株式をいくらで買うという「情報」の価値が日々変化していると考えることができます。情報処理は昔から、金融機関の競争力の源泉の一つなのです。世の中にある情報をいかに鮮度よく、いかに付加価値の高い投資情報として提供できるかが金融機関としての競争優位につながっているといえるのかもしれません。しかし情報化時代ともいわれるように、世の中で流通するデータは毎月1億2000万テラバイトにもなるといわれています。そうした膨大な情報を人力で選別し、分析するというのはもはや現実的ではなく、機械との共生が求められています。

金融機関が扱っている情報は膨大ですが、それでも世の中の情報と比べると、まだまだほんのわずかしか使いこなせていません。このことは逆に、金融機関にはまだまだポテンシャルがあると考えることもできますが、そうした膨大な情報を扱う前提として、その膨大な情報を処理しきれるシステム基盤が必要となります。それが量子コンピュータを活用してみようと思ったきっかけの一つです。

実は金融の世界では大きな変化が起きつつあります。多くの生活者にとって、これまで日常生活のなかで金融機関を意識する機会はそう多くはありませんでした。しかし、最近ではＬＩＮＥや楽天、Ｙａｈｏｏ！　Ｊａｐａｎなどといった、生活者が日常触れているサービスの延長としてスマホアプリでの決済が盛んになるなど、人々の生活のなかに金融が深く入り込む時代になってきました。さまざまな業種との垣根がかつてないほどに低くなり、まさにこれからどんな業界が金融の世界に飛び込んでくるのかわからない時代になっています。

そうした環境の変化もあり、生活に関わるデータ、とくに金融業界でこれまで使われてこなかった、いわゆる「オルタナティブデータ」の価値はますます高まっていると考えられます。オルタナティブデータというのは、たとえばテキストや音声、画像といったデータなどが挙げられますが、こういったデータを活用することで、新たな金融の形が今後どんどん生み出されていく可能性があります。

日々の生活とちょっと離れた存在と感じてしまいがちな金融ですが、実は徐々に技術の進展とともに、私たちの日常生活に浸潤してきたという背景があります。大量のデータと金融の新たな可能性を模索していく流れのなかで、どのような新しい世界が待っているのか。その世界を切り開く期待を寄せられるのが量子コンピュータです。そこにはどんな可能性が広がっているのでしょうか。林さんが続けてお話をしてくれました。

【量子コンピュータで生活に密着した金融を】

瀧川さん　先ほど、オルタナティブデータの話がありましたが、皆さんにすごく身近なオルタナティブデータの例として家計簿があります。

家計簿には、その生活者のライフスタイルや家庭環境が反映されるほか、ライフスタイルの転機、たとえば結婚や出産などのライフイベントに関する情報も含まれます。自分にとってどのようなライフスタイルがいいのか、あるいは結婚や出産をしたあとにはどのように暮らしていけばいいのか、そのヒントになる情報は日常生活のなかで必ずしも多くありません。しかし、多くの生活者の家計簿情報を掛け合わせることで、自身でも気づかないような眠ったニーズを発掘できるかもしれませんし、自分と同じような家庭環境の人が結婚や出産後にどのような生活を送っているのかを事前に把握することができるかもしれません。

自身の家計簿で記録された過去データだけをもとに将来設計すると、過去の生活の延長線上でしか考えられませんが、さまざまな家計簿データを掛け合わせて、その生活者の個別性をうまく捉えるように将来設計のヒントを共有し合う仕組みを

図1　多様化するライフスタイル

つくることができれば、「あ、これなら嬉しいかも」という新しいライフスタイルの模索にもつながるのではと思います。

林さん　今の時代ほど、生活者ごとの個別性を尊重するという考え方が重要な時代はありません。生活者が日常生活のなかで処理しきれないほどの多くの情報に触れるようになるなかで、たとえばメディアを例にとっても、昔のように月曜9時にはみんな月9ドラマを見るという画一的なライフスタイルが望まれるわけではなく、YouTubeを見る人、Twitterを見る人、Webニュースを見る人など、多くの異なる価値観で人は動きます。

そういった生活者ごとの個別性に合わせた生活設計を支援しようとすると、膨大なデータ量を扱わなければならない可能性が出てきます。量子コンピュータの性能が、今後、より一層高まっていくとすれば、将来、その計算基盤となるのかもしれません。

決済方法の変化とともに金融が生活に溶け込んでいくなかで、ライフスタイルの変化や、個々人の趣向に合わせた生活設計の提案が可能ではないか。大量のデータ、そしてそれを処理する基盤としての新しいコンピュータの可能性。金融の未来像は量子コンピュータとの親和性が高そうです。金融のサービスは、対個人だけではなく、対企業のものもありますが、瀧川さんが続けてくれた話はとても興味深いものでした。

瀧川さん　弊社グループでは企業のＭ＆Ａのサポートもしています。どの企業を組み合わさると大きな価値が生まれそうかというのは、膨大な情報から専門家が判断しています。もちろん実際には、表面的な財務データには現れない定性情報をインタビューなどで人手をかけて得る必要があることから、この作業がすぐに量子コンピュータに置き換わるわけではないと思います。ですが、その助けとなるような提案を次々と出してくれたら面白いですよね。専門家が勘案すべき検討項目というのも膨大にあり、また企業間の組合せの数も膨大にありますので、それ自体を一つの組合せ最適化問題と考えられなくもないと思いますが、そうした専門家の意思決定を量子コンピュータが支援してくれる時代が将来やってくるのかもしれません。

　Ｍ＆Ａをちょっと身近な例で置き換えていえば、結婚の相手探しでしょうか。結婚相手について考える要素って、いろいろありますよね。相手が勤めている会社が今はあまり知られていなくても将来急成長しているかもしれない。自分との価値観が合わないような第一印象をもっているけれど、意外と世の中を広く見渡せば、その価値観の相違を乗り越えている夫婦がいるのかもしれない、など。量子コンピュータが結婚シミュレーション結果を次々と吐き出してくれたら、よりよい選択ができるのかもしれません。それも、目先の良し悪しでない、長期の視点での選択なんてなかなかできませんよね。

企業の結婚ともいえるＭ＆Ａも多くの情報をもとにした膨大な数の企業どうしの組合せ最適化問

題であり、量子コンピュータでお互いに嬉しくなるような提案ができるかもしれない、そんな未来も瀧川さんは見据えていました。

ここから、田所さんの野村アセットマネジメントで取り扱っている資産運用の話に移っていきます。

【量子コンピュータと資産運用との接点とは】

田所さん　私は量子コンピュータをポートフォリオ分析に使えないかと考えています。ポートフォリオというのは、保有している資産をそれぞれどういう比率で運用していくかという資産構成を表す言葉です。投資の世界ではポートフォリオを適切に管理していくことによって、資産を増やしていくことを目指します。

たとえば、お客様からお金を預かり、投資のプロであるファンドマネージャーが株式や債券、不動産などに投資をして資産を増やしていく投資信託の例でいえば、市況や先行きの動向を見据えて、株式、債券、不動産等、それぞれに対してお金をどう配分するのか、また株式のなかでは具体的にどのような銘柄にどれだけ投資するのか、などを決定していきます。

一般論として、ある商品が将来大きく値上がりすると期待するのであれば、その価格の変動幅もそれなりに大きい必要があり、価格の変動幅が大きいだけに、想定外の場合に値下がりしてしまう金額も大きくなりがちです。こうしたリスクとリターンの特性も加味したうえで、お客様がどれくらいのリターンを期待し、どれくらいのリスクを許容できるかという好みに応じた運用を行っています。

この組合せを決定するのは、実は膨大な組合せ最適化計算になります。日本の株式のみに投資する投資信託の例でいえば、国内で上場している株式銘柄は４０００弱にもなります。そのなかで投資する銘柄を１５０ほどに絞るケースを考えます。膨大な企業情報からお客様の好みに合う組合せを選びぬくのも大変ですし、市況に応じて銘柄を入れ替える際に、売り買いしすぎると手数料分だけコストが嵩むので、どういうペースで売り買いするかというタイミングの決定も大変です。また、海外銘柄も含める場合、10万銘柄近くもあるうえに、為替も考慮する必要があり、さらに計算が複雑になっていきます。

この大きな最適化計算をまともにやろうとすると普通のコンピュータではとても時間がかかってしまいます。やはり経験則などを活用して計算を絞るわけですが、もし量子コンピュータで、今までの経験則に捉われない、より多くの組合

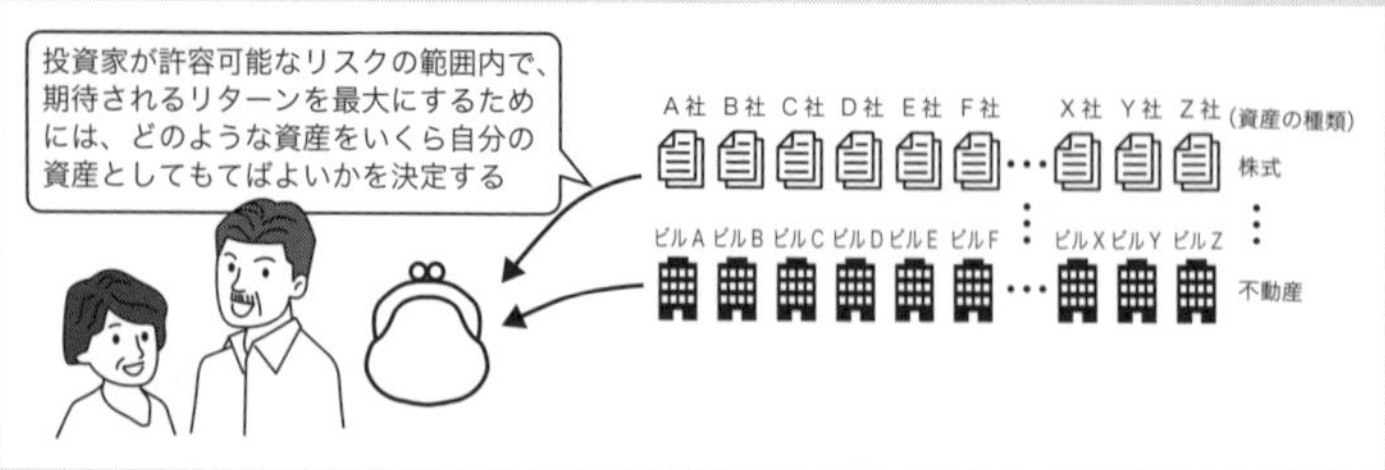

図2　投資家が許容可能なリスクの範囲のなかで、膨大な数の金融商品のなかからお金を配分する先の組合せを探し出す

せからよりよい投資の仕方を導き出せるのであれば非常に面白いです。

一方で、この世界ではお客様への説明責任が重要です。ファンドマネージャーはなぜその投資をしたかという理由を説明できなければなりません。「コンピュータが最適といったから」という説明では通りません。アニーリング型の量子コンピュータは、最適に近いと考えられる解の候補を数多く出す、というサンプリング機能がありますが、投資の世界でも、コンピュータがよい解の候補をたくさん出してくれたうえで、専門家の知見からよいものを選ぶというコンピュータと人間との共生が将来実現するのかもしれませんね。

阿部さん　弊社では、ＡＩによって投資銘柄の魅力度を推定し、ファンドマネージャーの投資判断に役立てるという取組みを行っています。もっとも、ときとしてそのアルゴリズムが複雑であるため、どのような種類の情報が投資銘柄の魅力度にどのくらい寄与しているのかという因果関係を別途調べる必要が出てきます。今回の東北大学との実証実験（＊1）では、そうした因果推定のアルゴリズムを量子コンピュータ上で解くことができるか、を検証してます。

なお、先ほどの取引コストについて、身近な例で補足すると、自動車を運転しているときに、ラッシュアワーにひっかかり、皆が特定の場所に殺到してしまった結果、道が混雑し、最短経路を選んだはずなのに移動時間が長くなってしまうことがあると思います。自分の取引だけを近視眼的に見るのではなく、全体の取引の流れを勘案しなければならないという意味では金融業界もそれに通じるところがあるのかもしれません。

たとえば、特定の商品を大量購入しないといけないというときに、その注文を一度にしてしまうと、自分が出した買い注文によって、市場の価格が値上がりし、その結果、自分が出した次の買い注文がより高い値段で処理されてしまい、結果として取引コストを自分で引き上げてしまうということが起こります。そうした取引動向も考慮しなければならないとなると、計算がますます複雑になりますが、量子コンピュータで将来、取引コストの予測も含めて最適化させられるといいですね。

投資の世界にも従来のコンピュータでは解けない大きな最適化計算が求められており、田所さん、阿部さんは量子コンピュータを活用して、投資の究極形に近づくための挑戦をしているのです。興味深いのは個別の最適化から全体の最適化へと目を向けているということでした。これは新しい量子コンピュータの使い所の一つでしたね。将来、金融の世界で量子コンピュータがどのような存在になっているのか、最後に質問を投げかけてみました。

田所さん　量子コンピュータがもし金融に使えるぞとなれば、各社量子コンピュータを使った競争になっていくと思います。この業界は新しい技術に乗り遅れると淘汰されかねない世界です。たとえば、現在はパソコンで分析を行う時代ですので、パソコンを使えない人はいません。量子コンピュータを使うのが当たり前になったとしたら、次は量子コンピュータをどうまく使うかの競争になっていくと思います。

量子コンピュータはまだ、ワクワクする実験機の段階です。今回お話してきたような将来像が現実になるのかはわかりませんが、世の中にない挑戦を通じて、新たな金融の時代をつくっていけたらと思っております。

（＊１）２０１８年２月27日に野村ホールディングスと東北大学はＤ－Ｗａｖｅマシンを資産運営業務に活用していくための共同研究を開始することを発表した。

Interview

LINE株式会社

「世界中の人と人、人と情報・サービスとの距離を縮めていく会社」

コミュニケーションアプリとして知らない人はいないほど親しまれているLINE。今や漫画や音楽の配信といったエンターテインメントから、オンライン決済やショッピングといった生活を支えるサービスなど、ユーザーに寄り添った価値を次々と生み出している会社です。

”量子コンピュータでAIがもっと身近になる日が来る“

LINE株式会社
高柳慎一さん

数々の著書を持ち、データサイエンティストとして一線でご活躍されている高柳さん。量子コンピュータとの出会いは前職リクルートコミュニケーションズ社に在籍されているときでした。広告をどう効率的に配信するかを支えるテクノロジー、アドテクと呼ばれる技術の発展に、組合せ最適化問題の解法である量子アニーリングをD-Waveマシンを直接触りながらさまざまな応用例を築き上げてきました。その後、会社を移られたあとも、個人的に量子コンピュータの技術に触れ続けているそうです。

高柳さんが最初に語ってくれたのは、量子コンピュータに初めて触れたときに感じた衝撃です。

【量子コンピュータがAIをもっと身近に】

量子コンピュータを触って最初に感じたのは、「あ、これ計算してないでしょ」という感覚です。それくらい速すぎてびっくりしました。あらかじめ決められた答えが画面に表示されて騙されてるんじゃないかと。でも、実際にはちゃんと計算されている。これはすごいことだぞと。それから使えば使うほど面白い技術だなと思いました。何にでも使えるわけじゃないけれど、ハマればめちゃめちゃ速い。今でも常にこのコンピュータにうまくハマる問題って何だろうと、ついつい考えちゃいます。

そんななかで、最近注目しているのは〝機械学習の解釈性を上げる〟という使い方です。しばしば説明性ともいわれますが。機械学習に使われる深層学習（ディープラーニング）と呼ばれる手法は最近あまりにも有名になりましたよね。音声対話やチャットボット、画像認識など、機械学習の用途は広がりつつありますが、実は機械学習、とりわけ複雑な機械学習の場合、中身のモデルがブラックボックス化されていることが多くて、人間がその内容を解釈できないんです。それがいくつかのアプリケーションでは機械学習の普及の妨げになっています。

たとえば、先ほどのチャットボットみたいな世界はある程度答えが間違っていても許容される場合も多いのですが、ロボットが周辺を画像認識しながら動くようなアプリケーションを考えた場合、ロボットが意図しないような動きをして周りの人にぶつかってケガをさせてしまったら大変なことになりますよね。こういった、動作の品質を保証しなければならない用途においては、異常動作に対する説明責任があります。性能はいいのだ

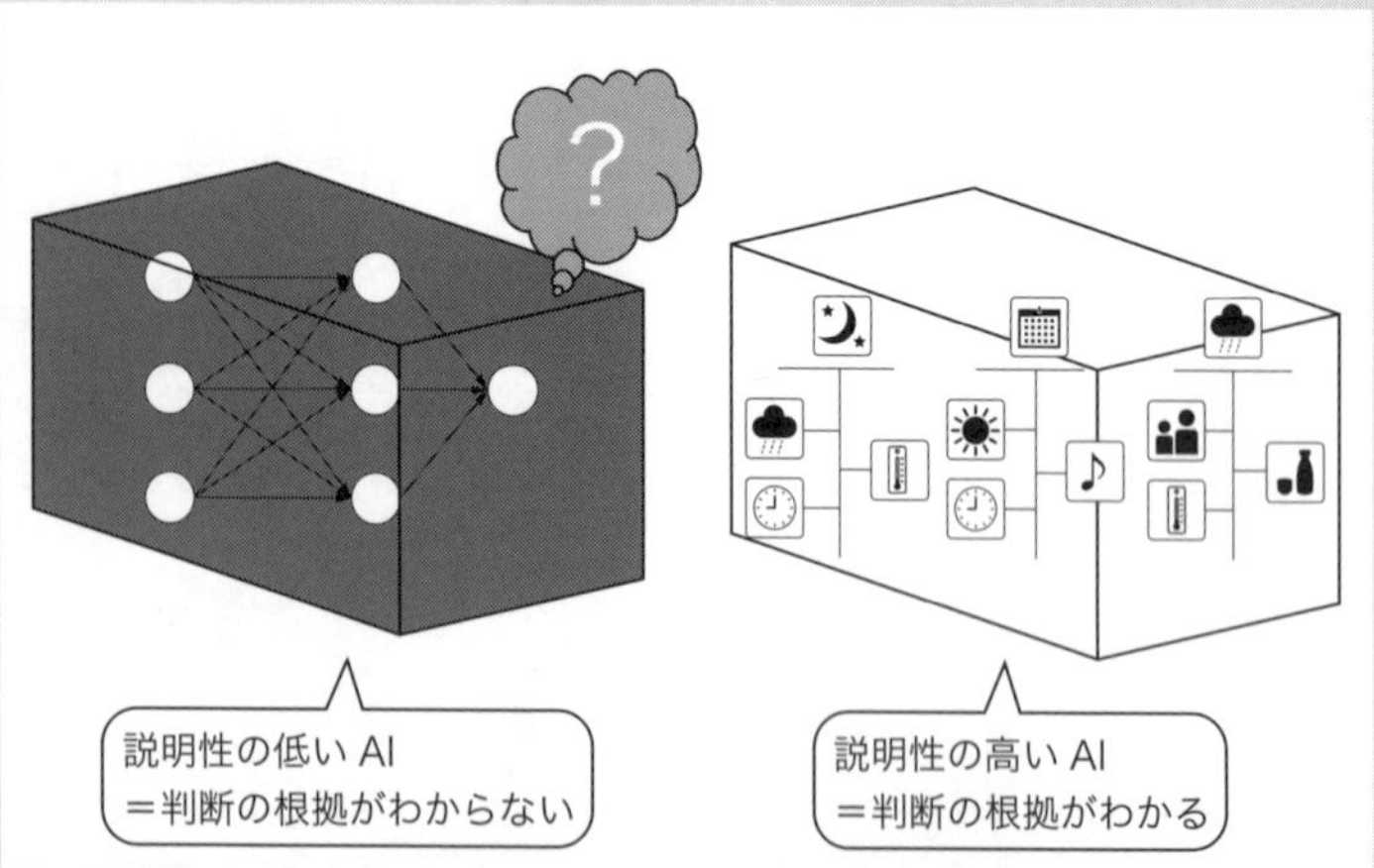

図1　AIの説明性

けどその動作原理の説明ができない、これってシステムをつくる側から見ると大きな課題です。
それを解決するため、さまざまな国際会議で機械学習や人工知能の解釈性に関するトークやワークショップが開かれているんですが、直近だと２０１７年にＮＩＰＳ（差別的なのでＮｅｕｒＩＰＳに２０１８年以降変更されています）（＊１）と呼ばれる機械学習の大きな国際会議でＳＨＡＰと呼ばれる技術が提案されました（＊２）。これはある特徴量が予測にどれだけ寄与したのかを解析するための1手法ですが、この論文のなかで出てくる数式を計算するためには〝特徴量の組合せ〟に関する計算をしないとならないんですよ。こういう話をうまく量子コンピュータを使って楽に解けないかな～なんて考えていますね。説明できる機械学習の登場で、あらゆるアプリケーションに機械学習が搭載される日が来るかもしれませんよね！

身のまわりにあふれてきたＡＩも、世の中のあらゆるものに普及していくためには、説明性という大きな課題があったのです。高柳さんは、それを量子コンピュータで解決することで、ＡＩがさらに先に進む世界を描いています。量子コンピュータとデータサイエンスという二つの分野どちらにも精通した高柳さんならではの話がここから膨らんでいきます。

【量子コンピュータがコンパクトなＡＩを創り出す】

機械学習の世界で、Ｋａｇｇｌｅっていう面白いイベントがあるのをご存じですか？ スポンサー企業が出したデータ分析のお題に対し、データサイエンティストたちが機械学習を始めとした分析手法を駆使して解の精度を競い合うコンペティションサービスです。この世界ではものすごくCutting Edgeな機械学習の技術がよく使われる、というかまさにそういう技術の発祥の地でもあるんですが、そのなかでもここ数年よく使われるのはＢａｇｇｉｎｇという機械学習の精度を向上させるテクニックです（＊3）。

　このテクニックのなかで、数値は少ないけど最適化問題としては難しい部分があります。そこに量子コンピュータが意外と相性よくいけるんじゃないかなと考えていたりもします。量子コンピュータってまだまだ量子ビット数が少ないので、あまり大きな問題は解けないといわれてますけど、絞られたデータを扱うならば得意な領域になります。

　ちょっと例で説明しますね（図2）。

　まず、手元にデータ（$N \times M$のサイズ）があるとします。これを量子コンピュータではなくパソコンで機械学習アルゴリズムを使って学習を行います。その結果、ある予測モデル（f_{ci}）が出てくるんですが、モデルを変更するなりハイパーパラメータを変えるなりして複数個（K個）用意します。Ｂａｇｇｉｎｇっていうのは大雑把にいうと「このK個の予測モデルの多数決や平均値を出力とした新たな予測モデルをつくる」ことなんですが、このK個の予測モデルの全てが、新しい予測モデルによい寄与をするわけじゃないんです。そのため、その余分な予測モデルを取り除きたいのです。そこに量子コンピュータが使えないかと考えています。「ある予測モデルを使うか（1）使わないか（0）」を変数として、最適化を行うわけ（図の$Q(i)$が最終的に使うか使わないかを返すインデックス、K_Qは最終的に使われる予測モデルの個数）です。こういう状況だともとのデータ（$N \times M$のサイズ）を直接取り扱わなくてもよくて、K個の予測モデルが吐き出す数値だけを扱えばいいので、量子ビット数が少ない量子コンピュータでも扱うことができるんですよ。つまり、今の機械学習に対しても活躍できる世界は結構広いんじゃないかなと思っています。量子コンピュータが活用されるのは、すごく先の話ではなく、目の前にあるんじゃないかと。

また、最近の面白いトピックとして、ＴｅｎｓｏｒＦｌｏｗ Ｌｉｔｅと呼ばれる、スマホで機械学習を取り扱えるツールが出てきました。ＴｅｎｓｏｒＦｌｏｗというのはＧｏｏｇｌｅ社が出している機械学習のオープンソースソフトですが、ＴｅｎｓｏｒＦｌｏｗのトレーニング済みモデルをスマホで実行できる形に変換し、ス

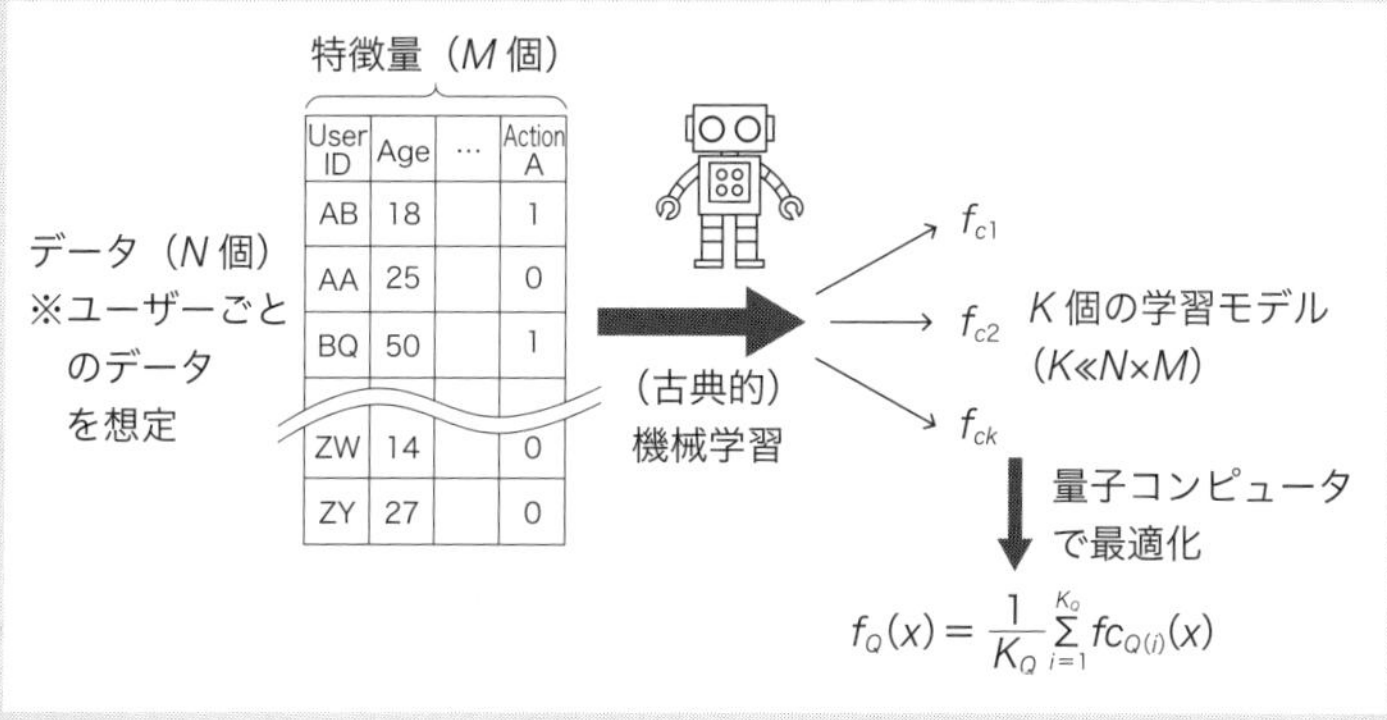

図 2 量子コンピュータを活用した機械学習の精度向上方法

マホで機械学習した結果を使えるのです。たくさんのデータから学習するのは計算機で行い、学習した結果を使うのはスマホ、という分担になりますが、やはりスマホで動かすには機械学習した結果を超コンパクトにできなければ、消費電力が大きくなりすぎたり、メモリが足りなくなって動かせません。一方で、何も考えずにコンパクトにしすぎてしまうとよい性能が出ません。そこで、量子コンピュータで超コンパクト、超高精度に機械学習をするなんて世界がきたら面白いですね。

これらのどちらも、無理に全てを量子コンピュータでやらせるわけではなく、一部はGPGPUなどの古典的な計算機に任せて、量子コンピュータは、得意のコンパクトな部分に使う。これが近い将来で現実的にありえそうな姿ですね。

量子コンピュータはビット数がまだ少ないから応用の世界は先、なんて世の中で思う人が多いなか、高柳さんはすぐにでも使えるかもしれない世界をたくさん思い描いているのです。機械学習の精度が上がり、コンパクトになるなかで活用の幅が大きく広がることに期待が高まります。

ここから、応用の世界に話が広がります。

【量子コンピュータがアプリケーションをもっと楽しく、便利に】

LINEという会社のアプリケーションと量子コンピュータを関連づけた妄想をしてみま

す。グループ作成の最適化なんて世界があったら面白いんじゃないかと思います。今のLINEグループって、基本的には自分で友だちを招待してつくる仕様ですが、盛り上がるメンバーや人数など、自動で生成してくれるようになったらなぁと。たとえば、過去の投稿履歴、LINEスタンプの趣向、LINEショッピングなどでの買い物履歴などなどから、この人たちを組み合わせると面白い会話が生まれるぞ、活発な会話が生まれるぞ、とか。それも、同じ傾向の人を単に集めればよいわけではなくて、話を引っ張りそうな人、うまく話しにのるのがうまい人などなど、バランスを取ろうとすると、無数のパラメータの組合せになって今までのコンピュータで処理するのは難しいですね。

また、広告表示の最適化も面白そうです。皆さん、LINEマンガって使います？　このアプリのなかでは広告が複数並んで表示されます。表示される広告は過去のユーザーの行動履歴から出てくるんですが、単純に行動履歴からだと似たようなも

図3　同じようなスタンプが提案される

のばかり出ますし、それが本当にユーザーが今必要なものかもわからないんですよね。また行動履歴に入らないような新しい商品を提案するのも難しい。一言でいえば、レコメンデーションにおいて多様性が欠如しているんですよね。たとえば僕、LINEでアザラシとパンダのスタンプを買ったんですが、無数のアザラシとパンダスタンプがおすすめで出てきます。もういっぱい持ってるからいいよって（笑）。こういった表示の最適化をこれから改善していこうとはしていますが、量子コンピュータなども使ってうまくやれると面白いですよね。

近年のWebサービスに基本的に搭載されているレコメンデーションサービスが抱える現状の問題点に切り込む際、キーワードになるのが組合せ最適化問題。その人に最適なものだけでなく、新しい選択を生み出すための工夫を施す。人が集まるコミュニティを提案したり、お客さんに本当に必要な広告を表示したり、人が本当に必要としているものに着目したとき、それを解決する手段を見据えたとき、さらに大きな可能性がある。そんな世界を高柳さんは見ています。話はこの分野の取組み方や将来の展望へと広がっていきました。

今のこういったデータ処理の技術って、いろんな業界に共通したものがあります。そして業界によって進む方向や進むスピードが違う。これって、いろんな業界の人で手を組んで新しい価値を生み出すチャンスだと思うんです。たとえば、機械学習を始めとしたデータ解析技術って、ＩＴ企業ではすごいスピードで進んでいます。とりあえずサービスを出してみて、頻繁にアップデートしていくやり方ですね。一方で、命に関わる業界、たとえばヘルスケアや自動車あたりは、信頼性の確保が大事で、着実に技術を確立してからリリースする世界です。でも、ＩｏＴによってモノがデータ解析とつながる世の中になってきつつあるなか、データ解析という意味では共通する部分も多いので、もっと交流してシナジーが生まれると双方にとっての発展が見えそうだなと。ＩＴ業界で当たり前のものを異業種にもって行ったり、その逆も然りです。量子コンピュータも、今やいろんな業界の人がいろんな提案をし始めている。でも共通部分も多いはずです。

私は、量子コンピュータがいずれ人々に意識されなくなる世界がゴールだと思っています。スマホをいじっててもなかがどうやって動いているかなんて意識しないでしょ？　そんな風に、生活のなかに溶け込み、当たり前のように支えてくれる存在になったらいいですよね。

（＊1）https://webbigdata.jp/ai/post-2225
（＊2）https://papers.nips.cc/paper/7062-a-unified-approach-to-interpreting-model-predictions
（＊3）https://en.wikipedia.org/wiki/Bootstrap_aggregating

Interview

株式会社ディー・エヌ・エー

「インターネットやAIを活用し、世界に喜びや驚きを届ける会社」

Mobage（モバゲー）でおなじみのゲーム事業を初め、横浜DeNAベイスターズで有名なスポーツ事業、インターネットオークション モバオクのE-コマース事業から、最近ではヘルスケア事業、オートモーティブ事業といった幅広い事業を手掛けているDeNA。インターネットとAIの技術をベースにさまざまな価値を提供しています。現在、新しい技術として量子コンピュータの取組みを始めているそうです。

株式会社ディー・エヌ・エー
オートモーティブ事業本部
シニアマネージャー
國松健治さん

”量子コンピュータで喜びが増える世の中に“

オートモーティブ事業本部で、車などの乗り物を活用したサービスであるモビリティサービスの拡大や、新規プロジェクトの立ち上げをご担当されている國松さん。会社の外の世界を飛び回り、技術、市場の両面から将来のモビリティ社会の創造に挑戦し続けています。そんな國松さんが量子コンピュータに興味をもち始めたのは、著者である寺部との自動車系カンファレンスでの出会いがきっかけでした。

國松さんが考えるモビリティの未来に量子コンピュータはどう組み合わされていくのでしょうか。始めにＤｅＮＡのモビリティサービスの取組みについて語っていただきました。

モビリティサービスの世界は、これから所有から利用への変化と自動運転で大きく変わっていくと言われています。そのなかで、私たち、サービス事業者のアプローチは、まずは所有から利用への変化に対応しつつ、将来的に自動運転を取り込んでいくことになります。私たちは

そのような未来を見据えて、長期の視点で自動運転の実証実験をしながら、もう少し近い視点ですでにMOV《モブ》というタクシー配車サービスを運用しております。

MOVはタクシーをスマホで呼べるサービスです。このサービスでは、さまざまなタクシー会社のなかから、現在地より一番近いタクシーを呼ぶことができ、タクシー会社に直接電話をする場合よりも早くタクシーに乗れる可能性が生まれます。また、タクシーの現在地と到着時刻がリアルタイムでわかるので、待ち時間を有効に使うことができるようになります。そして、支払いがインターネット上で完結するので、下車するときもスムーズです。

2018年12月には、DeNAは、これまでにない新しい移動体験の提案として0円タクシーという取組みを行いました（図2）。この取組みは広告を出したい企業様に広告料としてタクシー代金をお支払いいただくことで、乗客の費用負担がなくなるというものです。これによって、世の中から大きな反響を得ました。このように、私たちは移動することのあり方を探求し続けています。

DeNAではお客様が得られる価値を大事にしながらモビリティサービスを生み出しています。そんなモ

図1　「MOV」アプリ画面

ビリティサービスの世界と量子コンピュータの接点はどういったところにあるのでしょうか。

【呼ぶ前からタクシーが近づいてくる未来】

量子コンピュータによって、お客様に呼ばれる前からタクシーを効率的に配車できている世界が実現できたら嬉しいな、と思います。お客様がタクシーを呼びたくてもタクシーがすぐ近くにいなかったり、ドライバー様がお客様を見つけたいけどすぐ近くにいなかったりすると、お互いに不便を感じてしまいます。これを解消する方法の一つとして、AIを使い、過去のデータから未来の需要を予測して、ドライバー様へ提供するシステムを開発中です。ドライバー様たちがこの情報によってお客様とうまくマッチングできるようになることを期待していますが、一方で需要の高い場所にタクシーが集中してしまい、少ないけど需要がある場所ではマッチングがうまくいかない場合も想定されます。こういった偏りを解消するために、うまくタクシーを分散させるような最適な配車をする必要があります。

しかし、この最適な配車を実現するには課題があります。まず、お客様とタクシーの位置関

図2　期間限定で運行した「0円タクシー」

係だけで決めればよいわけではありません。MOVは複数のタクシー会社様のタクシーを呼べる仕組みなので、特定のタクシー会社様に偏って配車するのではなく、うまく分配する必要があります。また、お客様との直線距離は近くても逆方向の車線にいるタクシーを呼んでしまうと余計に時間がかかってしまうなど、タクシーの進行方向を考慮したマッチングも必要です。

　こういった要素を鑑みながら、数千台規模の配車を考えると、無数の組合せが存在します。これらの組合せは、状況ごとに大きくパターンが異なりますので、量子コンピュータを使い、無数の組合せのなかから、量子コンピュータが今までよりも、高速に、よりよい解を出してくれるようになり、さらにお客様にとってもタクシーにとっても嬉しい世界がつくれるのではないかと思います。

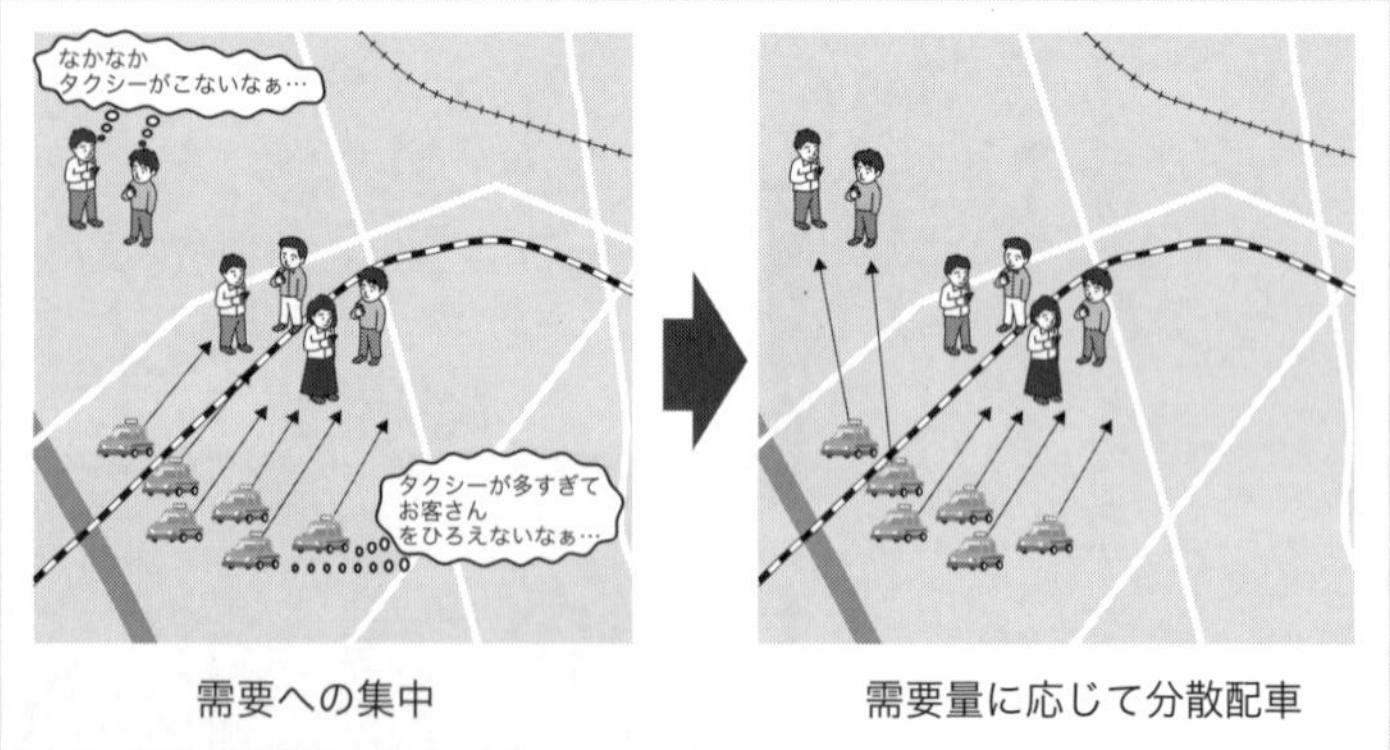

図3　需要量に応じた最適配車のイメージ

【最も短いよりも、最も嬉しいを】

量子コンピュータで最適化計算がものすごく速くなる世界がきたら、「タクシーが早く着く」ということだけではなく、お客様の喜びを最大化することにも挑戦してみたいです。たとえば、状況にもよりますが〝早く着くけど信号待ちや渋滞待ちの時間が長い〟よりも〝遅く着くけど信号待ちや渋滞待ち時間が短い〟のほうがストレスを少なく感じるお客様もみえるかもしれませんので、早く着くことばかりを追い求めてはお客様の喜びを最大化できないかもしれません。

また、タクシーでの移動中に先ほどの0円タクシーのように変わったタクシーに出会えることや、イルミネーションの近くを通ることで喜びが増えるということもあるかもしれません。

さらには、最短距離を選ぶ以外の、お客様にとって喜びが生まれるルートを個々人に案内していくことを通じて、気づかないうちに世の中から渋滞を減らしている、というように幸せなかたちで社会問題にも貢献できたらさらに嬉しいですよね。

タクシーを呼ぶ前から需要に合わせてすでに配車がされていて、呼んだらすぐにタクシーが来てくれる。そんな未来の世界を國松さんは見据えています。そして、早くなるだけがお客様たちの嬉しさではないことにも気づき、価値の探索に挑戦しています。

ここから、DeNAが手掛ける幅広い事業への量子コンピュータの展開の可能性に話が移ります。

【ソフトウェアのバグがなくなり異常の起きない世界へ】

最近ではLockheed Martin社がアニーリング型量子コンピュータを使って取り組んでいるソフトウェアのバグ検出にも注目しています。ソフトウェアの品質はサービスの品質に直結しますし、頻繁なアップデートなど流れの速い業界ですので、テストの時間も限られています。

ソフトウェアの規模が大きい場合、全ての入力組合せのテストを実施することは計算時間の観点から困難ですので、通例ではテストパターンを絞り込むことになります。しかし、その結果に想定した動作検証は行えるのですが、想定できない抜けが発生する可能性があります。もし量子コンピュータで網羅的に検証できるようになったら嬉しいですね。

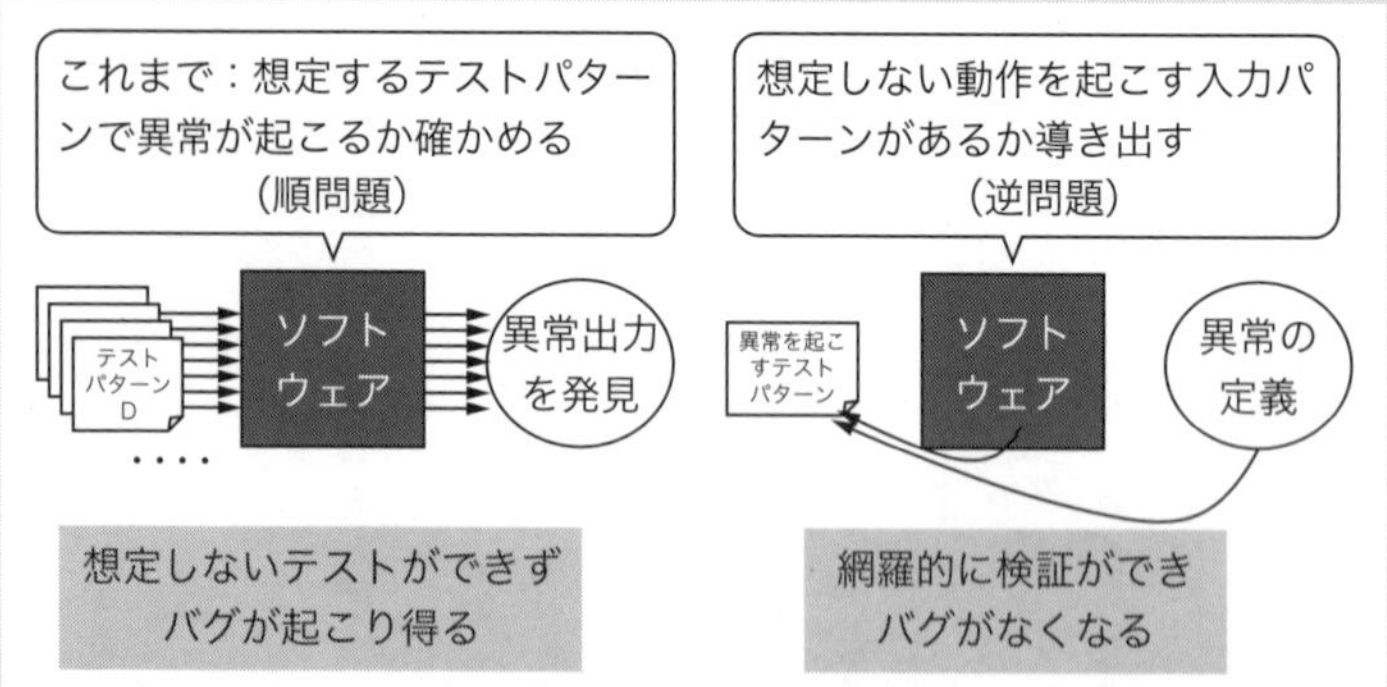

図4　量子コンピュータを活用したソフトウェアバグ検出

【創薬、ゲーム、いろいろなものが変わっていく】

組合せ最適化問題は、これまでの例以外で、ＤｅＮＡの事業範囲のなかに限ってもたくさんあると思います。たとえば、創薬のための素材の組合せ選択には、これまでＡＩを活用した分析をしてきたのですが、量子コンピュータを使って、さらに改良されていく可能性はあると思います。

また、ゲームの例では多少方向性が異なる使い方も考えられます。対戦相手のコンピュータは強ければいいわけではありません。囲碁におけるＡｌｐｈａＧｏのような強すぎる相手よりも、プレイヤーが気持ちよく勝てるギリギリの強さのほうがいい場合は多いと思います。ギリギリの強さといっても、人がやらないような不自然なミスをしてはいけませんので、そういった絶妙なさじ加減の行動を導き出すことにも量子コンピュータが役立つと面白いなと思います。

Interview

株式会社みちのりホールディングス

「バス業界の変革をリードする会社」

株式会社みちのりホールディングスは２００９年に、国の事業再生ファンドである産業再生機構の流れを汲む、経営共創基盤の出資で誕生しました。経営に苦しむ地方のバス会社を再生することを会社の使命としています。２０１９年現在、創業10年にして、東北・北関東のバス会社を中心に5社をグループに迎え、今や２４００台を超えるバスを所有する日本有数の交通事業会社です。グループとして相互に連携することで、地方のバス会社1社だけでは到底できなかったような、自動運転やＩＣＴ、ＭａａＳなどの新しい技術を活用した、イノベーティブな実証実験に次々とチャレンジしています。

株式会社みちのりホールディングス
マネージャー
浅井康太さん

”バス業界はこの変革の時期に量子コンピュータに期待している“

浅井さんと著者の一人（寺部）が出会ったのは2018年1月にラスベガスで行われた世界最大の家電ショーであるCES（Consumer Electronics Show）の会場でした。寺部が「量子コンピュータで起こすモビリティーIoTの革命」と題して出展した展示を熱心に見に来ていただいたのです。バス業界は100年以上の歴史をもつ業界のため、新しい取組みに対する動きが遅いといわれるなかで、量子コンピュータの可能性を熱心に議論してくださったその姿は、まさに異分野を掛け合わせて新たな価値を生み出そうとするイノベータそのものでした。

浅井さんが始めに熱く語ってくれたのは、バス業界に現在起こっている大きな変化についてです。

バスを始めとする公共交通は、もともと民間の投資だけで採算をとるのが難しい世界です。欧米諸国では、人が移動する権利を保障するための社会インフラとして、社会資本への投資を公的機関が補助金として投下しています。たとえば郊外から都市へのアクセス手段が途絶えれ

ば、交通が不便な郊外に住むことが社会的に阻害される要因になり、それが社会的な格差、ひいては社会を分断する原因になると考えられています。一方、日本では補助金はあるものの、民間での経営を基本とし、頑張ってきた日本のバス業界を取り巻く環境にも、大きな変化が起こっています。

一つめはモータリゼーションによる移動手段の変化、さらには人口減少による地方部の過疎の進行によって利用者が大きく減少していることです。二つめは、そもそもサービスを維持するための運転手不足が経営環境を厳しくしています。サービスニーズがあっても、それを提供するリソースの確保が難しくなっています。三つめはＣＡＳＥ（車のコネクティッド化、自動運転化、シェアリングサービス化、電動化の総称）や、ＭａａＳ（車のサービス活用）といった新しい技術がもたらした業界の変化です。

新たなサービスやプレイヤーの登場で、既存のバス事業者にも少なからず影響があります。こうした変化に対して、我々事業者が持続的にサービスを提供するために、私の取り組んでいるチャレンジをご紹介します。

普段バスに乗っていながら、なかなか感じることのできなかった変化。それに気がついたときから、浅井さんの挑戦が始まります。

【ICTがバスを変える】

「ヒトものバス」という日本で初めてとなる貨客混載の実証実験を2015年に傘下の岩手県北バスとヤマト運輸さんと行いました。貨客混載というのは、人はバス、モノはトラックで運ぶという概念を壊して、一緒に運べないかというものです。実は、人の輸送は地方で減っていてもモノの輸送は増えているケースもあります。また、それぞれを運びたいピークの時間も異なっています。「それならば一緒に運ぶことで効率が上がるのではないか」という発想が起点になっています。

しかし実際にやってみると、荷物と人を一緒に運ぶにはさまざまな問題がありました。今はバスに荷物を載せて人を運びやすい路線でやっていますが、モノの配送に合わせて人を運ぶときもあるかもしれません。ただしモ

図1　貨客混載の実証実験「ヒトものバス」、バスの前部で乗客を、バスの後部で物を運ぶ

ノを運ぶための経路で人を運ぶと、人からすると大きくムダな経路を走ることになります。どのように人の要求とモノの要求を組み合わせて最適な経路を導き出すのかがすごく重要な要素になります。

「車両のような資本財の空いているリソースをうまくマッチングさせる」という考え方は、シェアリングエコノミーという言葉でも最近よく聞かれるようになりました。浅井さんは、これを人とモノの運送に使うという挑戦をしています。アイデア自体はシンプルでも、それを実現するためにはさまざまな壁があります。そして、これは量子コンピュータがまさに得意と考えられている経路最適化の問題とも密接に絡んでいるのです。将来、バスに乗ると隣の席に荷物が載っているような世界が当たり前になるのかもしれません。

バス業界が抱える問題の一つである地方のお客さん不足を解決するために、傘下の会津バスでスマートバス停の実証実験を始めました。バスは、交通状況によって遅れることが非常に多くあります。今までのバス停では、紙の時刻表が張ってあるだけで、実際にいつバスが来るのかわかりません。もちろんスマホがあれば確認することもできますが、利用者は高齢者が多いので見られません。これを解決するために、バス停をデジタル化してリアルタイムに運行状況を表示すれば、スマホがなくてもバスがいつ来るのかがわかるようになります。実際にシンガポールや欧州の一部ではすでに導入されています。

バス停が今走っているバスとコネクティッドになる効果は現在の運行状況が確認できるだけに留まりません。スマートバス停によって将来的にはお客さんのニーズに合わせ柔軟な運行ができるようになるかもしれません。たとえば、事業者が利用者の行き先のニーズに合わせた柔軟な運行をすることや、急な大雪で困っている多くの人々にバスを配車したいと思っても、現状、事業者が簡単に実行できません。その一つの理由が、バスが増発したことを利用者に知らせる方法がありません。バス停ですぐに利用者に知らせることができるシステムが必要不可欠なのです。もう一つの理由は移動需要に合わせて運行をしようとすると、現在のバスの運行状況を加味して、バスの運行計画や運転手の配置計画を作成する必要がありますが、これは膨大な計算量が必要な最適化問題になります。後者を量子コンピュータで解くことができたら面白いですね。

バス停の表示がコネクティッドになるということ

図2　スマートバス停の例

は、表示がデジタルに変わるだけでない大きな意味があったのです。周りの何気ないものがネットワークにつながることに、これまで気づかなかった大きな意味が含まれているかもしれません。そんな浅井さんの新しい技術への感性が新しい取組みを生み出していきます。

運転手の人手不足という観点では、交番表と呼ばれる、バス乗務員とバスの運行スケジュール表を最適化することも、一見簡単そうで地味に見えますが非常に重要な課題です。交番表とはバスのダイヤ本数を満たしながら、必要な乗務員の数と、バスの台数を調節してつくる、乗務員の1日の予定表です。現在は熟練の管理者が経験に基づいてつくっているのですが、かなりの時間がかかりますし、その結果が果たしてどれだけよいのかもよくわかりません。こうした問題を量子コンピュータで解けたら面白いと思います。今はダイヤ改正などに合わせて交番表を作成し、運転手を割り

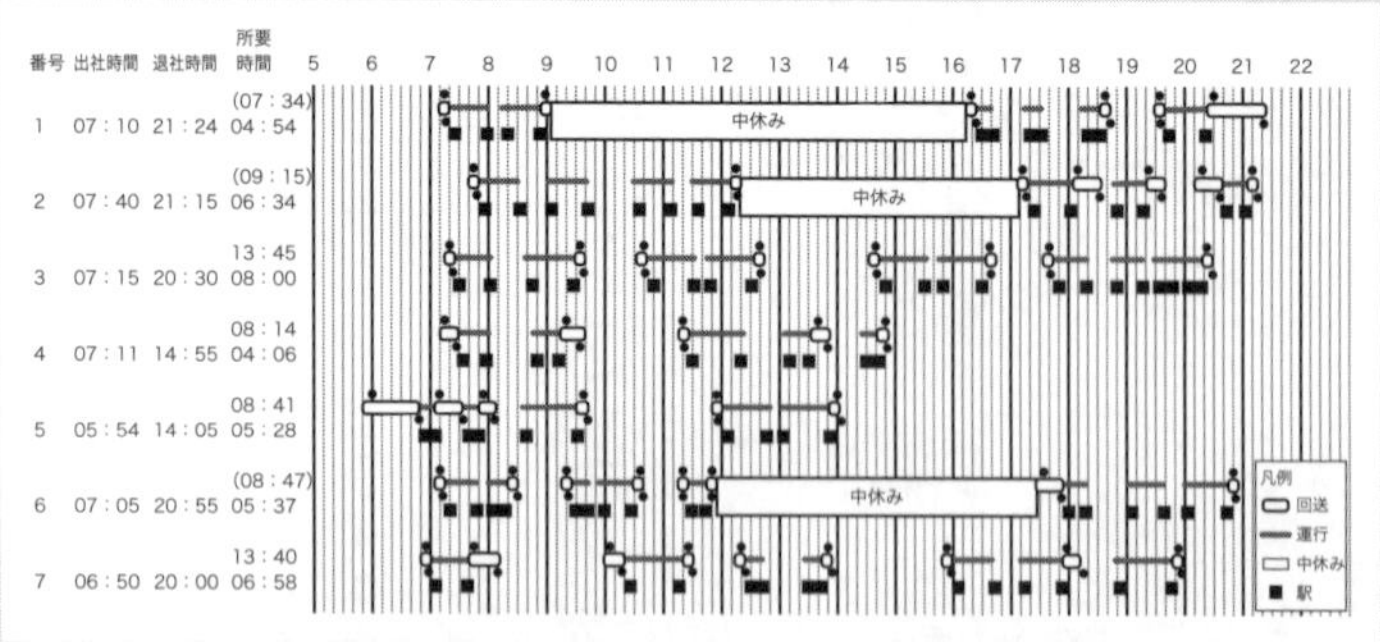

図3　バス運行の交番表の例

合て、日々の運用で微調整をしています。先ほどお話ししたように、お客さんのニーズに合わせて運行できるようになれば、交番表を組むのにもリアルタイム性を求められるようになります。たとえば「今日は急な雪でバスを使う人が多くなるから、夕方の帰宅時間帯の輸送量を強化した交番表を作ろう」なんてこともあると思います。

お客さんの要求に合わせて熟練の技を瞬時に行えるようなことが量子コンピュータでできるようになったら……。バスの利便性は技術の進化でまだまだ向上する余地がありそうです。

また、排ガス規制対応や他国へのエネルギー依存の課題もバス事業と関わるトピックスの一つで、量子コンピュータを適用できる可能性はあると思います。世界では、CO_2削減や都市の大気汚染防止などの視点からＥＶ（電気自動車）やＦＣＶ（燃料電池自動車）が注目されています。また、日本は石油を他国に依存する国家です。そのため、原油価格の変動によって事業環境に大きな影響を受けやすいという課題があります。そうした要因を背景に、ＥＶバスを活用する取組みが世界的に進んでいます。しかし、そもそもＥＶは非常に高く普及の足かせとなっています。極端な例でいえば、ディーゼルバスの倍近く車両代がかかり、しかもバッテリーが10年ももたないこともあり、実質の運用コストはディーゼルバスよりも大幅に割高になることもあります。もちろん、ＥＶの価格は年々安くなっているのですが、それでもまだまだ高い状況です。結局EVのコストの大半をバッテリーコストが占め、バッテリー容量が大きく、1回の充電で遠くまで走行できるようにすると、コストが非常に高くなります。

そこで、量子コンピュータがあれば、充電スケジュールをリアルタイムに最適化して、運行の合間を狙って効率的に充電することで、容量の小さいバッテリーでも十分運用できるようになる可能性があります。急なトラブルによって計画が狂ったときに、それにすぐに対応するスケジュールを作ることが難しいという現状があり、ここにも車両の使い方の組合せ最適化問題があります。これを量子コンピュータでリアルタイムに解くことができれば、もっとコストが安くなるような未来もあると思います。

充電スケジュールの最適化にはさまざまなアイデアが提案されています。たとえば、夜間電力や昼間の太陽光発電の余剰電力を安く調達するアイデアがあります。EVが数多く導入された世界では、全車一斉に充電を始めたら発電所がパンクしてしまいます。そこで、うまく充電を分散させるようなスケジューリングも必要になります。さらにいえば、明日は寒くなりそうだから暖房が多く使われるだろうと予想し、前日にできるだけ充電を多めにすることで、当日の負荷を下げる工夫も考えられます。外部環境を鑑みたスケジューリング最適化なんかも必要になってくると思います。そのような複雑な要素を組み合わせた最適化は、今のコンピュータで瞬時に答えを出すことは難しく、早く量子コンピュータを使った世界が来てほしいですね！

利用者にとっては、環境がよくなるEVにも、単に車両を置き換えるだけでなく普及のための大きな苦労があり、浅井さんはそこに革新的な技術を入れてなんとかしていきたいという熱い想いをもって取り組んでいるのです。

最後にMaaSの世界に話を移します。フィンランドのMaaS Globalという会社が、2016年にWhimというサービスを開始しました。このサービスは、目的地までの移動手段を、バス、電車、タクシー、カーシェアリング、ライドシェアリング、サイクルシェアリングといった都市内のさまざまな交通手段にまたがって検索でき、一括で

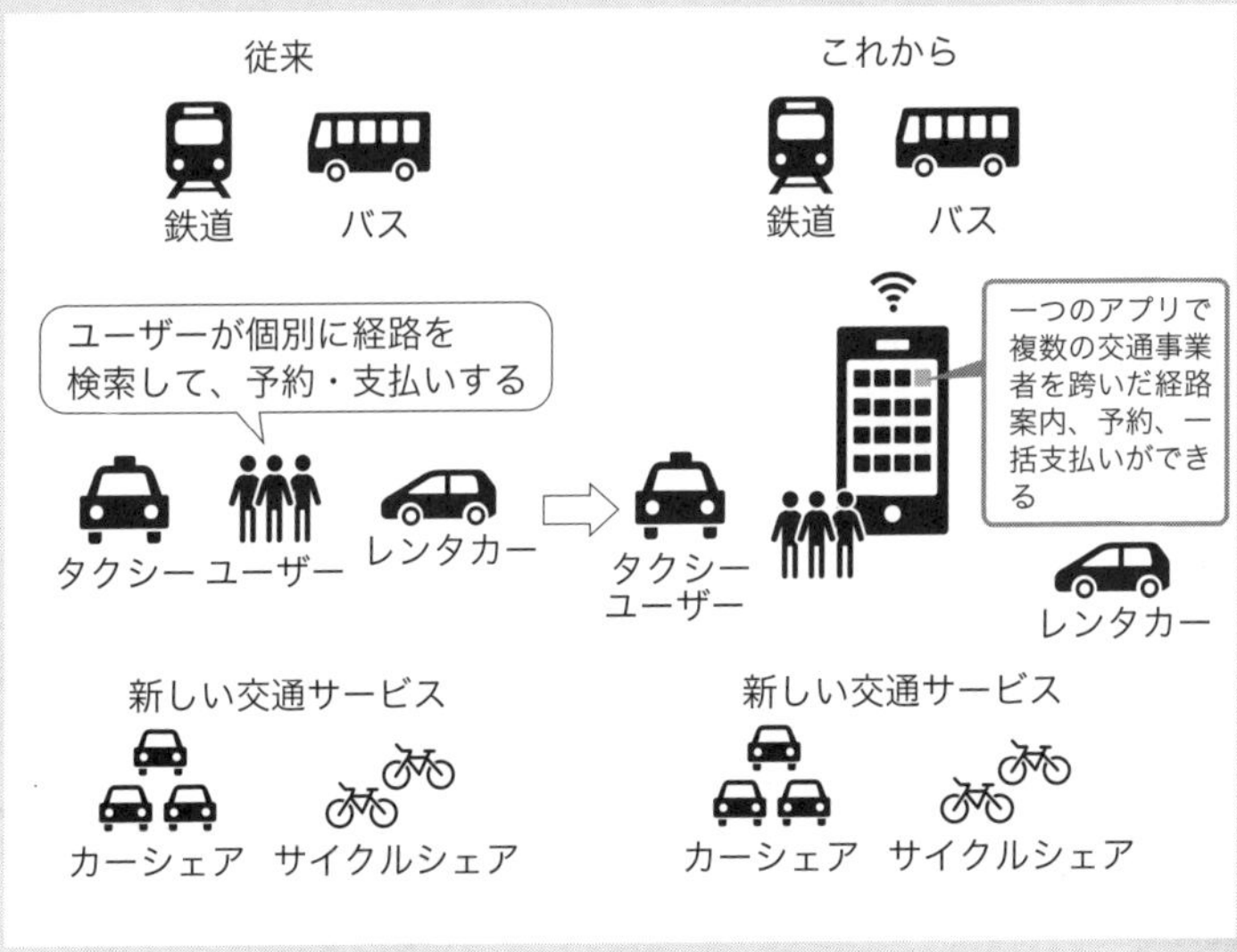

図4　さまざまな交通がシームレスにつながるMaaS（Mobility as a Service）

予約・決済も可能です。ちなみに料金プランは基本的に乗り放題を前提にしていて、これまでそれぞれの交通手段を独立のものとして捉えていたものが、使う側としてはシームレスに使っていけるようになります。

　バスを単独の移動手段ではなく、ほかの乗り物を含めたネットワークで考えてみると非常に面白い世界になるはずです。人の移動は究極的にはモノの移動ネットワークに近くなるのではないかと思います。皆さんの身近な駅を思い浮かべてほしいのですが、バスの路線は主要駅を中心に放射状になっていることが多いんです。これは最もシンプルに人の利便さを追求すると、目的地に乗り換えなしでまっすぐ行けることが評価されるためです。一見合理的に見えますが、路線が細かく分かれ、それなりの数のリソース（バスや乗務員）が必要になります。

　一方で物流の世界をみてみると、全く違ったネットワークになっています。物流業では、一次集荷で直接荷物を集めてそれを拠点間で配送、さらにそこから荷物を分ける方法を取っています。一つひとつの荷物の輸送で見れば効率的ではないかもしれませんが、全体では階層化するほうが必要なリソースや配送時間は効率的になります。限られた車両と人を使ってサービスの水準を上げようとすると、こうした考え方が必要になります。もちろん、人にこの方法ををそのまま当てはめることはできません。「なぜ私が遠回りしなきゃいけないんだ」と思う人がたくさん出てきてしまいます。それを解消するにはもうひと工夫必要で、たとえばその人の好みに応じたエンターテインメントを車内で提供して、乗車している時間を短く感じさせるとか、楽しい景色の場所を敢えて選んで通るとか、移動時間の短さをほかの価値に置き換えるような方法が考えられます。たとえば、友だちとおしゃべりしていると時間が経つのが早くなったように感じるでしょう？　つまり車内の時間は相対的なものだと思います。こういった個々人の好みに合わせた最適化に量子コンピュータが使われることで、個々人にとってもバスの提供者側にとっても嬉しい交通の世界が創り出せたら面白いですよね。

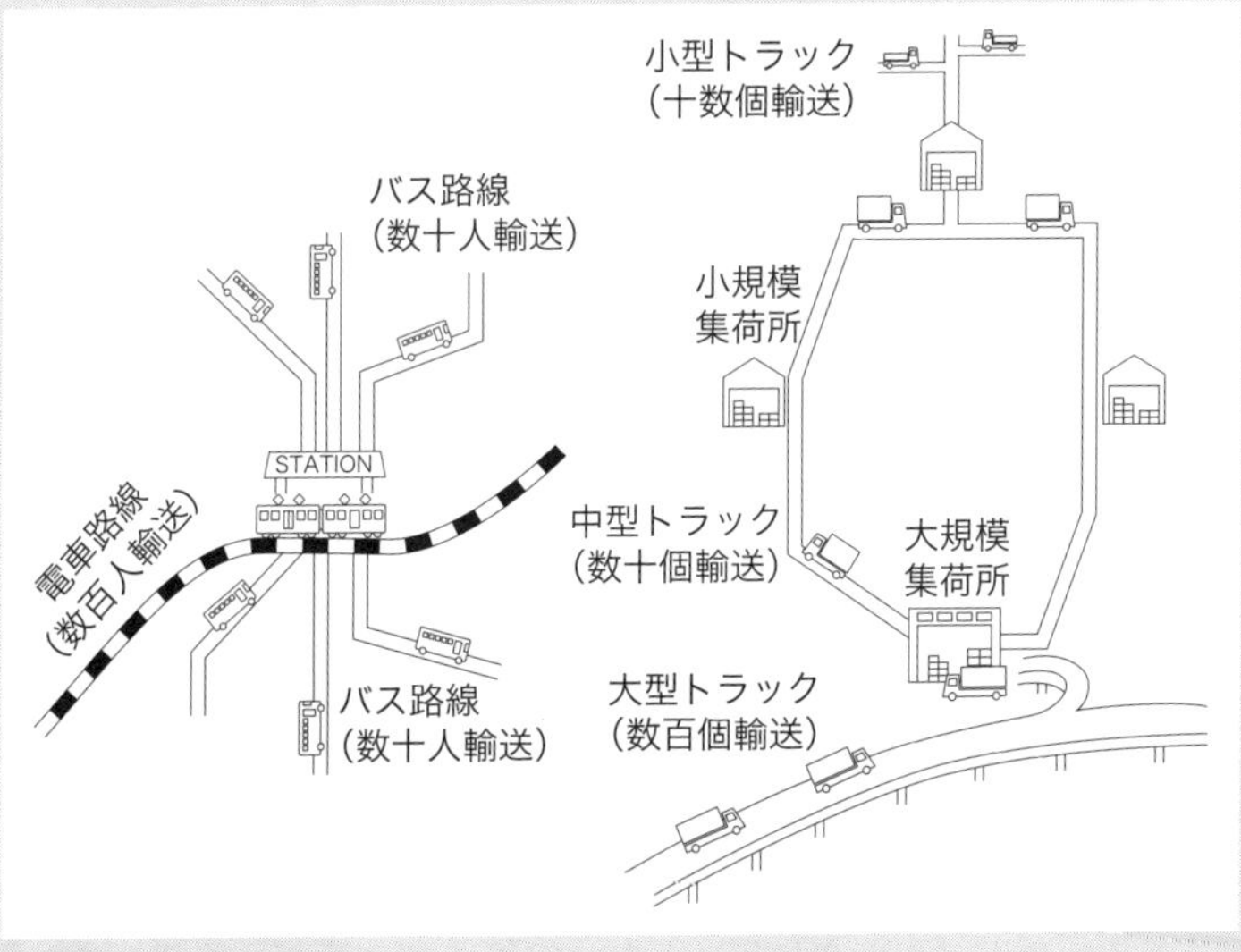

図5　人の移動とモノの移動

Interview

株式会社ナビタイムジャパン

「経路探索エンジンの技術で世界の産業に奉仕する会社」

月間ユーザー数5100万人と、日本人の2・5人に一人が使っているナビゲーションアプリであるNAVITIME。今やナビゲーションしてくれるのは、電車の乗り換えだけでなく、徒歩、車、シェアサイクルなど多岐に亘ります。これからもあらゆる移動手段の最適なナビゲーションに向け進化を続けながら、世界中の人々が安心して移動できる社会を作り上げていきたいと取締役副社長の菊地新さんは語ります。

株式会社ナビタイムジャパン
取締役副社長 兼 最高技術責任者
菊池新さん

”量子コンピュータが個々人に寄り添った経路をつくりだす“

著者・寺部と菊池さんが出会ったのは自動車系カンファレンスでした。ナビタイムジャパンは3章でも触れたＭａａＳと呼ばれる自動車業界の変革に早くから取り組んでいたリーディング企業です。まだ世の中でＭａａＳとは何かという声が多いなか、菊池さんは明確なビジョンと行動で周りを巻き込んできました。ご自身のご講演では、量子コンピュータがＭａａＳの世界で大きな価値を生み出していくという期待をお話しされています。また、自社オフィスで大規模な量子コンピュータ勉強会を開催されるなど、技術にしっかりと向き合いながら新しい価値を創造する姿勢で取り組まれています。

そんな菊池さんに、まずは経路案内の業界の動向から語っていただきました。

ＭａａＳはサービス統合のレベルで5段階に分類できるといわれています（図1、＊1）。私たちは、そのなかでそれぞれのレベルでの取組みをしています。

レベル0は移動手段ごとに個別のサービスです。私たちは電車の乗り換えだけでなく、スマホを使った乗用車用のカーナビやトラック用カーナビのアプリを提供しています。移動手段が違えば通れる場所も違います。たとえばトラックは狭い道を通れません。こういった通れる・通れないというデータを地道に集めながら、トラック向けの経路最適化という個別の最適化を行っています。

レベル1は情報を統合したサービスです。皆さんも、普段の生活で目的地に到着するためにはいくつかの移動手段を乗り継いだり、選択していくことがあるかと思い

レベル4	社会全体目標の統合 地域政策との統合、官民連携
レベル3	提供するサービスの統合 パッケージ化、定額制、事業者内の連携など
レベル2	予約・支払いの統合 単一トリップ化(検索・予約・決済)
レベル1	情報の結合 マルチモード移動計画・運賃情報
レベル0	結合なし 個々の移動手段ごとに個別対応

図1　MaaSのレベル

ます。たとえば、徒歩、電車、徒歩という移動の仕方もあれば、徒歩、バス、徒歩もありますし、最初から最後まで車の移動もありえます。サービスを提供する事業者さんから見たら別のサービスなんですが、使う側から見たらそのなかから一番いい候補を選びたいですよね。それをいくつかの経路を出して比較できるようにしています。

レベル2は予約と支払いを統合したサービスです。レベル1で出てきた検索結果を一括のサービスとして受けることができたら非常に便利になると考えています。私たちは検索結果から航空券やホテルの予約サービスを提供しています。

レベル3は公共交通を含めたさまざまなサービスとの統合です。私たちは山梨県を始めさまざまな自治体と共同で観光客向けのアプリを提供しており、経路探索、情報提供といった軸ではすでにサービスの提供を統合しています。ここに料金体系が統合されるとレベル3の考え方に近いものになっていくと考えています。

レベル4は社会課題に対するサービス統合です。私たちは、首都圏の鉄道の混雑緩和と道路渋滞の緩和、事業者を跨いだ時刻表の最適化という三つの課題に取り組んでいます。鉄道の混雑緩和への取組みでは、乗り換え検索の結果に、混雑予測情報を載せています（図2）。混雑予測情報は、一部路線では、どの時間の電車のどの区間が混むかだけでなく、どの車両が混むかまで情報提供しています。この混雑予測は、鉄道会社様からいただいた情報をもとに独自技術で分析した結果です。これによって、個々人の移動が可能な範囲で空いている電車、車両に誘導されることで、混雑が緩和していくことを期待しています。

また、道路渋滞の緩和の取組みですが、渋滞を回避する経路を利用した方にマイレージを付与するような取組みをしています（図3）。このようなインセンティブを採用することで、利用者が楽しみながら渋滞が緩和されることを期待しています。実際、マイレージ利用者が渋滞にはまっている時間が10％減ったというデータが出ており、一定の効果を感じつつあります。

事業者を跨いだ時刻表の最適化の取組みについて、私たちは交通サービスから得られるデータや知見を活かして自治体向けのコンサルティングサービスを行っています（図4）。バスや電車などの事業者間での連携ができておらず、長い乗り継ぎ時間が発生する

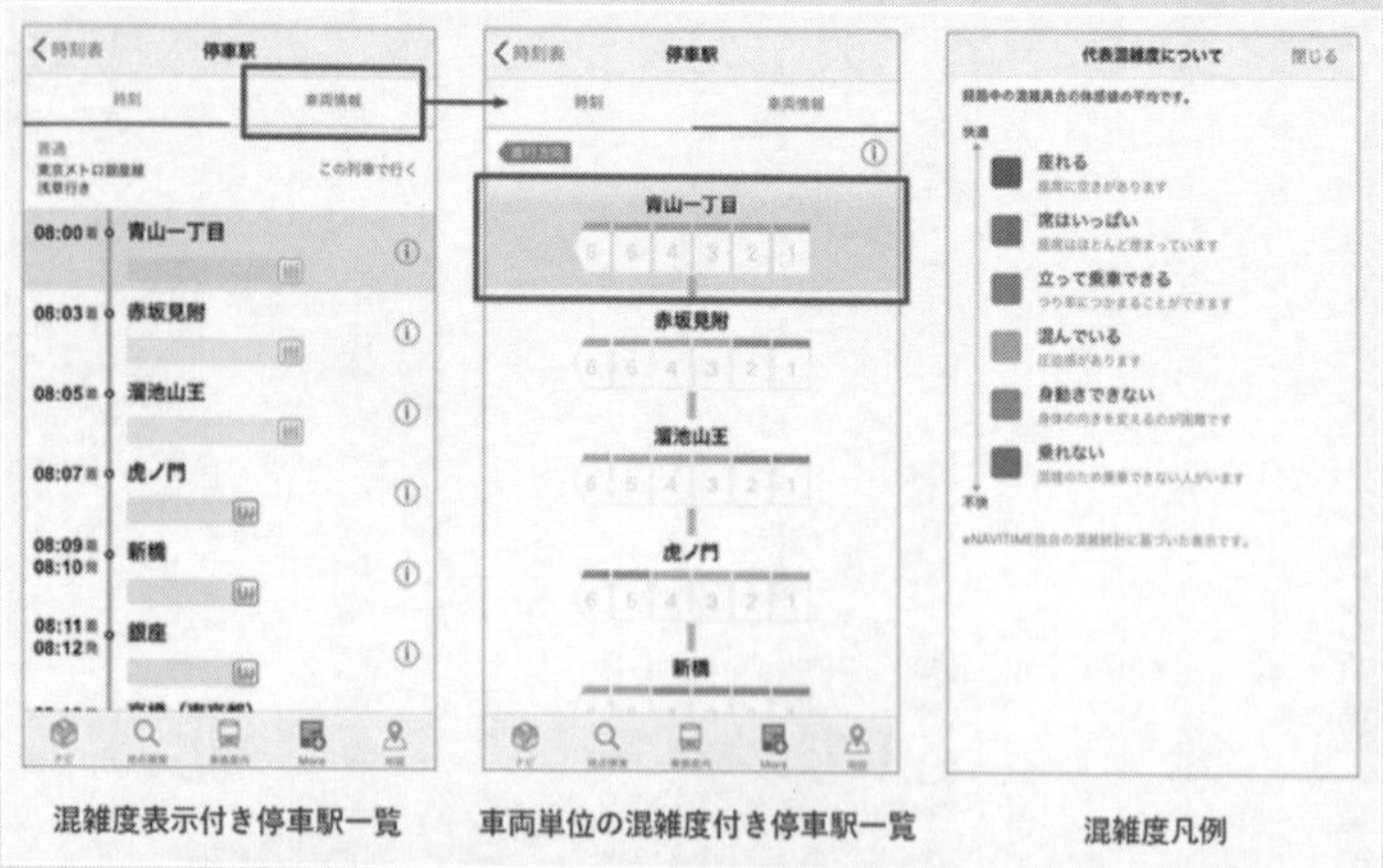

図2　鉄道の混雑緩和に向けた車両混雑情報の提供

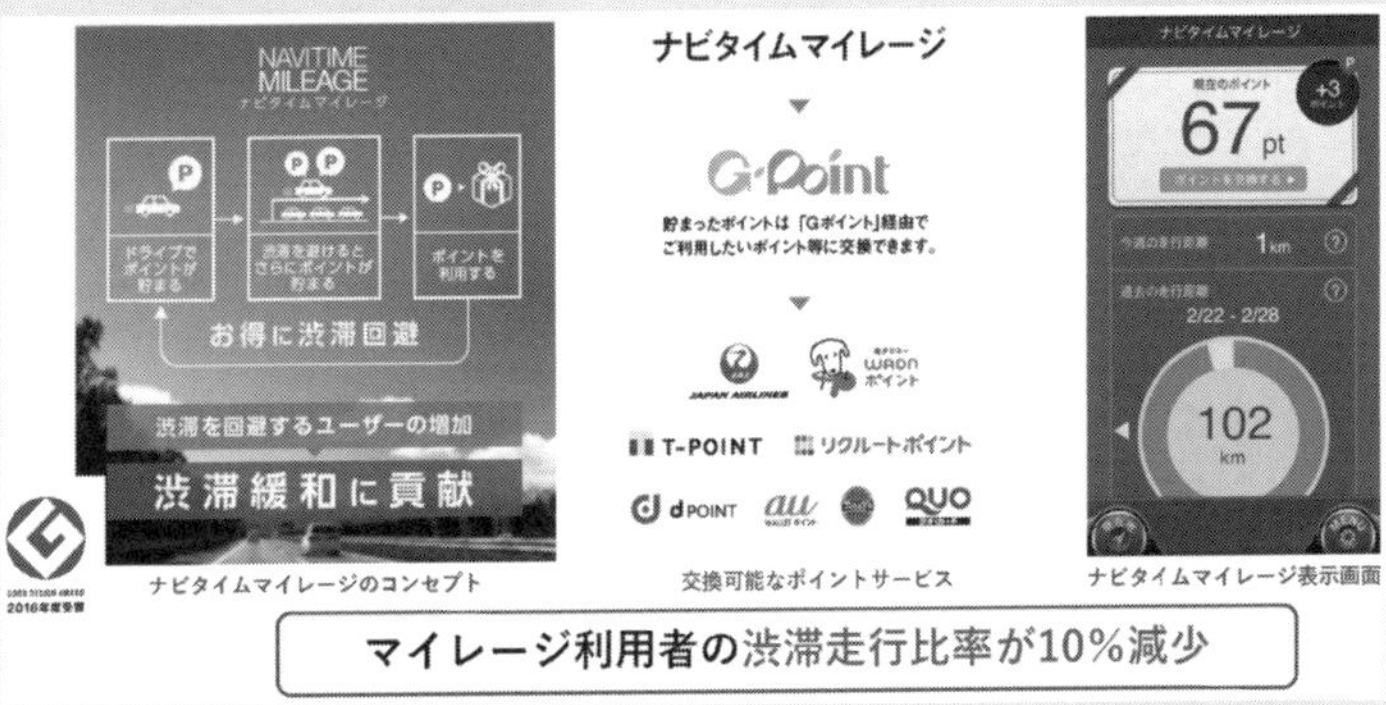

図 3　道路渋滞の緩和に向けたマイレージプログラム

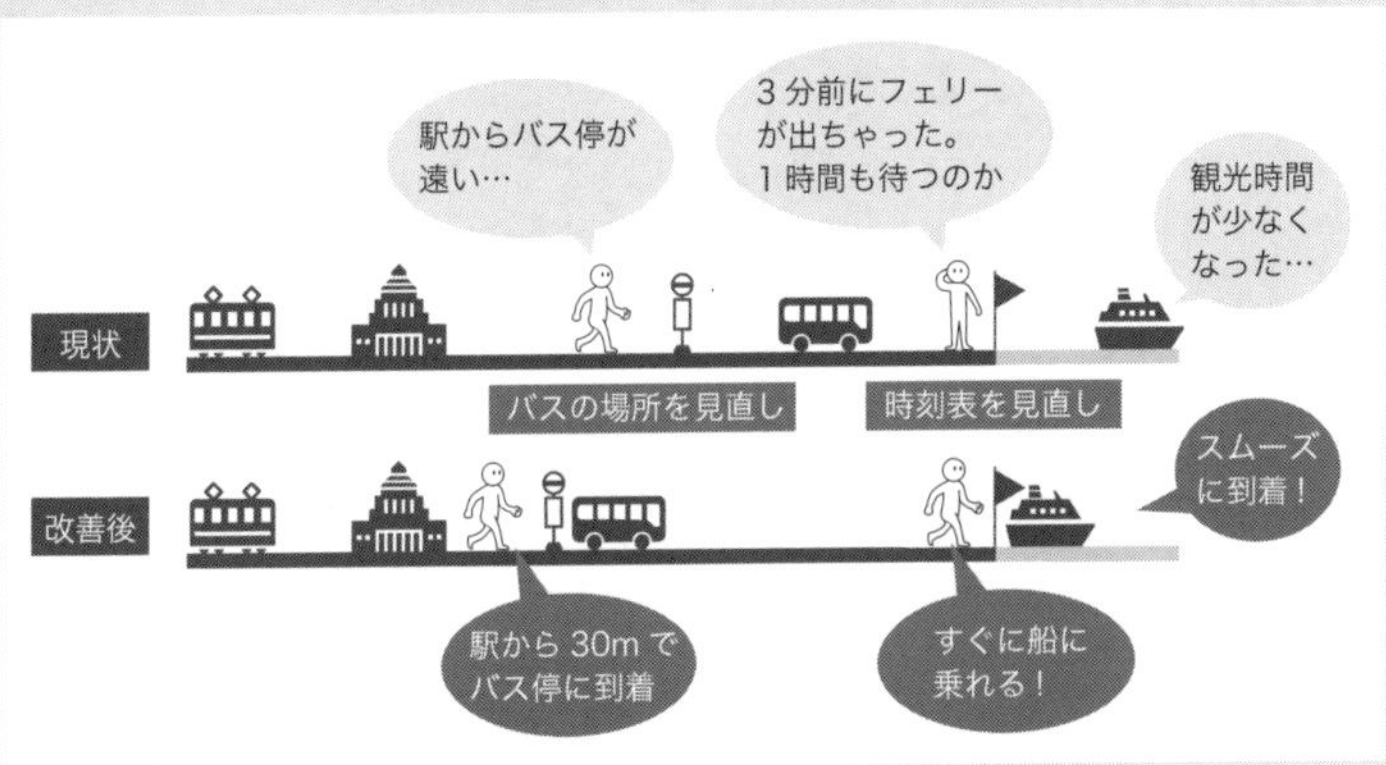

図 4　事業者を跨いだ時刻表の最適化

ことも多くあるので、それぞれのダイヤ全体の最適化をしています。

最近になって大きく話題になり出したＭａａＳの世界ですが、菊池さんは早くから具体的なサービスに取り組み、世の中へ新しい価値を提供し続けているのです。

ＭａａＳは5段階で進んでいくなかで、どのようなことが課題になっていくのでしょうか。

どの段階でも共通していえるのは、これまで得られたたくさんのデータを活用してサービスに付加価値を出していく時代になるということです。私たちの例でも、全サービスの月間ユニークユーザー数は５１００万人います。年間の検索データは公共交通で18億件、車で１・８億件です。自動車のプローブデータは1日５００万キロメートル溜まります。

ルート案内の例でいえば、この膨大なデータのなかから使えそうな要素を抽出して、個々人にとって最適な案内を出すことが考えられます（図5）。「今日は天気がよく、このユーザーは健康志向で、電車のこの区間は混雑するから一駅分歩いた案内をすると喜ばれそうだ」というような案内があったらどうでしょう。また、「ユーザーはこの土地が初めてだから、こっちの景色のいいルートを案内しよう」などということも考えられます。このようにさまざまな要素を鑑みて、先ほどのレベル0から4で示したようなサービスは、より最善のかたちへ変わっていくと思います。

このように、サービスにさまざまな要素を活用するようになってくると、計算量はあっという間に爆発してしまいます。こういった観点で私たちは現在、GPUを並列化し、処理を高速化していますが、いずれ使いたいデータが増えていった時に頭打ちになると思います。そこで、量子コンピュータが最適化計算をものすごく速くしてくれる世界が来れば、きっと今よりよいサービスが提供されることになるのではないでしょうか（図6）。

また、新しいモビリティの登場も変化点になります。シェアサイクルや、シェアカーなど、定刻運行でないオンデマンドな移動手段への対応が必要になると考えています。私たちはすでにシェアサイクルに対応したサービスを開始しました。

シェアサイクルは空き情報を加味して案内す

図5　データを活用したサービスの付加価値向上

る必要があります。貸す自転車が借りたい場所にあるか、返したい場所の返却スペースが空いているか、という観点です。こういった案内が普及してくると、複数人に同じ移動手段を案内した場合に、自転車が先に取られてなくなってしまった、というのも課題になってくると思います。そのため、最短の手段を常に案内すればいいわけではなくうまく割り振ることで全体として最適にする必要があります。こういったように、シェアリング要素がこれから世の中で増えていくといわれるなか、需給マッチングが非常に重要です。

先ほどのレベル4で示した、社会レベルの課題に対するサービスにも量子コンピュータへの期待があります。現在は混雑に対して、空いている場所へ誘導するやり方ですが、いずれは移動したい人全員で移動手段や時間を分散させるような、全体最適化ができると面白いかもしれません。社会レベルのサー

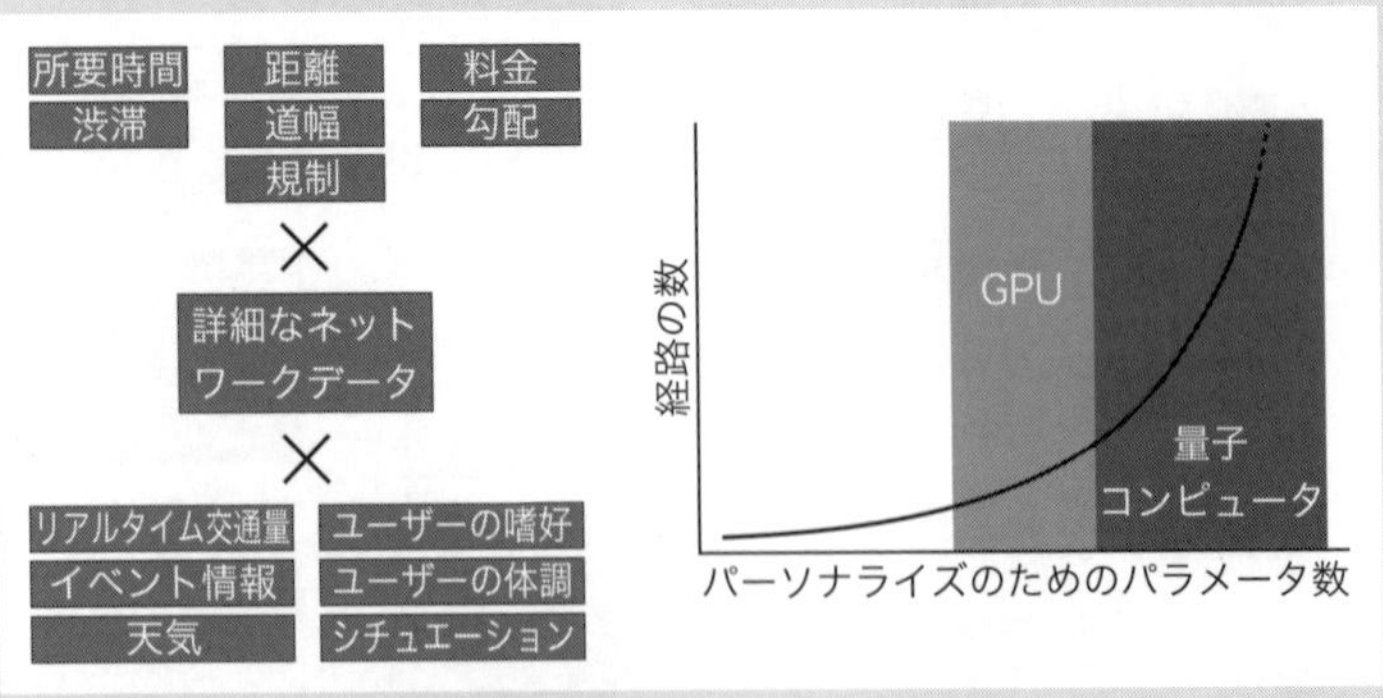

図6　個々人に合わせた最適化の課題
さまざまなデータの活用で、計算時間はあっという間に膨大に

ビスはまだまだ始まったばかりですから、量子コンピュータならではの新しいサービスもありえるのではないかと思います。

私たちは現在、アニーリング型の量子コンピュータの勉強から始めています。まずはしっかりと技術を見極めながら、サービスへの活用を模索していきたいと考えています。

（＊1）Jann Sochor et al., "A Topological Approach to Mobility as a Service", in Proc. ICOMaaS 2017, pp. 187-201, 2017.

Interview

株式会社シナプスイノベーション

「ＩＴの力で経営を変革していく会社」

シナプスイノベーションは、ＩＴを活用してシステム、サービス、情報、企業などあらゆるモノどうしをつなぐことでお客様のビジネスを変革する会社です。現在は製造業を中心とするさまざまな業界のお客様に、会計、生産管理、顧客管理といった基幹業務を担うシステムの導入、工場内のＩｏＴ化やスマートファクトリー化の支援、ＡＩを活用した分析の提案といった、現場に寄り添ったソリューションを提供し続けています。

株式会社シナプスイノベーション
代表取締役社長
藤本繁夫さん

株式会社シナプスイノベーション
取締役副社長
五十嵐教司さん

株式会社シナプスイノベーション
AI&IoT事業戦略室長
市川裕則さん

”量子コンピュータで現場の隠れたニーズを解決したい“

技術革新の流れが速いイメージのあるＩＴ業界ですが、実は一つの会社が業態変化をしながら成長する事例は多くありません。そんななか、異例といっていいような業態変化を繰り返して成長してきた会社があります。それがシナプスイノベーションです。藤本さんが代表になって以降、ほかのＩＴ企業からシステム開発を受託する下請け、元請けのシステムインテグレーター、そしてソフトウェアメーカーへと業種・業態を変革し続けているそうです。「世の中にあるのものはつなぐ、世の中にないものはつくる」をスローガンに、常に世の中のトレンドを捉えながら、新たなビジネスへの挑戦を続けています。

なぜこんなにも変化をし続けているのか、藤本さんにその想いを語っていただきました。

【これまでを捨てる覚悟がなければ生き残れない】

藤本さん　企業向けの基幹システムの分野には、ＳＡＰという時価総額でドイツＮｏ．１の企業があります。この企業は業績は絶好調にも関わらず、新たな分野に投資をするために人員削減をする可能性があるとのニュースが流れています。絶好調であっても今の立ち位置を切り崩して新たな一手を打っているのです。

スペンサー・ジョンソンの『チーズはどこへ消えた？』という書籍はご存じでしょうか？あるとき2匹のネズミと二人の小人が、食料になるチーズがたくさんある場所を見つけます。彼らは目の前にあるチーズに満足し、ほかのチーズを探しに行くのをやめてそれを食べ続けます。するとチーズは少しずつ目減りしていって、気づかないうちに食べつくしてしまいます。

飢えた彼らがここからどんな行動をとるかが物語の佳境なのですが、この寓話から得られる教訓の一つは「状況がよいうちに変化に対応する次の一手を考えるべき」ということです。多くの企業は既存の成功に引きずられてチーズを食べつくします。他社のよいところを真似する、つまりは他社の成功例に引きずられていくやり方も同様に、成長の先が見えてしまいます。

生き残るには迅速に新しいニーズを捉え、柔軟に変わっていくしかありません。IT業界は変化の流れが速く、それがとくに顕著です。そして変わり続けるためにはお客様の生の声を聞くことが大事だと私たちは思っています。

会社が存続するためには変わり続けることが重要で、世の中の変化の兆しはお客様の声から見つけ出す必要がある。藤本さんはこの理論を実践のなかで磨き上げることによって、会社を変革し続けてきたのです。ここから、お客様の声に耳を傾けるうえでの課題を五十嵐さんから伺います。

【お客様の声が変化を生み出していく】

五十嵐さん　市場環境の変化に対応し続ける必要があるのはお客様も同じで、それをＩＴでお手伝いしているのが私たちです。しかし、お客様が抱えていらっしゃる本当の課題が、そもそも何なのかが、一度お話を聞いただけではわからないこともあります。

たとえば、システムを使って複数の選択肢のなかから最適なものを導き出したいという、いわゆる最適化のニーズがあったとします。それを実現するためにはお客様が、「暗黙知」を明らかにすることが第1ステップです。

「暗黙知」とはいわゆる勘やコツと呼ばれる明文化されない知見のことですね。何を最適化したいのか、どの要素を最大値または最小値にしたいのか、変えていいものは何か、変える際に守らなくてはいけない条件は何か、といったことが暗黙知のなかにあるので、これを時間をかけて洗い出していく必要があります。

また、私たちは製造業を中心にあらゆる業種のお客様とお話ししてきたのですが、業界が異なると使う言葉も異なることがあります。たとえば生産管理システムで「品目構成」や「ＢＯＭ《ボム》」といわれているものが、食品業界だと「レシピ」といわれたり、といったことです。

使う言葉が異なるために話がかみ合わず、一見、違う課題に見えていたものが、何度もお話しするうちに本質的には同じ課題であるとわかることもあります。

このため、ただお話ししているだけでは課題把握は難しいのです。そこで有効であると考えている方法は、すごく簡単なものでもいいのでPoC（Proof of Concept：原理実証）を行うことです。

たとえば石鹸工場のお客様に、石鹸を消しゴムで模し、石鹸を運ぶベルトコンベアを厚紙でつくって、お客様の前で手で動かすといったことを、やりました（図1）。模型からシステム導入のイメージを共有していただくことが狙いです。

こうやって具体的な共通のイメージをもとに

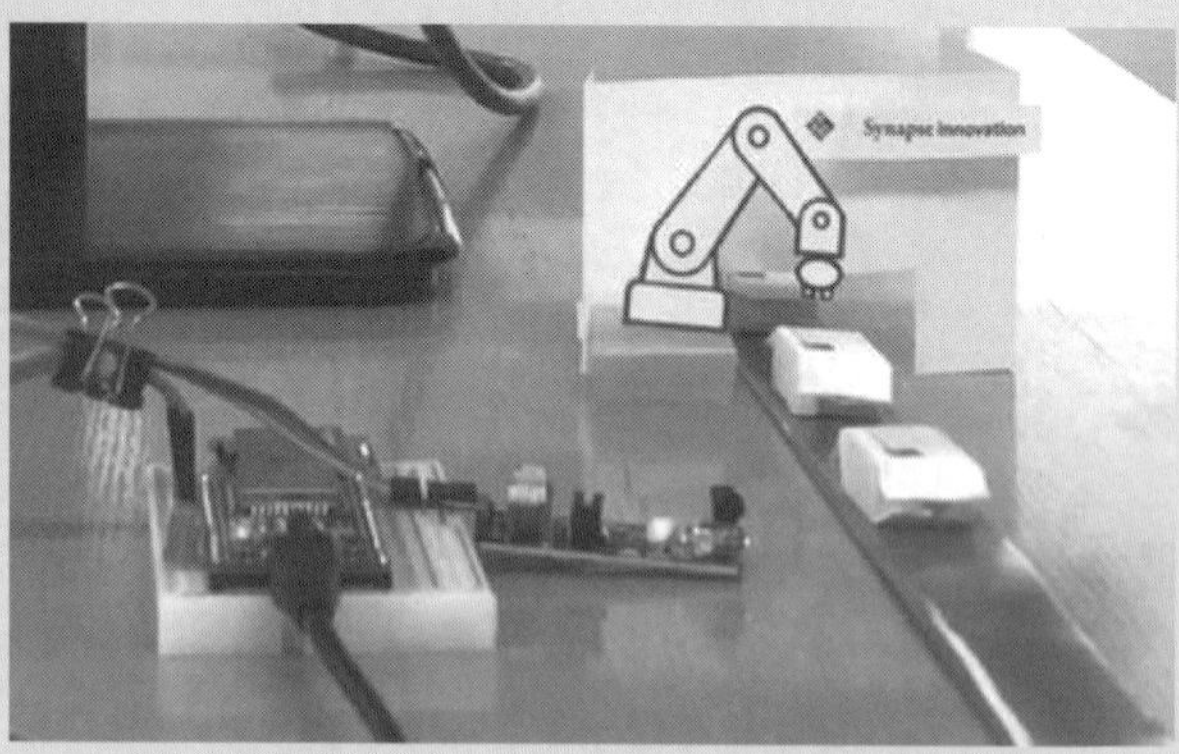

図1　石鹸工場の模型

議論すると、いかにお互いの認識がずれているかがわかったり、「それならこんなこともやりたい」というように新しいニーズが出てきたりと、お客様がもともとやりたかったこと以上の課題をいただけたりします。システムを作るうえで、こういった活動は一見、遠回りに見えるかもしれませんが、お互いに共通認識を得られますし、本質的な課題を把握するために有効な手段だと考えています。

PoCは、システムを固めていく段階で何回もいろんなやり方でやっていきます。たとえば、先ほどの石鹸工場の例では、模型を最初に出して方向性を確認できたら、次は超簡略版のアプリケーションをつくって見てもらう、といった具合で進めました。

PoCをするのは、お客様の課題を短期間で吸い上げていくためです。このスピーディーな課題把握のうえで、量子コンピュータが活用できるのではないかと考えています。

たとえば最適化のニーズを探るときには、最適解を導き出すためのデータを一度計算してみて、その結果をもとに議論し、フィードバックするといった手法が考えられます。ここで、ある程度のデータを計算するのに1週間かかるとします。そこにお客様からのフィードバックが10回あると、最終的な結論が出るまでに10週間かかってしまい、スピード感がありません。

ここで、もし量子コンピュータが最適化計算を超高速で解けるのだとしたらどうでしょうか。お客様の目の前で次々と結果を提示し、お客様からのフィードバックをその場で受けてすぐに実装し、また計算して、と繰り返すことができるので、10回フィードバックがあったとしても1日で議論が終わり、要望を実装したプロトタイプまでできてしまうかもしれません。
お客様の声を聞き、素早く実装するための量子コンピュータ、という使い方が考えられるわけです。

お客様の声を聞くために量子コンピュータを使う、そんな発想が生まれてくるのも、お客様の声をこれまで大事にしてきた五十嵐さんならではです。量子コンピュータでどんな世界が将来生まれるのか楽しみになります。

シナプスイノベーションには化学工場、食品製造業者、飲食店など幅広い業界のお客様がいます。多くのお客様を訪問し、お客様のニーズをよく知る市川さんに、量子コンピュータで描ける夢を具体的な事例を挙げながら語っていただきました。

【最適化は現場の大きな課題】

市川さん　私は顧客開拓でいろいろな方々とお話をするのですが、五十嵐のお話しした最適化の課題って実はたくさんあるんです。そのなかで量子コンピュータが使えたら面白いなと思った事例をご紹介してみます。

代表的なのが飲食店のシフト計画の例です。飲食店ではさまざまな方々が働いています。社員の方だけでなく、平日夜と休日しか入れない学生アルバイトの方や、朝と夕方は子どもの送り迎えのある子育て世代のお母さんなど、それぞれに働くことへの制約が異なる方々です。また、スキルも人によって異なります。

厨房経験が長い人、接客経験が長い人、入ったばかりの研修の人などです。さらには、1日の労働時間を何時間に抑えなければいけないなどの勤務管理上の制約もあります。

こういった複雑な制約を踏まえてお店の営業が滞らないシフトを作成するのは、大変手間のかかる最適化です。条件が複雑になればなるほど、人間はもちろん従来のコンピュータでも、長い時間をかけないとシフトがつくれなくなってしまいます。

しかもシフトは、時間をかけて1か月分つくっておけばよい、というようなものではありません。なぜなら、日々変化が起こるからです。

たとえば、学生さんが「来週追試が入ってしまいました」と変更を希望してきたり、社員さんが「今日風邪を引いて行けなくなりました」と連絡してきたり、です。また、通常よりたくさんの予約が入り、明日は突発で人を増やしたいということもあるかと思います。こうした日々の変化に素早く対応するためにも、量子コンピュータを活用できないでしょうか。

図2 シフト作成に悩む店長

そのうえ、たとえば店長さんが一生懸命シフトをつくって、「これでいきたい」といって従業員に提案しても、「その日は無理になりました」とか、「その日なら調整可能です」とか次々と新しい条件が出てきてしまいます。そのため、要件をある程度満たすさまざまな解を提案できるのが望ましいのです。アニーリング型の量子コンピュータは、サンプリングという使い方で、たくさんの候補を出してくれる可能性もありますので、うまくはまれば面白いと思います。

実は、このシフトの話を考えていたタイミングで、高校の先生ともお話しする機会があったのですが、彼らの時間割も似たような難しい課題で、その方の場合は一人で苦労しながらつくっているそうです。確かに、先生によって教えられる科目が異なり、同時に2クラスは受けもてませんので、つくってみたら成り立っていなかった、直してみたら今度は別のところがうまくいかなかったということがありそうです。

このように、計画決定の問題は多くの業種でよくご相談をいただきます。この分野で量子コンピュータが幅広く使われていくようになったら、業種を超えてたくさんの課題が解決できて面白いですね。

Interview

株式会社 Jij

「量子の技術で世の中を一歩先へ導くコンサルティング企業」

2018年、東京工業大学の大学院生である山城さんを中心にアニーリング方式の量子コンピュータを活用したプラットフォームやアプリケーション開発を手掛ける学生ベンチャーが立ち上がりました。立ち上げ以来、オープンプラットフォームソフトウェアであるOpenJijのリリースや、カンファレンスの主催、さまざまな企業たちとの数々の実証実験など、量子コンピュータのコミュニティを活気づけるような活動が行われています。

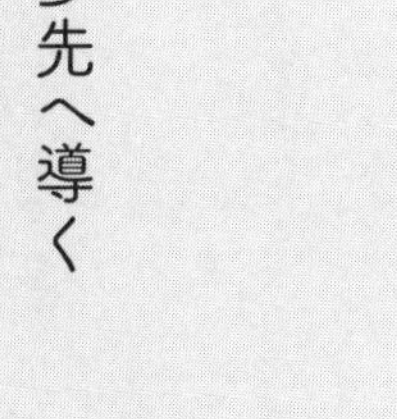

株式会社 Jij 代表取締役社長

山城悠さん

”人類は量子の技術を手にすることで、一歩先へ進む“

山城さんが量子コンピュータの技術を社会と結びつけようと思い始めたのは、著者・大関との出会いがきっかけでした。東京工業大学で、量子アニーリング技術の発明者の一人である西森秀稔教授のもとで最先端の研究に取り組むかたわら、研究室から一歩外に飛び出してみようと、当時、大関が手掛けていたＪＳＴ－ＳＴＡＲＴ事業と呼ばれる、事業化を目指した研究プロジェクトに自ら飛び込んでいったのです。そのなか、企業と共同で行ったプロジェクトで、技術を社会へつなげることの重要性と楽しさにのめりこんでいったそうです。

山城さんが始めに熱く語ってくださったのは、量子技術で切り開きたい夢の世界の話です。

突然ですけど、第一次産業革命ってどうやって起こったかご存じですか？　実は熱力学という物理の技術がベースだったんです。熱力学によって蒸気機関が生まれ、それによって社会が大きく変革しました。その第一次産業革命が起こったことで生まれた副産物が量子力学です。

産業革命では鉄鋼業が伸びました。そのなかで、「鉄を溶かす温度を光の色から解明できれば効率化できるんじゃないか」というアイデアが生まれ、それを解明するために量子力学が生まれました。つまり、革新的な技術が社会を変え、その変革された社会が新たな革新的技術を生み出すという構図です。

私は、量子コンピュータを始めとした量子力学を使った技術を人類が手にすることで、新たな社会の変革が起こると考えています。そしてその先にまた新しい革新的な技術が生まれ、人類はさらに先に進めると思います。たとえば、ひも理論やM理論といわれるような、まだよくわかっていない世界がたくさんありますが、量子コンピュータで人類が量子技術を扱えるようになったら、宇宙の真理にさらに迫ることもできるのではないかと思います。

山城さんが見ているのは、新しいコンピュータによって単に目の前の課題が解決されるような世界だけではなく、その先に起こり得る壮大な未来です。そんな未来に向けて、山城さんはどのように進もうと

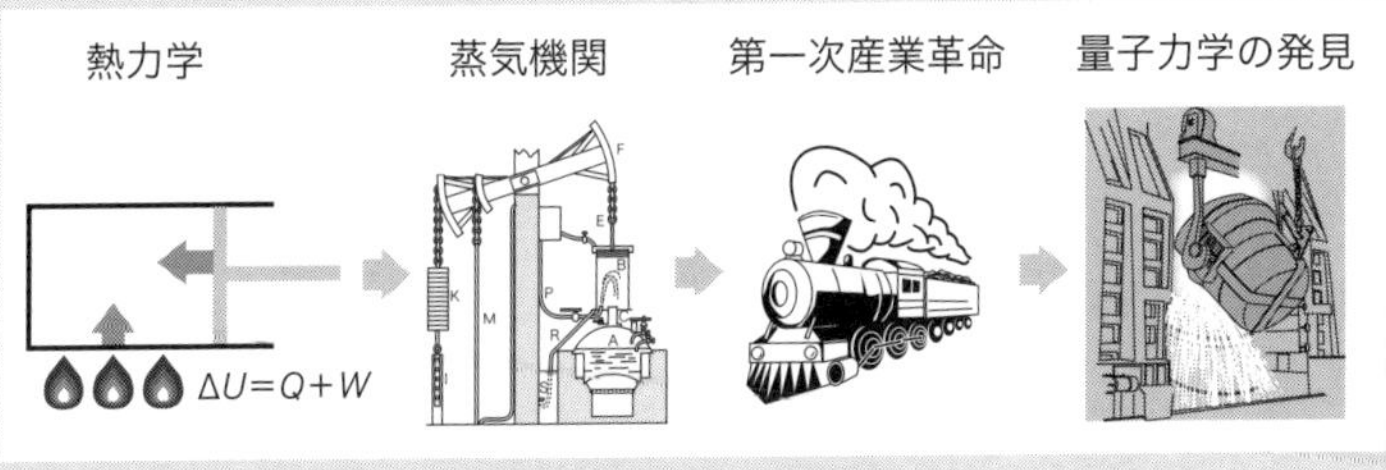

図 1　第一次産業革命から生まれた量子力学

しているのでしょうか。

いきなり宇宙の真理といっても話が飛びすぎていますから、まずは量子コンピュータ、とりわけ事業化に近いと思われる量子アニーリングマシンを社会につなげていくことに注力しています。今、企業様からたくさんの課題をいただいています。いただいた課題を分析してわかってきたんですが、世の中には選択肢がありすぎて、それを選ぶのに人間がすごく苦労して答えを見つけているということなんです。量子アニーリングマシンが、こういった選択肢から最適なものを早く見つけられるようになれば、人間は選択の苦労から解放されて、もっと楽しいことに力を注ぐことができるようになる。そんな社会になったらいいなって思います。

量子アニーリングマシンが、非生産的な選択の苦しみから解放してくれる世の中。実現するには何が課題なのでしょうか。

量子アニーリングマシンはまだまだどんなアプリケーションで嬉しいのか、具体的に示された例はあまりありません。Jijでは、量子アニーリングマシンに関しては素人の方々でも、簡単に評価をしていけるオープンソースソフトウェアの提供や、ビジネスカンファレンスの開催など、コミュニティをつくっていくことを仕掛けています。そんな取組みのなかで生まれたアプリケーションのアイデアを量子アニーリングマシンで実装しながら、本当に価値のある領域を、世の中の皆さんとつくっていきたいと思っています。

技術の社会での価値を大事にし、オープンな姿勢で取り組んでいる研究者、それが山城さんです。彼が周りを惹きつけている理由がインタビューを通して伝わってきました。

最後に、自身が手掛けている事業の醍醐味を語ってもらいました。

もともと、私は昔からタイムマシンをつくりたいって思ってたんです。未来の姿を覗いてみたいなって。でもいろいろ勉強していくなかで、何やら無理そうなことがわかってきました。そこで思ったのは、未来を見に行けないなら、自分が未来をつくろうと。そんななかで始めた量子アニーリングの研究なんですが、量子アニーリングは統計力学という学問が重要な役割を担っています。この統計力学は学術的でありながら、実は社会とのつながりが強いんです。量子アニーリングで社会問題に挑戦することは、社会にとっても面白いし、学術的な進展もあるという最高に面白い研究分野なんです！

Part 2
量子コンピュータで世界が変わる

Chapter 5
量子コンピュータと社会のこれから

—リーンスタートアップと共創が世界を変える—

本書を通して、量子コンピュータに向けられる世の中の熱い情熱を感じていただけましたでしょうか。量子コンピュータの応用研究の世界には、年々たくさんの業界の人々が参入しては大きなものに成長し続けています。量子コンピュータでこれからどんなように世界が変わっていくのか楽しみです。
世界中で競争が繰り広げているなか、日本ならではの動きをすることで、本当の意味で、多様で持続可能な世界、発展し続ける世界に貢献できると思います。量子コンピュータが成長するテクノロジーを支える時代は目の前に来ています。ただの流行りに終わらせない。そのために今できることは何でしょうか。

1章で著者・寺部は、量子コンピュータに向けられる情熱の正体は「これまで対応が困難であった多くの社会課題の解決に対する強い期待」である、と述べました。3章、4章で語られたさまざまな業界から見た「量子コンピュータで変わる世界」の多くは、大きな視点で見ればSDGsで語られる社会課題とつながっており、非常に意義深いものです。

それでは、こういった社会に影響を与えうるほどの可能性を秘めた量子コンピュータに私たちはどう関わっていけばよいのでしょうか。これから始める5・1節で新しい技術によって変わっていく世界を分類します。5・2節でシリコンバレーの取組み方をもとにどのように世界を変えていくのかの方法論を示します。5・3節、5・4節で日本で動き始めた世界を変えていく取組みについてご紹介していきます。

この章を読んでいただければ、量子コンピュータに取り組む企業たちがなぜ今の段階から実証実験を行い、世の中へ発信しているのかがわかるようになると思います。

● 5・1 新たな技術が生み出す世界

今までのコンピュータを用いて連続的に進化していた世界に対し、量子コンピュータは近い将来に、不連続な進化、つまりは劇的な進化を与えてくれそうです。どのような進化が起こるかは、市場の性質から連続の市場と不連続の市場の二つに分類できます。

連続の市場というのは、今すでに存在する市場を表します。量子コンピュータを連続の市場に適用することは、たとえばバッテリーの市場でいえば、今までの技術改良の積み重ねで年々数%ずつバッテリーの持ち時間を改善していたところに量子コンピュータをもってくることで、一気に数10%の改善をする、というようなものです。同じ市場に向けて性能向上を目指すので、分類としては連続の市場になります。

不連続の市場というのは、今までとは違った市場を創りだすことです。たとえば、モノ売りの世界が中心であった車の世界にサービスをもち込んだUBER Technologies社は不連続の市場を創り出した例です。

ここで技術は不連続でも連続でも構いません。しかし、技術も不連続であれば、さらに大きな革新を生み出す可能性があります。つまりは量子コンピュータのような劇的に性能を向上させる不連続な技術をもち込むこと

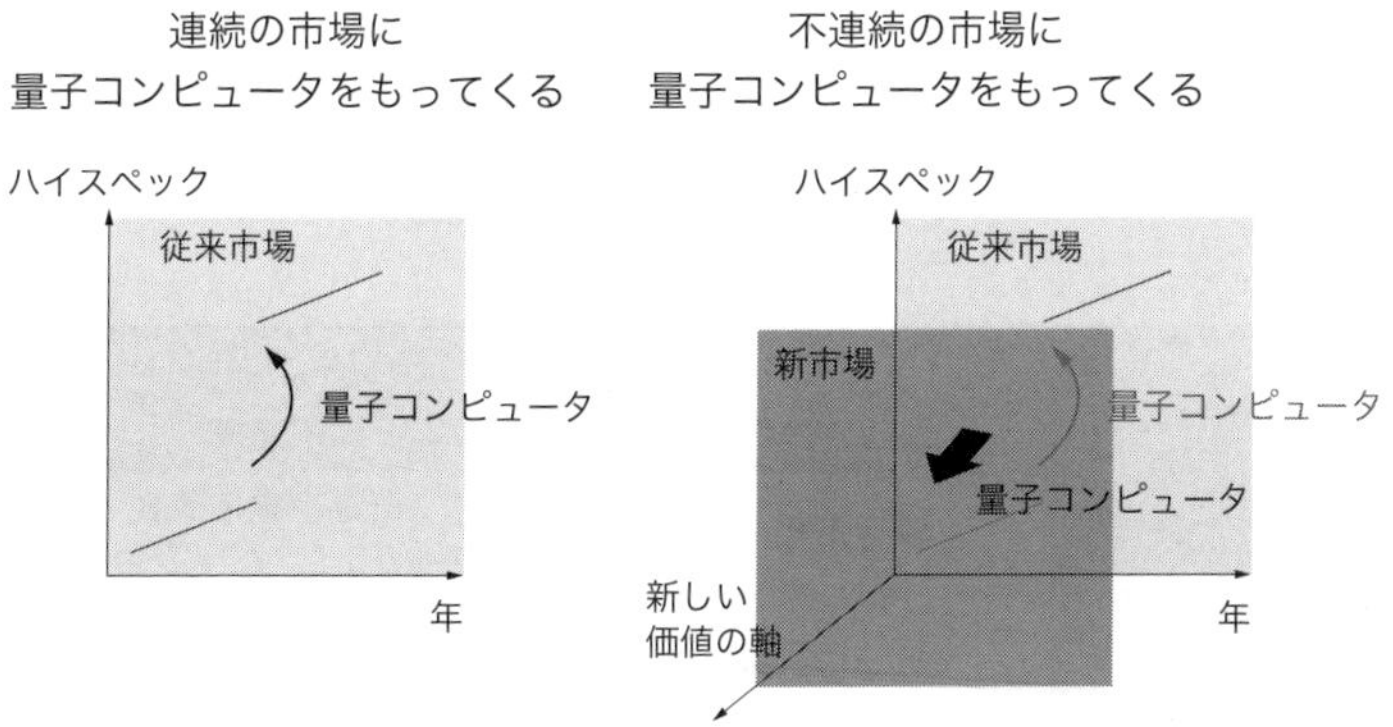

図5.1 量子コンピュータで変化する市場

で、量子コンピュータでしか実現できない、さらに新しい世界を創り出すことができる可能性があるということです。新しい技術が市場を生み出す例としては、青色発光ダイオードの発明により、もち運び可能なディスプレイが実現可能になり、美しいディスプレイをもった携帯電話の市場が生み出されたというようなものがあります。

連続の市場、不連続の市場ともに大きな価値があります。自動車業界を始め、全ての業界の今の市場を支えるのは前者の連続の市場です。しかし、連続の市場において新しい技術で性能向上を果たしていくには二つの注意点があります。

① 性能向上は市場がこれからも連続であり続ける前提でのみ価値がある

② 性能向上の度合いと嬉しさの向上の度合いは必ずしも一致しない

一つめですが、市場が連続である前提がひとたび崩れ去ってしまう（これはパラダイムシフトと呼ばれます）と、途端に価値が大きく減少してしまいます。1章で扱ったガラケーとスマホの例を再び取り上げると、100倍すごい革新的なガラケーを作ったとき、市場がスマ

		技術	
		連続	不連続
市場	連続	既存市場の改良	既存市場の改良 （持続的イノベーション）
	不連続	新規市場の創出	より大きな新規市場の創出 （破壊的イノベーション）

表5.1 技術と市場

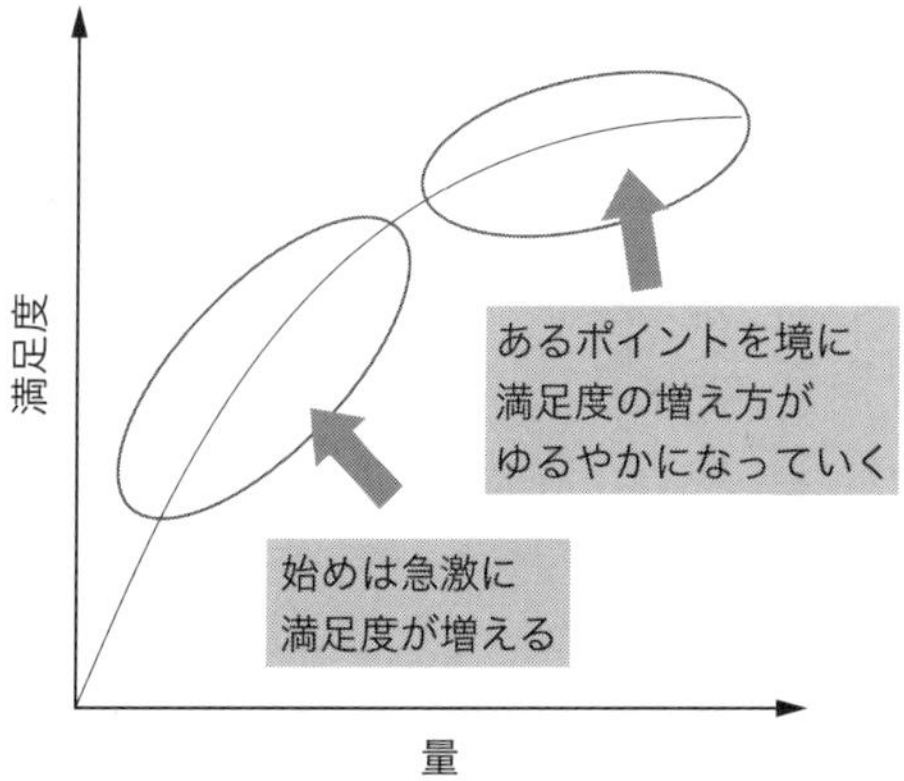
満足度
あるポイントを境に
満足度の増え方が
ゆるやかになっていく
始めは急激に
満足度が増える
量

図5.2 限界効用逓減のイメージ

ホ一色になってしまっていたら、そのガラケーは果たして売れるのだろうかということです。

二つめは、10倍の性能向上は10倍嬉しいわけではないということです。たとえば、喉がカラカラのときに頼む1杯目のビールの価値は高いですが、10杯飲んだあとの11杯目のビールの価値は1杯目ほどではないでしょう。つまり、たとえ量子コンピュータで何かの性能が1億倍速くなったとしても、必ずしも嬉しさが1億倍になるわけではなく、それは市場が求めていないものかもしれないということです。これは限界効用逓《てい》減の法則と呼ばれます。

連続の市場と不連続の市場のどちらにも量子コンピュータを使っていく価値があります。しかし、技術のみでなく市場の価値も合わせて見極めていかなければ、せっかくの良い技術でも持ち腐れしてしまう可能性があるのです。これは、非常にもったいないことです。

これら二つの市場に対する取組み方は全く異なります。連続の市場の場合の取組み方は、ニーズが明確です。そのため、ニーズに合わせて技術を作り込むニーズマッチングをすればよいのです。

これは非常にわかりやすいですね。では、市場の不連続についてはどのように取り組むべきでしょうか。次節でみていきます。

● 5・2 シリコンバレー流価値の生み出し方

不連続な市場のインパクトについては、UBER Technologies社の例で述べました。では、このようなビジネスをどう創出していけばよいのかについて述べていきます。彼らのビジネスは図5・3に示すようにホテル業界などでは普及しているマッチングという概念を自動車業界にもち込んだものです。イノベーションというのは、経済学者ヨーゼフ・シュンペーターが「異なる分野の価値観の組合せで起こる」と定義しています。自動車業界からみれば、このUBER Technologies社の例はまさに異分野との融合であり、イノベーションをよく表した例といえます。

市場創造の概念を図5・4に表します。丸の大きさは市場の大きさとします。自動車業界は現在、連続的な進化によって少しずつ丸が大きくなっています。しかし、異業種との組合せで起こす不連続

図5.3　UBER Technologies社の配車サービス

の市場は自動車業界の連続的な市場の進化よりもずっと大きい可能性があります。事実、3・1節でも触れたように、UBER Technologies社は創業5年半で、創業100年超の大手自動車メーカーの時価総額を超えています。つまり、異分野とうまく組み合わせることが、大きな新しい市場を生み出す方法論です。

では、異業種を組み合わせて何を目指せば良いのでしょうか。まず考えるのは、お客さんにニーズを聞いてみることでしょう。しかし、それはうまくいく可能性がきわめて低いといわれています。なぜならば、不連続の市場の場合、お客さんは将来の自分が欲しいものは自分でもわからないからです。この「将来の自分が欲しいもの」を潜在ニーズともいいます。

ロンドン大学の有名な風刺画があります（図5・5）。あるブランコの注文から納品までの道程を辿り、その迷走っぷりを示したものです。お客さんがある日、3段のブランコを注文し、注文を受けたエンジニアは困惑しました。ブランコを3段にして何が嬉しいのかと。そこからエンジニア

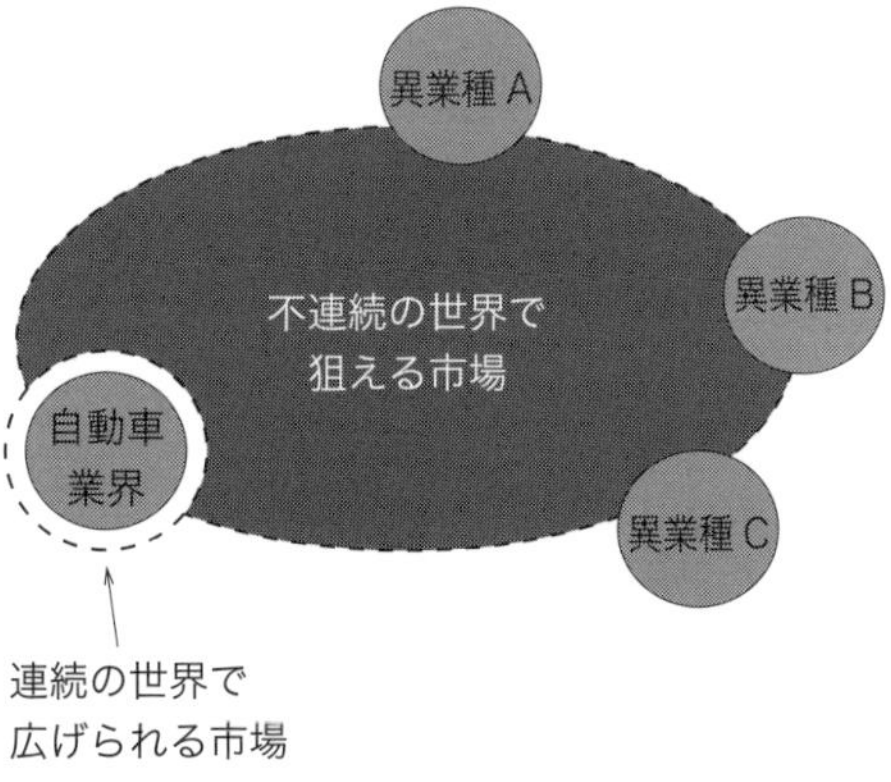

図5.4　不連続市場の可能性

はお客さんの気持ちを汲み取ろうと頑張っていろいろと提案し、お客さんと議論していきました。議論のなかからお客さんの気持ちがわかるようになり、最終的にはタイヤのブランコを作ることで満足してもらったそうです。

この風刺画からわかるのは、お客さんは自分が欲しいものを明確にいえないのですが、提案されたら意見をいうことはできます。再びガラケーとスマホの例をもち出せば、世の中にガラケーしかなかった時代に、お客さんにどんな携帯電話が欲しいですか？　とヒアリングして、スマホといえる人がいたでしょうか？　おそらくほとんどいなかったのではないかと思います。しかし、スマホの試作品を作ってお客さんに欲しいですか？　と聞けば、もう少しこういう機能がついていたら欲しいのになぁと意見をいってくれるでしょう。

そのため、お客さんに対してはとにかく提案を繰り返しながら、お客さんの気づいていない新しいニーズと、それにマッチするサービスなり製品なりを、お客さんと一緒に

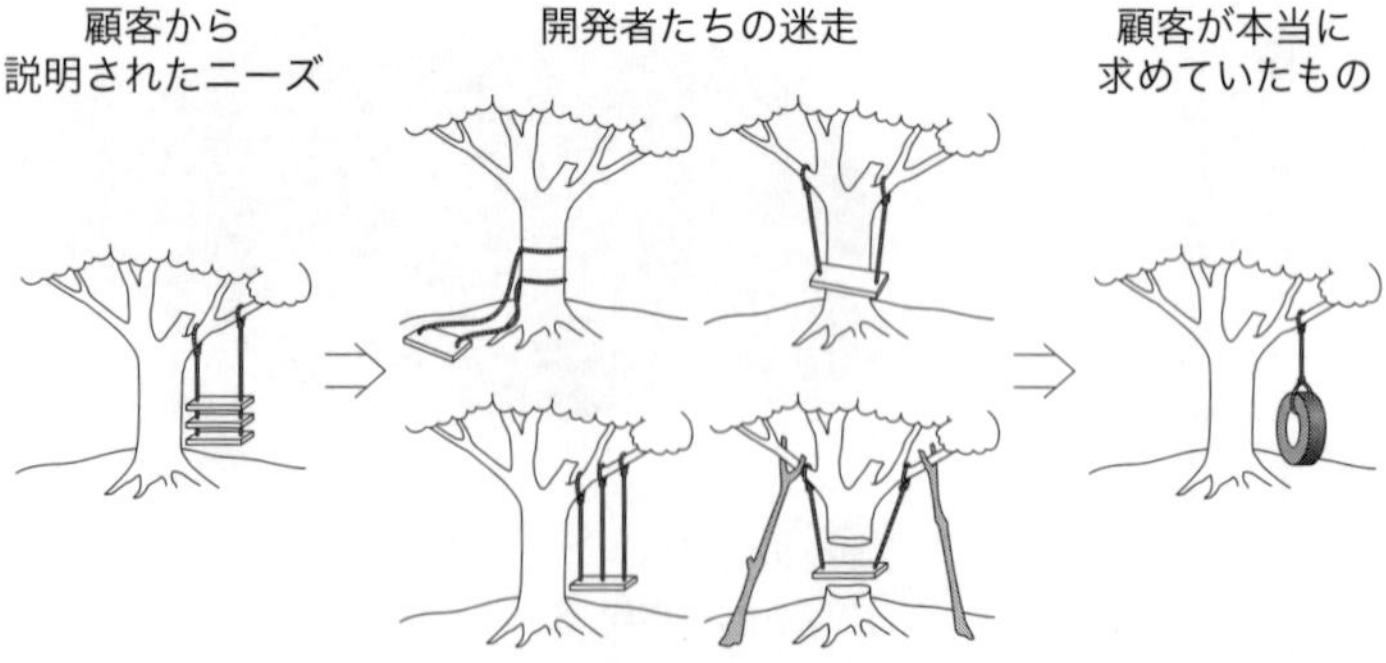

図5.5　1970年代に流行したIT業界を揶揄する風刺画のイメージ

共創するという方法が必要です。この方法はリーンスタートアップと呼ばれ、実はシリコンバレーでは主流の事業創出手法として知られています。

リーンスタートアップは、「連続の市場」での取組み方であるニーズマッチングと対比して示すことができます。

ニーズマッチングの場合は、とにかくニーズに応えるための研究開発をしていくことが目標になります。ニーズが明確なので、開始時点でどれだけの市場が見込め、どんな計画で進めるべきかを決めやすくなります。

対してリーンスタートアップは不連続の市場への取組み方です。つまり、お客さんがニーズをはっきりといえない世界です。とにかく、「作ってはお客さんに提案し、フィードバックを得てはまた作っては提案し……」と繰り返しながら「はっきりしないニーズ」を「はっきりしたニーズ」に進化させていく活動になります。リーンスタートアップのクライテリア（結果の判断の指標）はどれだけ市場が広がる可能性があるか、です。そのため、研究開発

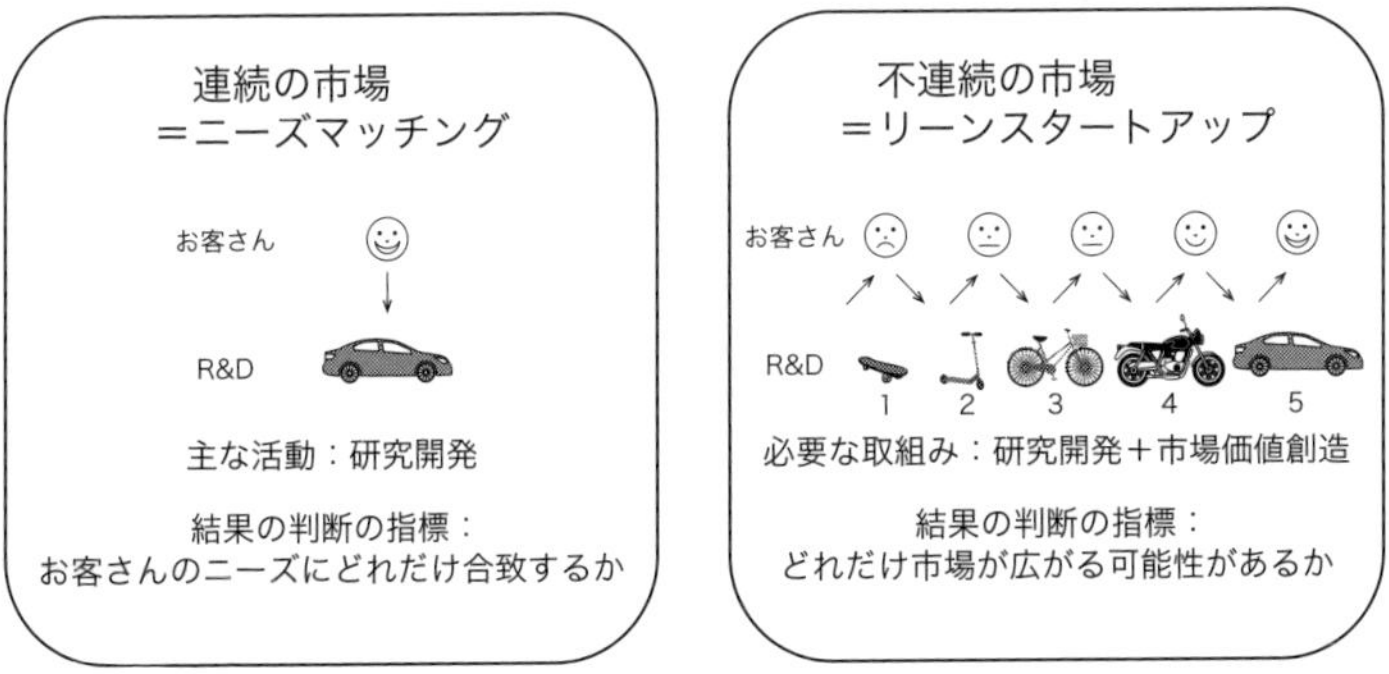

図5.6　リーンスタートアップ

だけではなく、市場価値の創造を同時にしていくことになります。

いったん、量子コンピュータに話を戻すと、著者・寺部が量子コンピュータを活用した研究を始めた4年前には、世の中には同じような取組みをしている人々はほとんどいませんでした。

そのため、「こんな技術があったら何に使いたいですか？」と社内外の人々に聞いても、「わからない」といわれるのみでした。まさにここで示したような、アプリケーションの可能性を外に発信してはそれを見た人々からフィードバックを貰い、アプリケーションを進化させ続けることで、可能性を作っていくというリーンスタートアップの進め方が必要だったのです。

2018年1月にラスベガスで開催された世界最大の家電ショーであるCESで著者・寺部はデンソーから図5・7に示すコンセプトを発信しています。動画もありますのでQRコードからぜひ見てみてください。このとき、策定したコンセプトが「Optimize the moment」です。瞬間瞬間を最適化することで生み出される新しい価値がある、という意味です。

量子コンピュータがモビリティサービスや工場IoTの世界に提供できる価値として一番嬉しいのは、最適化問題を超高速に解けることによって、今までは何日もかかるために諦めざるを得なかったようなリアルタイムの最適化ではないかという発想から創りました。

この発信が、まさにリーンスタートアップにおける顧客への提案、になります。その結果、世界の多くのメディアにも取り上げていただき、それを見た方々からいろいろなアイデアをいただくきっかけにもなりました。

ここ数年で量子コンピュータの実例が少しずつ世の中に出てきて、世の中の人々も多少アプリケーションのイメージを想像しやすくはなってきたかと思います。しかし、量子コンピュータの可能性を考えれば、現在世の中で想像されているものも、まだ全体のほんの一部でしかないはずです。

だからこそ本章で示すリーンスタートアップの考え方が必要になってくるのです。本書は、実はそういった可能性探索の一端にもなる可能性があります。こうやって、いろいろな業界の人々が描く未来像を、本書を手に取った「量子コンピュータって名前は聞いたことがあるけど、何に使えるのかよくわからない」という皆さんが見ることによって、きっと新しいアイデアが生まれてくると思います。そういったアイデアがたくさん出てくることが、現在の

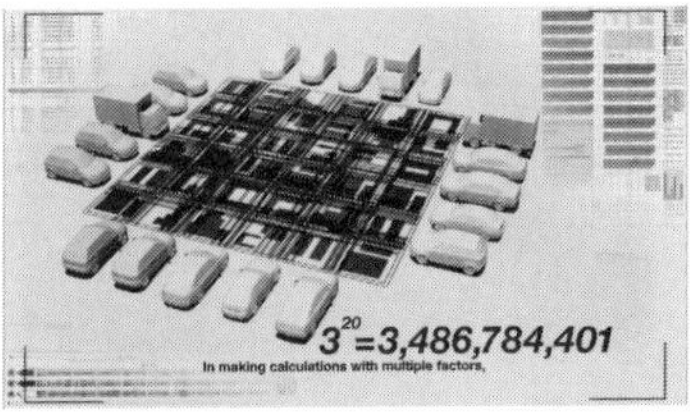

(a) 量子コンピュータを活用したモビリティ IoT の未来

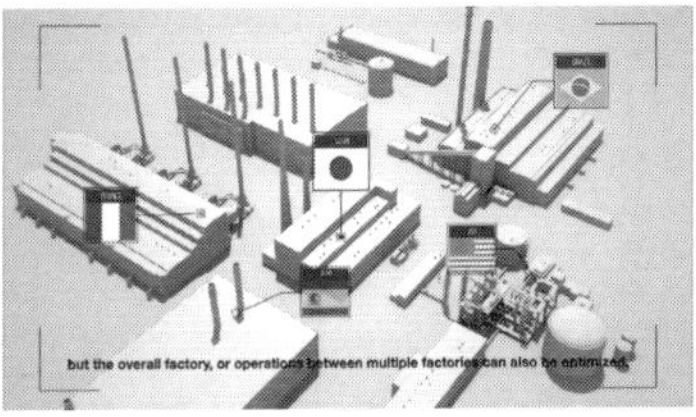

(b) 量子コンピュータを活用した工場 IoT の未来

図 5.7 自動車業界での量子コンピュータ応用の可能性を示したコンセプト動画（CES 2018 にて出展）

量子コンピュータの進展において非常に重要なことです。

それでは、この節の最後に、ここまでご紹介したリーンスタートアップの取組みのポイントを見てみます。

1. 変化を前提に取り組む
2. 失敗から学ぶ
3. 多様なメンバーでチームをつくる

それぞれの点について、順に理由を解説していきます。

①変化を前提に取り組む

得られる市場が何で、どのような大きさかもはっきりとわからない場合、あらかじめしっかりと計画を立てて進めることは困難になります。つまり、これまで仕事の進め方でよく活用されてきたPDCA（Plan計画し、Do実行し、Check評価を行い、Action改善し、またPlanに戻るという仕事の改善サイクル）の進め方がうまく当てはまりません。無理やり当初の思い込みによって計画を立ててしまうと、思い込みが邪魔をして機敏に方向を修正することができないためです。そこで、OODAと呼ばれる、Observe（観察）、Orient（状況判断、方向づけ）、Decide（意思決定）、Act（行動）という、世の中をよく観測しながら行動を変えていくような、変化の大きな時代に合った新しい仕事の進め方を選択していくことが必要になります。

②失敗から学ぶ

技術を作り込んで熟成させてから世の中に出しても、お客さんに要らないといわれてしまった瞬間に、その技術は無用のものになってしまいます。リーンスタートアップでは、完成前からお客さんに意見してもらい、多くの失敗から学ぶという点が本質となります。

Apple社のスティーブ・ジョブズは、発明王のイメージが強いですが、成功よりも多くの失敗を重ねた失敗王でもあります。その多くの失敗から得た学びこそが成功を導いた要因ですが、今の時代からみれば彼の成功事例ばかりが目立つために、このリーンスタートアップの取組みの部分は見えづらいといえます。

サイバーエージェントなど一部の先進的な企業では、挑戦のうえでの失敗を許容する企業文化にしているそうです。失敗が評価される風土にしなければ、失敗しないことが最優先となってしまい、新しい挑戦は起こりづらいためです。

③多様なメンバーでチームをつくる

外へ発信をしながらお客さんの声を聞いて市場を共創することは、技術者だけでは容易にできることではありません。デザイナーやプロモーター、セールスなど部門を越えた非技術のメンバーも一丸となって取り組む必要があります。つまり、多様なメンバーがお互いの領域に踏み込んでシナジーを生み出す必要があります。スティーブ・ジョブズの目指した「理系と文系の交差点に立てる人に価値がある」（＊1）という言葉はまさにこの取組みの姿勢を示しているのです。実際に、Google社などの先進的なIT企業では、デザインスプリントと呼ばれる市場価値を創造する取組みに、デザイナーなどの非技術メンバーが必ず入っているそうです。

これらが示すのは、不連続の市場を開拓するには仕事の仕方から組織まで変革が必要になるということです。そこに量子コンピュータという新しい技術を組み合わせることは、さらに大きなチャレンジです。本書で紹介したいくつかの事例をここまで述べてきた視点で再度見直していただくと、各社がなぜこの段階で、市場のはっきり見えない取組みを仕掛け、世の中に発信しているのかが見えてくるのではないでしょうか。量子コンピュータは今後、多くの人々の関わりによって新たな展開を生むことになると思います。まだ始まったばかりのこの世界、ぜひ本書を読んだ読者の皆さんなりの関わり方をしてみてほしいと思います。

5・3 産学主導の共創の始まり

●量子アニーリングマシンの未来

それでは量子コンピュータの未来について著者・大関が最後に語るとしましょう。まずは量子アニーリングについて見てみましょう。

ここで現状を振り返ることにします。量子アニーリングマシンを販売しているD-Wave Systems社から、実際に購入やリース、マシンを設置した組織・企業、大きな時間枠を占有したクラウド利用を推進している組織・企業を並べてみます。第一の顧客は、Lockheed Martin社でした。そして続いてGoogle社とNASAが共同利用するマシン、Los Alamos国立研究所、最近ではOak Ridge国立研究所、サイバーセキュリティに関する会社が導入しました。これらの社名を眺めてみると、ある共通項が浮かび上がってきます。国家安全保障や宇宙開発、軍事産業に関連している組織・企業が導入しているということです。だからといって、直ちに軍事研究のための研究を行っているというわけではありません。あくまで先端技術研究を行う機関だから率先して量子アニーリングマシンの様子を調べ、その可能性について研究を進めているということです。

それに対して、日本の量子アニーリングマシンの導入事例はどうでしょうか。残念ながら実機の設置に至ったところは２０１９年４月現在ありませんが、クラウド利用が盛んです。そのなかでも目立った研究成果や実績を上げたところとしては、リクルートコミュニケーションズ、デンソーがあります。京セラ、メルカリ、野村アセットマネジメント、ＡＢＥＪＡ、アイシン・エィ・ダブリュなど、さまざまな業種の企業がその利用可能性について検討を始めています。大学や研究機関では、東北大学を始め、早稲田大学やさまざまなところが利用を開始しています。

　こうした動きを背景に、日本でも大きな利用を促すように新たな組織・企業の団結を模索する動きが活発化しています（図５・８）。その一つの動きは、量子アニーリングマシンをみんなで買って利用しようという動きです。これについては後述するとしましょう。

　ほかにも量子アニーリングの技術そのものに注目して、それをデジタル回路上で真似をすることで実装した例として、内閣府ＩｍＰＡＣＴが主導したＮＴＴが中心となって開発したコヒーレントイジングマシン、富士通のデジタルアニーラ、日立のＣＭＯＳアニーリングなどがあります。これらを利用するためのミドルウェア（使いやすくするためのプログラム群）の開発が、経済産業省が推進するＮＥＤＯプロジェクトで進められています。スタートアップについても、４章で紹介したような量子アニーリングを利用したソフトウェア、応用を進めるＪｉｊやＭＤＲ、Ｑｕｎａｓｙｓなどが登場しています。

　日本の状況はだいぶ海外の動向、とりわけ北米の動きとは毛色が違うことに気がつくと思います。もちろん背景とする文化であるとか歴史的経緯が大きく影響していることは間違いありません

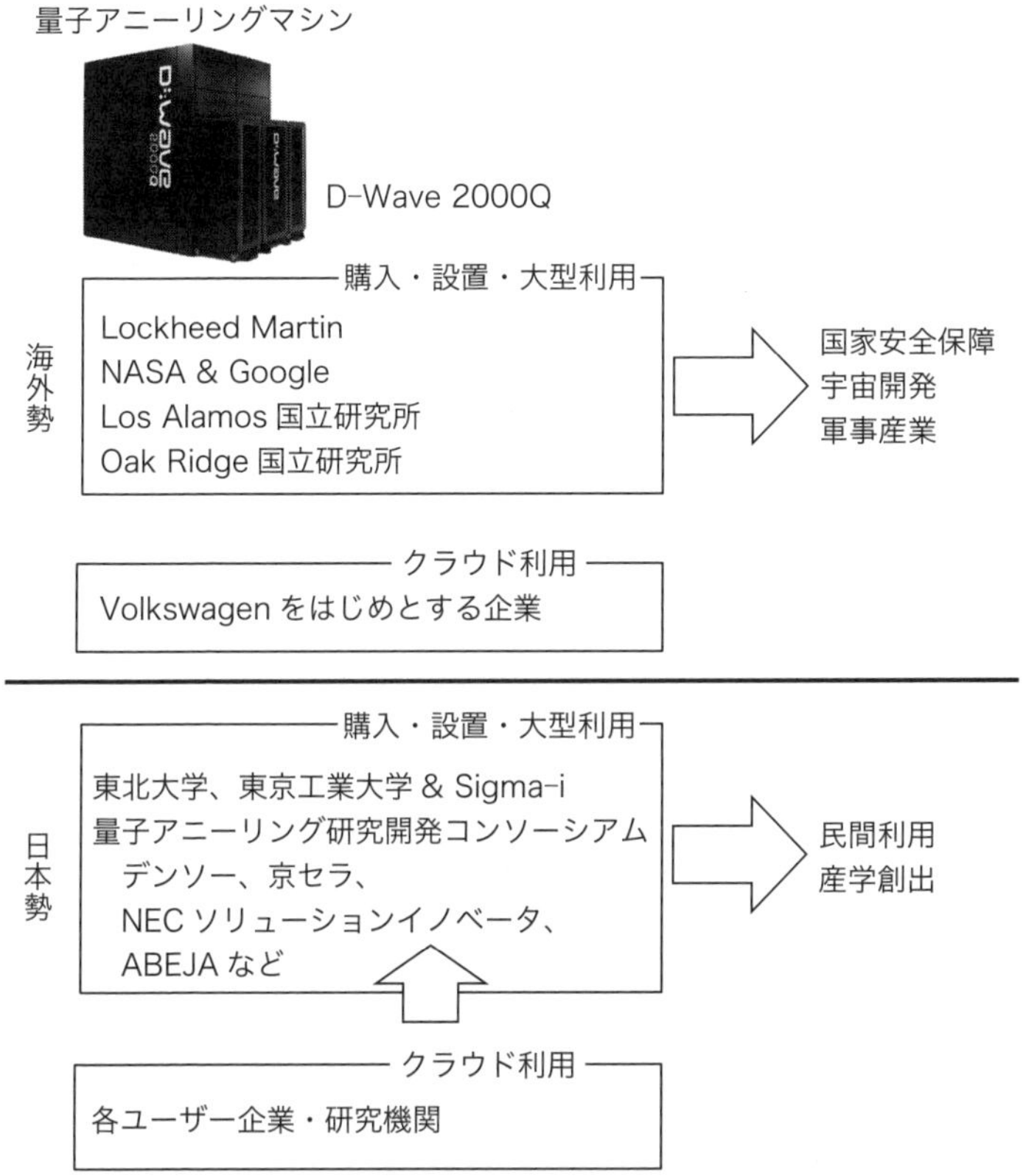

図5.8 量子アニーリングマシンの導入組織・企業と利用

が、素朴に日本では、量子アニーリングを「産業利用」に向けて積極的に動いている様子が感じられます。

　海外の動きと違うから、いつもと同じように日本がガラパゴス化しているだけでしょうか。私はそれは違うのかな、と思います。海外でも広く眺めてみると産業応用への機運が高まっているところがあります。最も目立った動きをしているのはドイツのVolkswagen社です。非常に多くのタクシーについて、それぞれの経路選択を的確に行うことで、交通渋滞の要因となる一つの経路への集中を防ぐという例を示しました。北京の地図上で、タクシーがどれだけ集中して移動しているところを、量子アニーリングマシンの活用により分散させることができたという様子を示した衝撃的な結果です（図5・9）。

　Volkswagen社の例は、図こそ衝撃的

図5.9　Volkswagen社の図
（Frontiers in ICT：https://www.frontiersin.org/articles/10.3389/fict.2017.00029/fullの図5）

であれ、その中身で行われていることはごく単純です。まずはタクシーごとに三つの経路を事前に用意させておきます。これは既存のコンピュータで列挙しておきます。たとえば最短経路、それに準じた経路、遠回りをする経路の三つを用意します。どの経路を選ぶかどうかを0と1の量子ビットで表現します。そこで、ほかのタクシーと経路が被らないようにしましょうというパズルのルールを設計します。そのルールに基づいて、量子アニーリングマシンに各タクシーの経路を選択してもらいます。案外と簡単な内容であることに気がつくかと思います。

パズルのピースにあたるそれぞれのタクシーの経路を「既存のコンピュータ」で事前に用意するところがVolkswagen社のうまいところです。つまり量子アニーリングマシンで細かい経路や距離の考慮まではさせずに、既存のコンピュータで助けているという形になっています。量子アニーリングマシンももちろんですが、量子コンピュータは生まれたばかりですから、全ての計算を負担させるのは重荷となります。そこで既存のコンピュータと連携させてやれば、量子コンピュータの特性を現実的な規模の問題に活かすことができるかもしれない。そうした希望を与えるものでした。

量子アニーリングマシンの活用の鍵は、うまい問題設定と既存のコンピュータをいかに使うか、にあります。

●津波からの避難経路も量子アニーリングで解決する時代

このＶｏｌｋｓｗａｇｅｎ社の例をバイブルとして、私が率いる東北大学のメンバーでも異なる問題設定で既存のコンピュータと量子アニーリングマシンの組合せを検討してきました。

２０１７年に東北大学量子アニーリング研究開発センター（Ｔ－ＱＡＲＤ：Tohoku University Quantum Annealing Research & Development）が発足して、以来量子アニーリングを活用したアプリケーションの開発を進めてきました。

最初に提案したシステムは、津波等災害時の避難経路の提案システムです。東北地方に位置する国立大学である東北大学では、２０１１年東日本大震災の教訓をもとに、安全で安心なまちづくり、システムの構築に向けた研究活動を進めています。このなかで、量子アニーリングを活用したシステムを導入することを検討するのは自然な流れであったかもしれません。

先の震災では、津波により甚大な被害を受けました。その際、津波から逃げるときに、避難経路上で発生した渋滞による逃げ遅れが発生してしまいました。その回避のために、交通網の整理はもちろんですが、いざ避難するときに、どこに避難するべきであるかという避難経路の提案システムがあれば、少しでも被害を防ぐことができたのではないだろうか、と私は考えました。

そこでできるだけ渋滞を引き起こさない津波等災害時における避難経路の提案を、量子アニーリングマシンから行うという目的で問題を設定しました。これは先ほど紹介したＶｏｌｋｓｗａｇｅ n社の事例と非常に似た問題設定となります。同様に既存のコンピュータで避難経路の候補のいくつかを算定して、それらの間でできるだけ被りがないようにすることで、渋滞を引き起こすような可能性のある道路を避けるように経路を選択させます。さらにタクシーの経路選択の最適化は、出発地点と目的地点が、都市の中心部と空港周辺と定まっていました。ところが避難経路の場合には、それぞれ避難したい人たちがいるところから避難先への移動です。出発点と目的地がそれぞれ複数箇所存在するという意味で、さらなる拡張を必要としました。

開発したシステムは、Volkswagen社を始め、複数の海外企業からの興味を引いたようです。しかし私たちもさらに研究開発を進めて他の追随を許さないところまで突き抜けようとしています。量子アニーリングマシン最大の弱点は、一度に扱える規模が小さいという問題がありました。Volkswagen社は広範囲に亘る経路全体を扱うのではなく、分割するという工夫で、この問題を克服しました。私たちはちょっと新しい方法を開発して、一挙に大規模な問題を扱い、災害時に直ちに避難経路が提案できるシステムを作りました。開発途中の様子をご覧に入れましょう（図5・10）。

高知市の地図の一部を利用して、海側の東から西側に逃げるということを想定した場合です。色が濃いところは、多くの避難経路が被って渋滞を引き起こす可能性の高いところとなっています。図の経路が私たちの提案するシステムによるもので、避難経路をできるだけ被らないように調整することで、渋滞の発生を抑えるようにしました。

最近では、これまで考慮できなかった渋滞の引き金となる道路の容量について勘案することができるように改良を進め、道路工学、災害科学など、より広範囲の研究分野にまたがる研究開発チームによる多彩な視点も取り込んで、より堅牢で安心なシステムへと改善に取り組んでいます。

さらにこれらの取組みは、2章で紹介した工場内の無人搬送車の移動経路の最適化にもつながります。無人搬送車が工場のなかで渋滞を引き起こさないようにしてほしいという点でみると、非常に似た問題設定となります。そもそも量子アニーリングマシンを用いるだけでは、無人搬送車の台数や考慮する経路の候補の数が少ない場合にしか適用できないもの

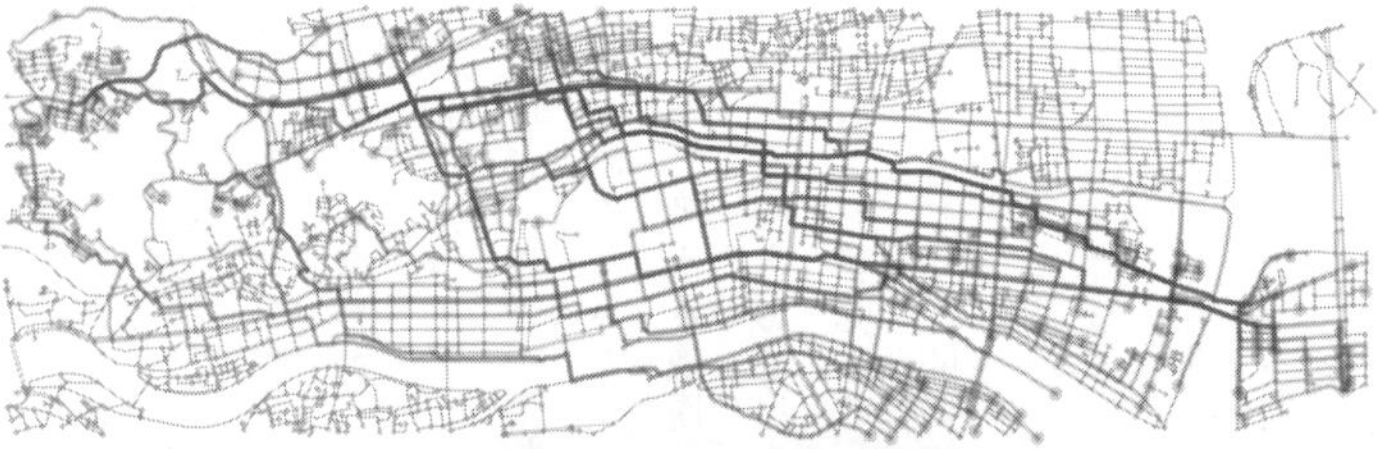

(a) 最短経路による避難の様子

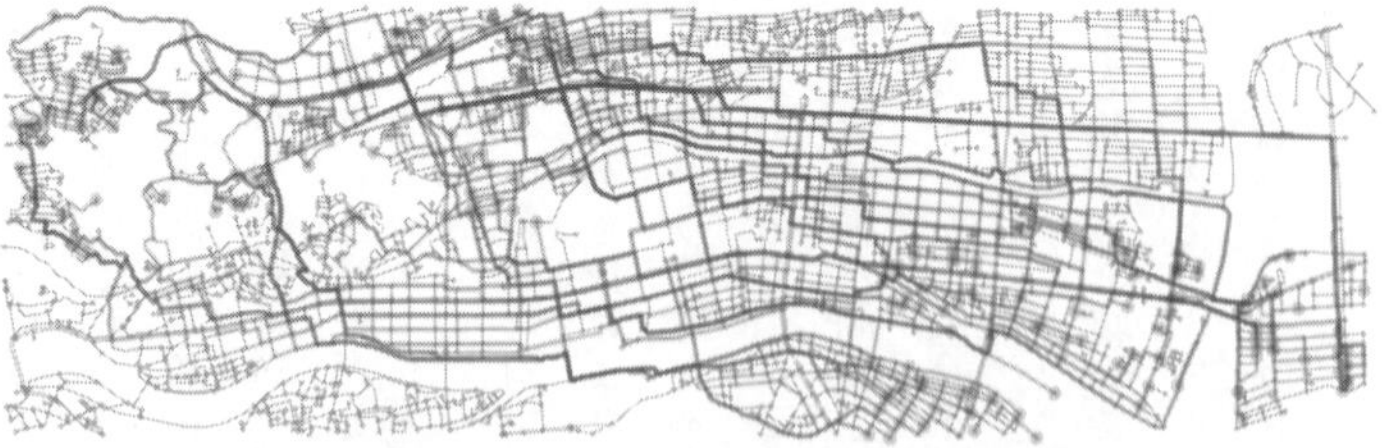

(b) 量子アニーリングを用いた提案の経路

図5.10 津波からの避難経路の提案システム

でした。しかし、ここまで述べてきた津波避難システムを設計する研究で培ったノウハウや技術が、ほかの関連する問題で有効利用されることがあります。

こうして災害から逃れるシステムを作るという、純粋に人を救いたいという情熱が、無人搬送車がスムーズに物品を運び、工場のなかでの稼働率が引き上がるなど産業界の発展に資することがあります。これは研究者として非常に幸せなことです。

津波避難のシステムも無人搬送車のシステムも同じように作れる？　新しいアイデアの活用は無限大?!

● 始まった産業利用への動き

私たち東北大学の独自の取組みのほかにも、世界的に量子アニーリングマシンの活用の動きが高まっています。カナダからはOTI Lumionics社という有機物質を用いたLED技術をもつ企業が参戦して、物質のシミュレーションに量子アニーリングマシンを用いた応用例を示しています。最近では、BMW社やAirbus社、そしてBritish Telecom社など、

D-Wave Systems	次世代機Pegasusの設計発表
リクルートコミュニケーションズ	レコメンデーションシステムにおける特徴選択
Volkswagen	D-Waveマシンを用いた量子化学計算
Los Alamos国立研究所	偏微分方程式の逆問題
T-QARD（東北大学）	津波避難経路や3次元再構成について

表5.2　QUBITS Europe 2018における主だった発表

さまざまな業種からの参戦が相次いでいます。

これらの動きを探る絶好の機会は、これらの企業が一堂に会して量子アニーリングマシンの使い方を議論する国際会議QUBITSに参加することです。毎年2回ほど開催されており、私たちも情報収集と研究成果の報告に向かいます。ライバルというよりも、同じ技術に夢をもつ仲間という感覚です。毎回非常にエキサイティングな気持ちでワクワクさせられます。そのなかで日本企業や日本のプレイヤーの存在感は、諸外国に比べて遜色のないものになっています。私たちが参加するようになった2018年3月から発表された主だった成果を表にまとめます。

2018年3月に開催されたQUBITS Europeでは、なんといってもD-Wave Systems社から次世代機Pegasusの開発・構成についての発表があったことが特筆するべき点でしょう。続いて日本からは、リクルートコミュニケーションズよりWebサービスで頻繁に利用されているレコメンデーション（推薦）システムにおいて、どのような点に基づいて推薦を行うと、顧客満足度が高いのか、その最適な組合せを選択する方法について紹介されました。Volkswagen社は、この前の会議で交通量最適化について発表していますが、続いてこの会議では、主にゲート方式がターゲットとする量子シミュレーションについて、量子アニーリングマシン上で行う方法を提案して、その可能性について言及しました。意外なところではLos Alamos国立研究所から、偏微分方程式に基づく現象について、その解析を行うことで、方程式のなかのパラメータがどのような値であったのかを推定する方法として、量子アニーリングマシンを利用するという画期的な手法が提案されました。そして私たちからは前述した津波等災害時の避難経路探索システムの提案です。

続く2018年9月のQUBITS North Americaでは、D-Wave Systems社から、量子アニーリングの新しい可能性を開く機能についての実験結果が報告されました。よくゲート方式は万能量子コンピュータと表現されることがあります。どのような計算にも対応できる万能性からくる言葉です。一方でアニーリング方式は、今のところできる計算の種類が限られています。D-Wave Systems社は、量子ア

D-Wave Systems	量子計算のタイプを増加するシステム
NASA	ドローンを含む航空管制制御、故障診断、ネットワーク堅牢化、機械学習への応用
British Telecom	電波干渉抑制
リクルートコミュニケーションズ	じゃらんの表示順最適化
デンソー	無人搬送車の最適化、エンベディング＋分割アルゴリズム

表5.3 QUBITS North America 2018における主だった発表

ニーリングできることを増やすために必要な改良を始めていることを明らかにしました。つまり量子アニーリングのアップデートです。このアップデートは、飛躍的に計算能力を向上させて、新しい計算能力を持たせるための布石です。アニーリング方式がゲート方式の量子コンピュータに比肩する計算能力を将来備える可能性もあります。個人的にはそういった背景から、どちらの量子コンピュータであっても将来に資するものであるから大事にしたいと考えています。頑張れ、量子アニーリング。

さて、ほかにもＮＡＳＡからは航空管制制御、故障診断やネットワークの堅牢性の向上など、大規模なシステムの構築に不可欠な要素それぞれに量子アニーリングの適用可能性を検討している報告がありました。Ｂｒｉｔｉｓｈ　Ｔｅｌｅｃｏｍ社からは電波干渉抑制という新しい応用先が発表されて、日本からはリクルートコミュニケーションズより

NASA	アニールポーズとリバースアニールによる解探索の改良
D-Wave Systems	新機能 h-gain
ドイツ航空宇宙センター	フライトゲート選択最適化
デンソー	マルチモーダルシェアリングにおける最適化
リクルートコミュニケーションズ	テレビ広告表示最適化
Volkswagen	大規模問題に対する古典-QAハイブリッドアルゴリズムについて
OTI Lumionics	量子化学 on D-Wave
Jij	OpenJij
T-QARD（東北大学）	大規模問題に対する新規解法の紹介

表5.4　QUBITS Europe 2019における主だった発表

「じゃらん」で推薦されるホテルの表示順の最適化により、予約成約率を上げた成果について報告されました。そしてデンソーからは、無人搬送車の制御について、量子アニーリングマシンでうまく問題を解くための工夫について報告されました。

この２０１８年10月に開催された会議では、会議の終了時の全体に向けた閉会式で、「量子アニーリングマシンを用いた研究成果のうち、最も実用化に近い技術が三つある。その三つは、Ｖｏｌｋｓｗａｇｅｎ社による交通量の最適化、リクルートコミュニケーションズによる「じゃらん」Ｗｅｂ上での推薦リストの設計、デンソーによる無人搬送車の制御である」と紹介されました。実に３分の２の事例で日本企業からの実績が挙げられていることからも、日本の存在感が確かなものであることが伺えることでしょう。

直近で開催された２０１９年のＱＵＢＩＴＳ Ｅｕｒｏｐｅでは、ＮＡＳＡからは、量子アニーリングの新しい操作方法についての性能評価の結果が報告されました。Ｄ－Ｗａｖｅ Ｓｙｓｔｅｍｓ社からは、量子シミュレーションに有効な新機能ｈ－ｇａｉｎの発表がありました。この機能は彼らが発表した量子シミュレーション論文で利用された機能であり、ユーザーに公開することで、さまざまな応用例が登場することを期待していることが伺えます。

ドイツ航空宇宙センター（ＤＬＲ）からは空港のターミナルで、どこで飛行機を発着させるのか、フライトゲートの選択における最適化の事例が報告されました。デンソーからは新しいモビリティサービスの報告、リクルートコミュニケーションズからはテレビの広告表示における最適化問題、OTI Lumionics社からは、これまで報告されたものに比べて圧倒的な規模に及ぶ量子シミュレーション、物質の様子を探る研究が実施されていることが発表されました。4章で紹介されたJijからはオープンソースプロジェクトのOpenJijが披露されて、日本の技術力を知らしめました。

最後に私たちからは、量子アニーリングマシンの最大の弱点である、扱える問題の規模が限られるという問題を克服する方法について紹介しました。これまでに、さまざまな応用事例や企業の皆様からのリクエストに応えて、量子アニーリングマシンの抱える問題点に向き合ってきた結実ともいえます。さまざまな研究機関・企業がぶつかっていた問題を乗り越えることができ、これはすなわち量子アニーリングマシンの活用の幅を大きく広げる一歩となります。こうした技術が私たちから、日本から発信して世界をリードすることができています。決して日本は負けていませんよ。

世界に比肩する研究成果をあげる日本勢。ここにもっと日本からプレイヤーが参入してきたら？　絶対勝てます。

●ゲート方式の発展

量子アニーリング方式は、組合せ最適化問題を対象にしたわかりやすい応用例もあることから、参入するプレイヤーがゲート方式に比べて具体的に課題に挑戦しており、盛んに映ります。ですがもちろん、本丸の量子コンピュータであるゲート方式も目を離せない動きをしています。

２０１９年4月現在までの動向について、ここでは紹介します。まず量子コンピュータそのものを作ろうという動きについてです。日本政府は、光・量子飛躍フラッグシッププログラム（Ｑ－ＬＥＡＰ）を立ち上げてフラッグシッププロジェクトとして、理化学研究所・創発物性科学研究センターの中村泰信氏をチームリーダーとする超伝導量子コンピュータの研究開発を推進しています。5年後のマイルストーンとして50量子ビットのチップを作製することを目指しています。ただ量子ビットを並べるだけでは意味がなく、単一量子ビットと2量子ビットの忠実な操作を実現する必要があります。しかもその操作の忠実度について、単一量子ビットの操作については0.1%以下、2量子ビット操作においては難しい操作であるものの1%以下、計算結果の読み出しエラーについても1%以下という開発目標が掲げられています。所望の計算を正しく行うためには量子ビットに生じるエラーをできるだけ抑える工夫が必要です。

量子コンピュータの計算や計算結果の読み出しとの戦いは長い歴史があります。２０００年代の初めに量子コンピュータを作ろうという機運が高まった時期がありました。それはＳｈｏｒのアルゴリズムを始め、量子コンピュータの可能性に気づき、そして量子ビットのエラーを訂正する理論的な方法が提案されたためです。これを実現すれば夢の量子コンピュータが実現する。そう人々が信じていました。この2000年代前半、日本でも同じように量子コンピュータを作ろうと、日本政府は量子コンピュータ関連のプロジェクトに強い支援をしてきました。しかし、量子ビットの精度の良い操作の難しさや絶えず生じるエラーに苦しみ、うまく動作する量子ビットの作製は困難である、というある種の諦めのムードが漂い始めました。

そんななか風穴を開けるように、現在Google社で研究を進めるJohn Martinisがエラー率の低い量子ビットの作製に成功しました。これを契機に世界中で量子コンピュータを作ろうと、さらに研究開発競争が加速していきました。先ほど紹介した日本政府の動きは、この開発競争に負けまいとする動きの一つの現れです。

Google社は、先述のMartinisが率いる研究グループをグループごと引き入れて、量子コンピュータを作る開発プロジェクトを発足します。2018年3月には72量子ビットのゲート方式の量子コンピュータチップ（Bristlecone）を作製するに至ります。彼らの開発のスピードと実力は目を見張るものがあります。

彼らが実現した72量子ビットは、読み出しのエラー率は1%、単一量子ビットゲート操作のエラー率が0・1%、2量子ビット操作エラーについては0・6%という水準です。非常に良質なチップが現時点でできていることが伺えます。日本の巻き返しはなるか。同水準のチップを自前で作ることができるのか。注目するところです。

●量子コンピュータのチップが見せる夢

Googleの72量子ビットのチップが示す未来はどのような未来なのでしょうか。残念ながらそれが直ちに未来の様子を変えるものになるかは不透明です。まずこのチップの完成が意味することを述べます。

きわめて限定的ながら、既存のコンピュータと比べて量子コンピュータが優位であることを示す量子超越性の実験を行うことが72量子ビットのチップの最大の目標であり、そして量子ビットのエラーを防ぐ誤り訂正技術の一つである表面符号の実験を行うことが予定されています。

前者は量子コンピュータの実力を世に知らしめる重要な結果をもたらし、成功すればその影響は甚大なものであり、これまで以上に量子コンピュータの開発競争が進んでいくことでしょう。さらに後者については、量子コンピュータの最大の弱点ともいえる、エラーを克服するための布石として重要な意味をもちます。現在私たちが利用しているコンピュータも、このエラーを克服して、信頼の置けるツールとして使われるようになりました。量子コンピュータが、何の気なしに使える未来を迎えるために重要な一歩を踏み出す寸前にあります。

量子超越性というキーワードがありましたが、直近5年間の注目キーワードです。これは、できあがった量子コンピュータ用のチップの性能基準です。たとえばＧｏｏｇｌｅ社の理論チームが提案した基準は以下のような内容です。

まず量子コンピュータのチップ上でデタラメな計算を実行する回路を埋め込み、出てきた結果を記録しておきます。それに対して、最高パフォーマンスをもつ既存のコンピュータを利用して、そのデタラメな計算を正しく実行したらどんなことが起きるのか、答え合わせをします。この最高パフォーマンスのコンピュータで用意できる回答を再現して、なおかつそれを超える規模の設定に対しても正確な結果を出すことが量子コンピュータには求められます。現代の最高水準の計算能力を超える。それで量子コンピュータが既存のコンピュータを超越したのだという検証を行うことができるわけです。量子コンピュータというルーキーに対して、先輩が挑戦的課題を提示しているという状況です。

図5.11　量子コンピュータ vs. 既存のコンピュータ

でもデタラメな計算をするコンピュータが欲しいわけじゃないよ、と思う方もいるかもしれません。それ自体には意味がないのはその通りです。デタラメというのは、多少無理な設定でもちゃんと計算できるのか、というチェックのためです。デタラメではない理路整然とした科学技術計算のような用途で用いる場合では十分な水準の量子コンピュータになっているという審判を下すことができます。つまり、結構厳しい条件を量子コンピュータに対してはかけているというわけです。頑張れ、量子コンピュータ。

さらにこの実験的検証のためにデタラメな回路を埋め込む、と簡単にいいましたが、そのためには、非常に多くの量子ビットを必要とします。さらに計算の手数も多くかかるので、高水準の量子ビットの作製が必須でした。さらに既存のコンピュータも相当な性能をもっていますから、超えなければならないハードルも非常に高いものです。その要求水準は49量子ビットといわれます。そして、その量子ビットに計算をさせる回数（深さと呼びます）は40回以上、二つの量子ビットを同時に操作する際に生じるエラー率として許されるものは0.5％を下回る必要があります。

先述のようやくできたＧｏｏｇｌｅ社の量子コンピュータチップが、いかに厳しい条件をクリアして、量子超越性を検証する寸前であることがご理解いただけたでしょうか。つまり人類が次の時代への扉を開くときに来ているのです。２０１８年11月にはＧｏｏｇｌｅ社のチップから出力されるデータの解析にＮＡＳＡの研究チームが参画して、いよいよというところまで来ていますが、果たして。

これから量子コンピュータの開発競争がさらに加熱します。その時代の転換点に今、僕らはいるのです。

●量子コンピュータができたら

量子超越性の基準が設けられて、長らく量子コンピュータは、49量子ビットを超えろというのがスローガンとして掲げられました。それをＧｏｏｇｌｅ社らは72量子ビットのチップを完成させて実現しました。さらにＩＢＭ社やＩｎｔｅｌ社などＧｏｏｇｌｅ社と同様に超伝導量子ビットによる方式でそれぞれ50量子ビット、49量子ビットと、着々とこの目標点に到達しています。ＩＢＭ社から独立してベンチャー企業を立ち上げたＲｉｇｅｔｔｉ　Ｃｏｍｐｕｔｉｎｇ社らも追い上げているところです。ちなみに既存のコンピュータも負けておらず、現在は56量子ビットの動作をシミュレートすることができており、量子コンピュータにとってはさらにハードルが上がっている状況にあります。新人に対してベテランがさらに厳しく迫るという格好です。頑張れ、量子コンピュータ！

Ｇｏｏｇｌｅ社が量子超越性への挑戦を見せる一方で、量子コンピュータのチップを搭載した実機があるとどんなことが起きるのか、それを先に探る動きもあります。IBM社からはオンプレミスサービスとして、2019年1月に20量子ビットを有するゲート方式の量子コンピュータのチップを搭載したIBM Q System Oneが発表されました。一家に1台はまだ先ですが、会社に1台、量子コンピュータの時代の足音が聞こえてきたというところでしょうか。

残念ながら、これらのゲート方式の量子コンピュータは、まだエラー訂正の機構をもちません。そのため、計算を進めれば進めるほど、エラーが蓄積して求めている計算結果とはほど遠くなります。そこで計算の回数が限られたなかで最大限のパフォーマンスを出すといった使い方が要求されます。本来、計算は「手数」自体に意味があり、その回数が制限されているとなるとよっぽど賢い計算方法を考えるしかありません。ですが、ちょっと変わった方向で考えて、思わぬ使い方を模索する動きがあります。その一つが量子シミュレーションという、物質で起こっていることをモノマネをするという方法です。

そもそも物質は量子力学に従う原子や分子によってできたもの。つまり、どのようなことが起こるのかは量子力学に従うコンピュータであれば再現可能のはずです。そうした発想に基づき、そもそも提案されたのが量子コンピュータですから、物質の量子シミュレーションで利用されるのは自然なことです。

ただし、現状のゲート方式の量子コンピュータは限られた手数しか操作することができません。ちょっと動かしただけでもエラーが生じてしまいますから、少ない回数だけ動かすということが求められます。右に動け、左に動け、そうした指令が少しだけしかできないという状況です。

　それなら手数は少ないままで、どれだけ動かしたらうまくモノマネができるのか、それをちゃんと調整して使ってみよう。今ある量子コンピュータのパフォーマンスを最大限に活かしたうまい方法です（図5・12）。この方法は量子コンピュータのソフトウェアを作るQunasys社の日本の若いエンジニア、研究者たちが提案をして世界的にも注目され始めているところです。このようにして、今から今ある量子コン

図5.12　量子コンピュータで物質のモノマネ

ピュータを用いるとどんなことができるのか、もしもっとすごい性能をもつ量子コンピュータが登場したらどうなるのか。それを先んじた議論が活発になっているのが今です。

5・4　次の布石

●量子コンピュータをみんなで使おう!

さて、これまで述べてきたように、量子コンピュータのチップが技術的に着実に成果を見せていく先には、実際に利活用をする場面を考える必要があります。当然、世界各国、量子コンピュータ用のソフトウェアやミドルウェア、利用のしやすい環境整備に向けて動き始めています。日本政府もその点は十分に理解しており、２０１９年度の戦略目標として「量子コンピューティング基盤の創出」をあげて、量子コンピュータを活用する基盤としてソフトウェアの開発を主導しています。

活用する確固とした基盤ができあがれば、利用しながらの産業応用に向けた研究開発がさらに加速していきます。量子コンピュータ、とりわけゲート型の量子コンピュータを日本で利用するための基盤としては、ＩＢＭ Ｑをクラウド利用して研究開発を進める慶応義塾大学が設置した「最先端量子コンピューター研究拠点　ＩＢＭ Ｑ Ｎｅｔｗｏｒｋ Ｈｕｂ」があります。この取組みには、ＪＳＲ社、三菱ＵＦＪ銀行、みずほフィナンシャルグループ、三菱ケミカルが参画して、研究開発を実施しています。

同様に量子アニーリングについても、研究開発の基盤を作ろうという産学主導の取組みが始まっています。量子アニーリングについては、Ｄ－Ｗａｖｅ Ｓｙｓｔｅｍｓ社が商用販売をしたこともあり、私たちも含めて多くの企業や研究機関が独自に研究開発を進めてきました。

夢の話ではなく、現実の話として、量子アニーリングマシンありきでどのような応用事例がありえるのか、その実証研究を先んじて進めてきたといっても過言ではありません。その成果として、津波等災害時の避難システムももちろんですが、無人搬送車の工場内での効率的な制御システムの提案、多くの企業との共同研究による新しい使い方の模索が進んでいます。そういう意味で、研究開発の基盤は自然と築き上げられていったと思います。ただし、それぞれの活動が独立して行われていったりしていた部分があります。

そうした各個別の動きをまとめて、最新の技術交流を進めるべく集まれる場所として、「量子アニーリング研究開発コンソーシアム」構想が発表されました。企業や大学、研究機関における量子アニーリング技術の普及、啓蒙、産業利用を推進させるという目的で多くの企業や研究機関が集まろうという取組みです。デンソー、京セラ、ＡＢＥＪＡ、ＮＥＣソリューションイノベータなどが初期メンバーとして名乗りを上げて、上記の目的を実現させるべく活動を開始しています。それぞれの企業は東北大学を始め、企業間でも共同研究を進めて、量子アニーリングを使えるものに高めていこうと一堂に会して活動しています。研究成果をこれからどんどん積み上げて、一緒に量子コンピュータを活用した社会を作り上げていきませんか。

そしてこうした盛り上がりを受けて、皆さんにもある感情がだんだんと芽生えてくるはずです。

これだけ使えることがわかりつつある量子アニーリング。そろそろクラウドではなく、本当の実機を日本に欲しい。そう思いませんか。私たちも未来への最後の布石として、必要なのはクラウド利用ではなく、量子アニーリングマシンを日本に設置することであると思いませんか。

研究のレベルは負けていない日本。みんなで量子コンピュータの未来を作ろう!

●全ては2018年の春に始まった

量子アニーリングマシンは2011年から販売されて広く利用されるようになっています。現在のところD-Wave Systems社が販売しているのみですが、アメリカのIARPA QEOというプロジェクトからは、2022年までに量子アニーリングの高性能チップを作製予定であり、50量子ビットが予定されています。日本からもNECが2023年の完成を目指して、50量子ビットの量子アニーリング用のチップの開発に乗り出しています。

ただし2019年4月現在、最新機器のD-Wave 2000Qについて、その実機は日本には設置されていません。どこも買っていないからです。ユーザーはネットワークを経由してクラウド利用をしています。

クラウド利用ができるのであれば、利用する際はネットワーク経由でアクセスすれば良いから便利だし、実機がなくても問題はないのではないか。そう思われるかもしれません。しかし量子アニーリングマシンを日本から利用する場合には、日本とカナダの間の通信時間による遅延があります。また、量子アニーリングマシンに投じた組合せ最適化問題はD-Wave Systems社側に用意されたサーバによりその処理の順番、ジョブの管理がされます。そのジョブ待ち時間にだいたい平均3秒という間が用意されています。これにはさまざまな事情はあるかと思います。マシンに対して負荷をかけないための待ち時間も必要ですし、ほかのユーザーとの干渉を防ぐためのマージンをとるという理由もあります。そのため、組合せ最適化問題を1000回解くという計算処理が100ミリ秒程度で終わったとしても、その前後に数秒の時間が待機時間としてかかり、計算処理が実際上ストップしてしまっているのであれば、量子アニーリングマシンそのものの処理速度をうまく利用できていない状況にあります。

時々刻々と状況の変化に合わせた問題設定の場合には、繰り返し量子アニーリングマシンを利用する必要があります。待ち時間が重大な影響を与えてしまうため、リアルタイムでの処理能力は不安定なものとなってしまいます。私たちが開発を進める津波等災害時の避難経路の提案システムのように、時々刻々と変化する事態に合わせて瞬時に回答を出すことを求められる場合には、量子アニーリングマシンが日本にあれば、通信の遅延やジョブ管理による律速を軽減して、瞬時に回答をユーザーに届けることができるでしょう。

ちなみに本気で量子アニーリングマシンを使うようになると1週間の研究開発中に平気で累積稼働時間を4～5時間使うなんていうことはザラです。東北大学のある学生が一気に数時間の利用をしたということで、D-Wave Systems社のトレーナーから「Quantum Heavy」という名誉（？）ある称号をいただいたくらいです。別にコンピュータの計算時間なんて気にしないでも良いのではないか、と考えるかもしれませんが、量子アニーリングマシンは一度の計算は1秒にも満たないことを思い出してください。それだけ多くの計算をさせているということになります。それだけ使いやすいし、使えば使うほどいろいろなデータを得ることができます。また利用時間に応じて利用料金が発生します。このお値段をお伝えすることはできませんが、数時間と利用することになったら、それなりのお値段がします。気楽に数時間使ったよ、と一人のエンジニアが笑って話していたら責任者はおそらく冷や汗をかいているでしょう、というくらいのお値段です。生半可な研究開発レベルではありません。だんだんと私たちの利用レベルが上昇していくにつれて、これは買ったほうが安いのではないか、という計算が成立するくらいのところまできました。

さらにNASAを始め量子アニーリングマシンを導入している組織から報告される研究成果のい

くつかは、クラウド利用では扱えない範囲のパラメータや設定によるものがあります。たとえばNASAに設置されたマシンは稼働率が90%という情報があります。それだけ使って多くの研究成果とノウハウの積み上げを行っていることの証左です。

もつ者ともたざる者の壁が存在しています。この壁を越えなければ未来を見ることも見せることもできないぞ。そう強く感じました。ここに使ったものだけがわかる未来への入り口があります。

話はさかのぼること2018年のQUBITS Europeです。国際会議の発表のなかで、Volkswagen社は非常に面白い発言をしました。

「もしも量子アニーリングマシンを既存のコンピュータと接続して遅延なく利用できれば、非常に高速で価値のある技術である。しかしクラウド接続で利用している間は、その恩恵に与れない」と実際に速度の比較を示しながら紹介しました。クラウド利用における待ち時間のために、計算とは別に余計な時間がかかっているためです。そうした事実の発見ももちろん注目に値しますが、ここでもう一つ気づいたことがあります。量子アニーリングの研究で、Volkswagen社はトッププレイヤーである組織です。あれだけの実績を上げているところであっても実はクラウド利用に留まっているという事実です。研究成果で競争を繰り広げるライバルが、実は実機をもっていないことを知ったときに、これはチャンスなのではないかと気づきました。

「よし、量子アニーリングマシンを買おう」

帰国後、T-QARDのメンバーに伝えて動き始めました。そして今につながります。

●きっと良い明日に巡り会うために

平成が終わり、令和の時代となったこの期に改めて感じます。本当に良い時代に僕らは生まれています。

個人的な話ですが、私は１９８０年代の生まれです。若いころ、世の中がいわゆるバブル経済を謳歌している様子を眺め、よくわからないままにその経済は破綻して冬の時代を迎えて長い不景気の状態になりました。就職氷河期など、それらに耐えて次の未来はどんなものになるのだろう。なんとなくの不安を抱え続けて生きてきた世代であると思います。ようやくさまざまな経験をして、年頃となり、さて次は何をしようか。新しいことをしたいな、と考えるころです。

そんなことを考えて世の中を見渡してみると、科学技術についても進化を遂げて、コンピュータの小型化に伴い、ＩＴ技術が浸透して、もはや手のひらにスマートフォンがない瞬間はないというくらいに生活が一変しています。これ以上の進化はあるのだろうか。もう僕らがすることはないのではないだろうか。ちょっと乗り遅れているかもしれない、とそう感じることすらあります。

ところが量子コンピュータ、全く新しい技術の登場です。まずワクワクする。気持ちが良いのはもちろんですが、大事なことは、まだ黎明期。だから今からでもプレイヤーになれる。この歳でそんなことに巡り会える幸運。

そして量子コンピュータを利用する場面です。組合せ最適化問題や量子シミュレーションなどに使えるぞ、人工知能の基盤技術の機械学習にも活用できるぞ。実はこれらの用途は、これまでのサービスやシステムで、できなかったところ、難しかったところ、避けてきたところに改めてぶつかっていくという意味なのです。組合せ最適化問題は、膨大な数の組合せのなかから良い解を見つけるという設定ですが、これはコンピュータの性能向上に伴い、人々が気軽に要求を広げてしまった結果ともいえます。あれもこれもコンピュータに任せればできるんでしょう？　やってみたらとんでもない時間のかかる問題になってしまった。できないものは仕方ない、と逃げるしかなかった問題です。量子シミュレーションにしてもそうです。原理はわかっている、量子力学に従う物質の内部で起こることを調べよう。でも、従来のコンピュータには追いつかない複雑さをもっていた。じゃあ適当に手を抜いてやろう。でも正確なことを本当は知りたかったんだよね。量子コンピュータは、その適切な利用例となります。

僕らがこれまで業務で困っていたこと、先輩方がこの問題は難しいからやめたほうがよいと、手が止まってしまっていた課題に、新しい方法でもって再検討をすることが求められているということです。これは30から40代あたりの僕らが得意な問題なのではないでしょうか。多くの問題の類型パターンを知っている、先輩方からの失敗談をたくさん聞いている。しかし、その型にはまらない新しい方法を知るワクワクを原動力に仕事をしてみたい。若いだけではない経験とともに発揮されるバランス感覚が、ちょうど量子コンピュータを活用した事業創出、産業創出に活きてくるのではないか、と感じます。

多分その礎に、若い人が量子コンピュータを普通に使って、次の未来を普通のものにしてくれることでしょう。

僕らが今の時代にやるべきことは、

次に来る未来はどんな形になっているのだろうか。

それを描くことです。

未来の姿をたくさん創造して、過去と未来をつなぐ役目を果たすことです。そのために多くの人に量子コンピュータを利用することを想像してほしい。そのために多くの人に利用してみてほしい。

きっと明日も良い日が来るように。新しい毎日を過ごすために。

（＊1）『スティーブ・ジョブズ(Ⅰ)』ウォルター・アイザックソン著、講談社（2011）

COLUMN

量子アニーリングマシンを設置しよう

2018年のQUBITS Europeから帰国する飛行機のなかで、そう心に決めました。量子アニーリングマシンを導入するには、どれだけの費用がかかるのか。D-Wave Systems社の皆さんを始め、多くの関係者と議論を始めました。設置するなら設置場所はどこにするのか。そのための費用をどのように捻出するのか。それだけの多額の費用を投じる意味はあるのか。2018年の春から突然のように急ピッチで作業開始です。先ほど紹介したようにだんだんと利用レベルが増すにつれて、クラウド利用の料金も上がっていき、買ったほうが安いのではないかという水準に達したことも背景にあります。

日本の大学単独の予算や政府からの助成金では、量子アニーリングマシンを設置するというのは難しい事情がさまざまなかたちでありました。そこで利用者を中心に民間企業・研究機関からの支援を呼びかけることにしました。そうした流れから「量子アニーリング研究開発コンソーシアム」構想につながります。

先に登場した企業の名前は、量子アニーリングマシンを日本に設置するために集まった仲間です。並々ならぬ覚悟と、研究開発への貢献、未来への挑戦意欲にあふれた大切な仲間です。そうした仲間の研究開発を後押しすること、そして大学の枠には止まらず大胆な活動を行えるように、自分自身が立たねばと考えて、スパークスアセットマネジメントの支援を受けて株式会社シグマアイを私たちは東北大学発ベンチャーとして起業するに至りました。資金の確保だけではなく、人材の確保が最重要課題であると考えたためです。これまで積み上げてきた研究成果の質を保ち、量も圧倒するためには、我々研究者だけでは間に合わない。多くのスタッフと連携して組織立って活動をする必要があると考えました。

こうした活動の成果や、経験を大学に還元していくことで、これまでにはないかたちの教育・研究機関に進化させることもできると考えて、大学教員をやめずに、この会社を設立して、日本の量子アニーリング研究の基盤を支えようと考えています。

集まった仲間と一緒に、これから導入しようとしているのは、新型の量子アニーリングマシン（仮称）D-Wave Pegasusです。残念ながら開発の遅れが生じてしまい、発売の延期に伴い、コンソーシアムの発足時期や2019年度内の設置は叶わなかったのですが、これはばっかりは仕方のないことです。

代わりに日本の産業界全体で、新型量子アニーリングマシンを迎え入れる体制を万全なものに仕上げようと考えました。そこでカナダに設置されているD-Wave 2000Qの占有利用枠を初年度は確保して、自由に研究開発に利用することができるように環境整備をすることにしました。

コンソーシアムの初期メンバーの皆さんはいち早く量子アニーリングに可能性を感じて参画しておりますので、この占有利用により潤沢なマシンタイムを活用して自社で研究開発に挑みます。そのサポートを私たち東北大学T-QARD、そしてシグマアイのメンバーが行います。さらに一緒に挑戦したいという仲間も募集しています。ぜひともご一緒できればと思います！ こういう最大のチャンスをものにできる未来が待っています。

図5.13　日本初の量子アニーリングマシン設置に向けて

あとがき

大関「どうだったでしょうか。量子コンピュータが描く未来。読者の皆さんも我々が感じているドキドキが届いたでしょうか」

寺部「こんなにいろんな企業が未来を考えはじめている、そんな現場の盛り上がり感が少しでも伝わっていたら嬉しいですね」

大関「そういえば、寺部さん。初めての本を書くっていう仕事どうでしたか？　やっぱり大変だった？」

寺部「そうですねー。ものすごく大変&ワクワクでした。こんなにたくさんの文章を世の中に向けて書くことってなかなかないですから最初は戸惑いました。しかし、この本が完成したときの世界を想像するとワクワクが半端なく湧き上がってきて、書き進めるほどに楽しくなっていきましたね」

大関「やっぱり初めてのことってワクワクするよね。いろいろ不安もあるだろうけど、やっぱりやりきってしまうことが大事だと思うんだ。量子アニーリングの研究もさ、やり始めるとき、こんなのやってどうするんですか？　って指導教員にいってしまったことあるものね。西森先生にだけど。そのときは量子アニーリングマシンができるなんて思ってもいなかったしねぇ。まさか今やそれを動かすのが普通になってしまったとはね」

寺部「大関先生もそうだったんですか!?　それは驚きです」

大関「そうだよー。僕の卒業論文は量子コンピュータのゲート方式の発展に欠かせない誤り訂正符号の理論だからね。それに博士論文はそれを突き詰めて、理論的にどこまでのエラーだったら訂正できるかという精密な計算方法を考えたものなんだよね。よくよく考えたら量子コンピュータ界隈をずっとやっていてさ。技術の発展があっという間に世界を変えていくんだよね。車の業界もやっぱり見ている風景がどんどん変わっているんじゃない?」

寺部「そうなんです。これまで比較的進化がゆっくりだと言われていた自動車業界ですが、IT業界など異分野との融合部分が増えてきて、一気に進化のスピードが速くなってきたと感じます。車にAIが搭載され、インターネットにつながって、サービスに使われる時代が来るなんて驚きです。今から10年先には想像しないような未来が待っているかもしれません」

大関「そういう時代の転換点に僕らはいる。それだけでもなんだか嬉しいよね」

寺部「大きなチャンスを感じますよね」

大関「この本を書くにあたって、いろいろな人と会って話して、学ぶことも多かったし、なんだかみんな未来を見ているよね。そして近づいている力強さがあった」

寺部「会話のなかで盛り上がって、じゃあこんなこと一緒にやりましょうよ、みたいな場面もたくさんありましたよね。量子コンピュータを活用した未来が大きく広がっていく可能性を感じました」

大関「本には締切りがあるから、ここでいったん区切ってまとめたけど、まだまだ続きがあって、とどまることを知らないね」

寺部「この本を書いている最中にも、興味をもってカンファレンスに足を運んでくれた企業さんたちがたくさんいますよね。その意味で、すでに何かしらの動きを始めた企業さんは本書に載っている企業の数の何倍もいる気がします」

大関「どんどん我々も研究成果を積み上げて、また新しい未来の扉を開くとしましょうか」

寺部「世の中が驚く未来を一緒に創っていきましょう！」

最新の研究紹介で量子コンピュータというのを聞いたのは、大学に入ってすぐのころだったと思います。何かのイベントだったと思いますが、当時は２０００年に入ってすぐです。なにやらすごい計算能力があるらしい。それこそ素因数分解が速く解けるようになるぞ。それはいつになったらできますか？　と聴衆の誰かが聞いたとき、当時は「50年後」といわれました。大学院生になって、量子コンピュータの研究をする理論物理学の先生が講演されていたときにも同様の質問が聴衆から飛び出して、その先生は「30年後」と答えました。

そして、博士課程を出たすぐあとにＤ－Ｗａｖｅ Ｓｙｓｔｅｍｓ社が量子ビットによる組合せ最適化問題を解く量子アニーリングチップの試作機を作ったという「怪しい」お知らせを受けました。そう、当時は怪しかったのです。そりゃそうですよね。数十年後といわれていた量子コンピュータの試作機ができたというのですから。今思えば時代のうごめきの始まりだったのです。

個人的なお話をすると、博士課程を卒業したあとに、日本政府が進めていた量子コンピュータの基礎研究のプロジェクトに採用されて、量子アニーリングの研究を始めました。量子コンピュータを実現するための要素技術の研究を周囲の先生方は進めておられました。量子アニーリングの研究を推進する西森先生に、「量子アニーリングの研究をして、どうするんですか。難しい問題は難しいのだから、解くのに時間がかかることには変わりない」と食ってかかったことを覚えています。先生は「まあまあそういわずに」となだめるばかりで。

でも、騙されてみるものです。誰もが諦めるかもしれないところで粘り続けて、初めて実になる瞬間を体感できる。これ以上に素晴らしい体験はありません。量子アニーリングの研究を始めたあとは、その活用先を求めるがごとく、情報科学の分野、機械学習やデータサイエンスなどの華々しく現代を飾る技術を学び、そして量子アニーリングマシンが普通に販売される時代を迎えて、現代の技術と未来の技術を合わせて、その先の未来への扉を開く場面に出くわすという幸運に恵まれました。

量子コンピュータの分野が非常に面白いのは、世界で誰も作り上げたことのないものを作ること自体にも魅力がありますし、そのできたものを利用する体験にも価値がありますし、そしてその応用を見つめるために多くの業界の人と交わることのできる舞台であるところだと思います。私と寺部さんの出会いも、普通に生きていたらなかなかありえなかったことでしょう。

量子コンピュータの基礎を突き詰めても前に進まないことばかりです。その利用先を考え始めたときに、初めてどこに向かうべきかを見いだすことができました。工場内の無人搬送車の最適化問題の定式化、それを量子アニーリングを利用して解くというのは、私たちの出会いがもたらした奇跡でした。それが当たり前になって、活用しているところが現れ始めていることも、昨日見た景色と今日見た景色が変わるという最高の体験です。

そしてこの本を書いている間にも、量子コンピュータの新しい利用法が生まれ、そしてさらに性能を引き上げる要素技術の発表がなされ、時々刻々と未来へと突き進んでいます。乗り遅れることのないように、一緒に歩き出しませんか。一緒に飛び出してみませんか。多くの仲間が集まることを願って、この本を書きました。まだ見ぬあなたに出会う日を夢見て。

２０１９年６月　大関　真之

139, 248
時刻表の最適化　260
磁束型ジョセフソン接合素子　88
自動運転　105, 127, 237, 246
シフト作成　273
シミュレーション　104
渋滞解消　13, 28, 134, 298
充電スケジュールの最適化　252
宿泊施設の提案の最適化　187
巡回セールスマン問題　92
ジョセフソン接合素子　78
ジョブショップ型ライン　166
人工知能　58
深層学習　227

スマートバス停　248

制御ビット　51
生産計画の最適化　166
生産効率の向上　159
生産スケジューリング　167
説明性　227
センサ　133

素因数分解　54, 95
創薬　243

タ・ナ行

多能工化　161

チーム編成の最適化　174
超伝導　77
超伝導量子コンピュータ　309

津波等災害時の避難経路の提案システム　300

提案されている応用分野　26
ディープラーニング　227
デジタルアニーラ　296
デジタルマーケティング　183
鉄道の混雑緩和　259
電荷型ジョセフソン接合素子　78
電気自動車　127

投資信託　222
道路渋滞の緩和　259
特徴量　189, 229

ニーズマッチング　285

ハ行

配車サービス　238
配送効率化　143
排他的論理和回路　51
バグ検出　23, 242
バス　245
バーチャルパワープラント　199
バッテリーコスト　252
パラダイムシフト　284

光・量子飛躍フラッグシッププログラム　20, 309
ビッグデータ　20
標的ビット　51

負荷率　161
物流　143, 254
部品設計の最適化　165
不連続の市場　283
フローショップ型ライン　166
ブロッホ球　46

偏微分方程式　305

ポートフォリオ分析　221

マ行

マッチング　185, 208, 240, 286
マルチモーダル　141

ミルクラン　169

ムーアの法則　20, 42
無人搬送車　29, 116, 149
無線基地局の最適化　194

命令セット　39

モータリゼーション　246
モビリティサービス　237

ヤ行

ユーザーエクスペリエンス　146

横磁場をかける　74

ラ行

ライドシェアリング　140
ライフスタイル　217
ラストマイル／ファーストマイル問題　142

リアルタイムの最適化　290
量子　40
量子AI研究所　9
量子アニーリング　19, 32, 64, 73, 100
量子アニーリング研究開発コンソーシアム構想　318, 326
量子アニーリングマシン　65, 83, 94, 279, 295
量子シミュレーション　95, 107, 315
量子超越性　311
量子通信　53
量子ビット　16, 46, 48, 59, 73, 87
量子力学　44, 106, 276, 315
リーンスタートアップ　289

ルート案内　262

レイアウト設計の最適化　164
レコメンデーションサービス　234
連続の市場　283

論理回路　51

INDEX

アルファベット

AGV　29, 116, 149
AlphaGo　243

Bagging　230
Bristlecone　310

CASE　129, 246
CMOSアニーリング　296
CPS　131
CPU　44

D-Wave 2X　87
D-Wave 2000Q　8, 87
D-Wave One　18, 87
D-Wave Two　87
D-Waveマシン　7, 87, 94

EVバス　251

FPGA　44

GPGPU　44, 127
GPU　44
Groverのアルゴリズム　57

IARPA QEO　319
IBM Q System One　315
IoT　130
IoTのロードマップ　132
IT　267

Kaggle　210, 229

M&A　220
MaaS　129, 246, 253, 257
NASA　8
National Quantum Initiative　20
NISQ　62
numpy　98

OODA　292
OpenJij　276

PDCA　292

PoC　270
PyQUBO　190
Python　95

Q-LEAP　20, 309
QPU　77, 88
Quantum Technologies Flagship　20
QUBITS　10, 27, 304
QUBO行列　98, 112

SDGs　3
Shorのアルゴリズム　56

TensorFlow　231
TensorFlow Lite　231
T-SQUARE　134

Volkswagen　9, 13, 28, 298
VPP　199

ア行

暗黙知　269
位相　47
イノベーション　286

永久電流　77
エラー耐性　61
エンジニアリングチェーン　156
エンタングルした状態　52
エンタングルメント　56, 62, 83

オープンソースソフトウェア　279
オルタナティブデータ　217

カ行

解の質　114, 119
過学習　188
重ね合わせの原理　45, 46
重ね合わせの状態　48, 51
カーシェアリング　139

仮想発電所　199

機械学習　58, 188, 210, 227
キメラグラフ　89
協力現象　83

組合せ最適化問題　15, 69

計画決定　274
経路最適化　258
ゲート方式　19, 40, 309
ゲーム　243
限界効用逓減の法則　285
原理実証　270

光学レンズの設計　203
広告表示の最適化　234
交通量最適化の実証実験（タイ・バンコク）　134
交番表　250
コネクティッド化　130, 246
コネクティッドカー　128
コヒーレンスタイム　62, 101
コヒーレントイジングマシン　296
コンピュータグラフィックス　105
コンピュータの速さ　38

サ行

最先端量子コンピューター研究拠点　IBM Q Network Hub　317
サイバーフィジカルシステム　131
材料シミュレーション　201
サプライチェーン　156, 169
サンプリング　112, 223, 274
サンプリングマシン　103, 112

シェアサイクル　263
シェアリングエコノミー

〈著者略歴〉

寺部雅能（てらべ　まさよし）

1983年生まれ
2005年　名古屋大学工学部電気電子情報工学科卒業
2007年　名古屋大学大学院量子工学研究科修士課程卒業
2007年　株式会社デンソー入社
2011年　DENSO Automotive Deutshcland GmbH 出向
現　在　株式会社デンソー　先端技術研究所　担当係長

専門はコンピュータアーキテクチャ、車載通信、センサ信号処理、MOT、標準化

大関真之（おおぜき　まさゆき）

1982年生まれ
2004年　東京工業大学理学部物理学科卒業
2004年　駿台予備学校物理科非常勤講師
2006年　東京工業大学大学院理工学研究科物性物理学専攻修士課程修了
2008年　東京工業大学大学院理工学研究科物性物理学専攻博士課程早期修了
2008年　東京工業大学産学官連携研究員
2010年　京都大学大学院情報学研究科システム科学専攻　助教
2011年　ローマ大学物理学科　プロジェクト研究員
現　在　東北大学大学院情報科学研究科応用情報科学専攻　准教授、博士（理学）
　　　　東北大学量子アニーリング研究開発センター　センター長
　　　　東京工業大学科学技術創成研究院　准教授

専門は統計力学、量子力学、機械学習

平成21年度手島精一記念研究賞博士論文賞受賞、第6回日本物理学会若手奨励賞受賞
平成28年度文部科学大臣表彰若手科学者賞受賞、ITエンジニア本大賞技術書部門大賞受賞
平成30年度第18回船井学術賞

■主な著書：『Pythonで機械学習入門—深層学習から敵対的生成ネットワークまで—』（オーム社、2019）
『画像処理の統計モデリング—確率的グラフィカルモデルとスパースモデリングからのアプローチ—』（共著、共立出版、2018）
『量子アニーリングの基礎』（共著、共立出版、2018）
『ベイズ推定入門　モデル選択からベイズ的最適化まで』（オーム社、2018）
『先生、それって「量子」の仕業ですか？』（小学館、2017）
『量子コンピュータが人工知能を加速する』（共著、日経BP社、2016）
『機械学習入門　ボルツマン機械学習から深層学習まで』（オーム社、2016）

表紙・似顔絵イラスト：藤田 翔

- 本書の内容に関する質問は，オーム社書籍編集局「(書名を明記)」係宛に，書状または FAX (03-3293-2824)，E-mail (shoseki@ohmsha.co.jp)にてお願いします．お受けできる質問は本書で紹介した内容に限らせていただきます．なお，電話での質問にはお答えできませんので，あらかじめご了承ください．
- 万一，落丁・乱丁の場合は，送料当社負担でお取替えいたします．当社販売課宛にお送りください．
- 本書の一部の複写複製を希望される場合は，本書扉裏を参照してください．

[JCOPY]＜出版者著作権管理機構 委託出版物＞

量子コンピュータが変える未来

2019年7月20日　第1版第1刷発行

著　者　寺部雅能・大関真之
発行者　村上和夫
発行所　株式会社 オーム社
　　　　郵便番号　101-8460
　　　　東京都千代田区神田錦町3-1
　　　　電話　03(3233)0641(代表)
　　　　URL　https://www.ohmsha.co.jp/

© 寺部雅能・大関真之 2019

印刷・製本　三美印刷
ISBN978-4-274-22372-3　Printed in Japan

関連書籍のご案内

ストーリーを楽しみながら
Pythonで機械学習のプログラミングがわかる！

好評の
シリーズ
第3弾！

Pythonで
機械学習入門

**深層学習から
敵対的生成ネットワークまで**

大関 真之 著
定価(本体2400円【税別】)／A5判／416頁

お妃様と鏡の問答で
面白く、わかりやすく
機械学習を学べる！

待望の第2弾、
楽しいストーリーで
難解なベイズ理論が理解できる！

ITエンジニア本大賞
2018
技術書部門
大賞受賞！

機械学習入門
ボルツマン機械学習から深層学習まで

大関 真之 著
定価(本体2300円【税別】)／A5判／212頁

ベイズ推定入門
モデル選択からベイズ的最適化まで

大関 真之 著
定価(本体2400円【税別】)／A5判／192頁

もっと詳しい情報をお届けできます．
◎書店に商品がない場合または直接ご注文の場合も
　右記宛にご連絡ください．

ホームページ https://www.ohmsha.co.jp/
TEL／FAX TEL.03-3233-0643　FAX.03-3233-3440

(定価は変更される場合があります)

F-1907-259